FAO中文出版计划项目丛书

世界粮食和农业水生遗传资源状况

联合国粮食及农业组织　编著
刘雅丹　代国庆　李大鹏 等　译

中国农业出版社
联合国粮食及农业组织
2023 · 北京

引用格式要求：
粮农组织。2023。《世界粮食和农业水生遗传资源状况》。中国北京，中国农业出版社。https：//doi. org/10. 4060/ca5256zh

ISBN 978-92-5-138325-4（粮农组织）
ISBN 978-7-109-32016-1（中国农业出版社）

FAO中文出版计划项目丛书

指导委员会

FAO中文出版计划项目丛书

本书译审名单

翻　译　刘雅丹　代国庆　李大鹏　张瑞宝　单　袁

审　校　王清印　刘雅丹　蔡知谕

FOREWORD 前　言

全世界对鱼类和鱼类产品需求的增长以及生产系统的改进推动了水产养殖的快速增长，使其成为世界上增长最快的食物生产行业。今天，在供人类食用的鱼类和鱼类产品中，全球水产养殖总产量超过了捕捞渔业总产量，水产养殖产品也成为世界上贸易量最大的食品类商品。

到2050年，全球人口预计将达到98亿，不断增长的粮食需求和气候变化给粮食安全带来了重大挑战。水产养殖是从海洋、河流和湖泊获取食物，鉴于鱼类和其他水产品的公认营养价值，其作用注定愈发凸显。水产养殖为数百万人提供健康饮食，维持他们的生计，同时在缓解野生种群资源压力方面发挥了越来越重要的作用。水产养殖生产有助于实现联合国可持续发展目标，特别是可持续发展目标2（零饥饿）和可持续发展目标14（水下生物）。

虽然水生遗传资源是生物多样性的宝贵储备，但其中多数仍未被大规模开发。我们目前养殖的水生物种近600种，捕捞物种超过1 800种。养殖的水生物种包括鳍鱼、软体动物、甲壳动物、维管植物和非维管植物以及微生物。对于其中许多生物来说，生产周期取决于对野生生物的开发：许多水生遗传资源的野生近缘种是从自然环境中采集的，在养殖场条件下繁殖或饲养，因此，水产养殖行业仍然与野生水生遗传资源及其栖息地密切相关。

在国家和国际层面，关于养殖水生遗传资源及其野生近缘种的保护、可持续利用和开发现状的现有信息往往是不完整和分散的。此外，我们几乎没有关于低于物种级别的水生遗传资源的信息。虽然粮农组织每年汇总和综合生产数据，并通过两年期旗舰报告《世界渔业和水产养殖状况》发布，但生产统计并不总是完整的。

建立全球知识系统并促进这些知识的传播，对于提高认识水平，以及应对我们直接或间接依赖的所有水生遗传资源的长期保护、可持续利用和开发的主要需求和挑战至关重要。我们能否采取适当行动，取决于我们能否深入了解水生遗传资源的全球现状和趋势，并了解在其管理中发挥作用的关键人物。

《世界粮食和农业水生遗传资源状况》是对粮食和农业水生遗传资源状况的首次全球评估，重点关注国家辖区内的养殖水生物种及其野生近缘种。该报告是建立信息和知识库的里程碑，为国家、区域和国际各级加强粮食和农业水生遗传资源保护、可持续利用和开发提供了行动依据。

根据粮农组织粮食和农业遗传资源委员会的要求，在90多个国家的支持下，本书描述了世界范围内养殖和捕捞的各种水生生物、开发这些资源所使用的各种技术、现有保护方案的现状、主要利益相关方的角色，以及正在发挥作用的主要国家和国际政策与网络机制。报告强调了负责任地管理水生遗传资源所面临的广泛而复杂的挑战，包括：加快关键水产养殖物种的遗传改良，制定和促进有效的获取与利益共享机制，应对养殖物种对自然水域野生近缘种多样性的威胁，改进或实施精心设计和集成的迁地和就地保护方案，支持制定强有力的政策和治理体系。要找到解决这些需求和挑战的办法，国际合作至关重要：从决策者到养殖户，从渔业和水产养殖协会到消费者，通过明智地管理水生遗传多样性，所有利益相关方都可以为减少全球粮食不安全性发挥作用，并做出贡献。

我相信，作为政策规划和技术决策的基础，书中的宝贵信息将有助于各国加强对水生遗传资源的保护、可持续利用和开发，并确保它们对粮食安全和以它们为生的数亿人的生计作出贡献。

José Graziano da Silva

粮农组织总干事

ACKNOWLEDGEMENTS 致 谢

《世界粮食和农业水生遗传资源状况》是联合国粮食及农业组织（粮农组织）成员以及粮农组织共同开展工作的成果，其中包括能力建设研讨会、专家会议和粮农组织内部工作会。粮农组织感谢许多同事为这项工作付出了大量时间和贡献了专业知识。

书中综合的主要信息来自92个国家政府提交的国别报告。我们特别赞赏这些政府、国家联络点以及为国别报告提供信息的众多个人所作出的重要贡献。

本书由粮农组织渔业及水产养殖业司的一个核心小组在Matthias Halwart的全面协调下编写并定稿。书中大部分所依据的信息来源于各国对Roger S. V. Pullin和Devin M. Bartley最初编制的调查问卷的回应，并在其他人，包括粮农组织渔业委员会（COFI）水生遗传资源和技术咨询工作组成员的参与下进行了改进。Enrico Anello将问卷制作成一份用户友好的动态PDF文档，分发给粮农组织所有成员和主要合作伙伴。

粮农组织主要与区域渔业机构和水产养殖网络合作举办了能力建设研讨会，其中包括维多利亚湖渔业组织、非洲联盟—非洲动物资源局、亚太水产养殖中心网、中美洲渔业和水产养殖组织以及中国的伙伴机构。这些研讨会对于提供改进这一进程的有益反馈信息，以及帮助各国了解调查问卷中要求的信息类型至关重要。感谢这些研讨会参与者的支持。德国政府是这一进程中的关键合作伙伴，为研讨会提供了财政和技术支持。

粮农组织收到国别报告后，Enrico Anello和Anthony Jarret将这些信息纳入数据库，并开发了一个数据查询系统。Ruth Garcia-Gomez和Zhang Zhiyi从数据库中提取并整理信息，供本书各章节的作者使用。

本书由粮农组织渔业及水产养殖业司编写，水产养殖处、统计和信息处提供了初始输入。在整个编写过程中，水产养殖统计专员周晓伟的协助尤为重要。在完成本书定稿过程中，Sebastian Sims提供的宝贵后勤支持，以及在报告编写前期，Elena Irde和Chiara Sirani提供的支持备受赞赏。Maria Giannini和Joanne Morgante完成了全书专业的编辑和版面设计。

粮农组织还要感谢粮农组织渔业委员会（COFI）水生遗传资源和技术咨询工作组成员（Marcela Astorga、John Benzie、Clemens Fieseler、Daniel Jamu、Anne Kapuscinski、István Lehoczy、Graham Mair、Thuy Nguyen、Ingrid Olesen 和 Mohammad Pourkazemi），以及 Kuldeep K. Lal、Alexandre Wagner Silva Hilsdorf、Zsigmond Jeney 和 Cherdsak Virapat，他们就本书草稿提供了指导、审查、评论、反馈和信息。非常赞赏粮食和农业遗传资源委员会（CGRFA）秘书处提供的支持，以及通过粮食和农业遗传资源委员会粮食和农业水生遗传资源政府间技术工作组两届会议提供的指导，这对编写一份平衡和完整的报告至关重要。区域组织也提供了反馈意见，包括维多利亚湖渔业组织、湄公河委员会、亚太水产养殖中心网、太平洋共同体、东南亚渔业发展中心和世界鱼类中心。

专题背景研究的作者和对这些研究进行编辑完善的人员至关重要。他们为本书添加了一些实质性的信息，而这些信息在国别报告中可能没有得到很好的体现。

各章和专题背景研究的作者详见下表。感谢 Matthias Halwart、Devin M. Bartley、Austin Stankus、Daniela Lucente 和 Graham Mair 的技术编辑团队对各章和全书的改进提升。

章节	标题	作者
第1章	世界水产养殖和渔业状况	Graham C. Mair、Xiaowei Zhou 和 Simon Funge-Smith
第2章	国家辖区内养殖水生物种及其野生近缘种水生遗传资源利用和交流	Devin M. Bartley
第3章	水产养殖驱动因素和发展趋势：对国家辖区内水生遗传资源的影响	Simon Funge-Smith
第4章	国家辖区内养殖水生物种及其野生近缘种水生遗传资源就地保护	Devin M. Bartley
第5章	国家辖区内养殖水生物种及其野生近缘种水生遗传资源迁地保护	Ruth Garcia-Gomez
第6章	国家辖区内养殖水生物种及其野生近缘种水生遗传资源利益相关方	Malcolm Beveridge
第7章	国家辖区内养殖水生物种及其野生近缘种水生遗传资源国家政策和立法	Devin M. Bartley
第8章	国家辖区内水生遗传资源研究、教育、培训和推广：协调、网络和信息	Ruth Garcia-Gomez

（续）

章节	标题	作者
第 9 章	养殖水生物种及其野生近缘种水生遗传资源国际合作	Matthias Halwart
第 10 章	主要发现、需求和挑战	Graham C. Mair 和 Matthias Halwart

专题背景研究①	作者
将遗传多样性和指标纳入养殖水生物种及其野生近缘种的统计和监测	Devin M. Bartley 和 Xiaowei Zhou
水产养殖中基于基因组的生物技术	Zhanjiang Liu
养殖海藻遗传资源	Anicia Q. Hurtado
淡水养殖大型植物遗传资源	William Leschen、Meng Shunlong 和 Jing Xiaojun
当前和潜在用于水产养殖的微生物遗传资源	Russell T. Hill

① 可访问 www. fao. org/aquatic-genetic-resources/background/sow/background-studies/en

缩略语 ACRONYMS

ABS	获取与利益共享
AqGR	水生遗传资源
ASFIS	水产科学与渔业信息系统
BAC	细菌人工染色体
CBD	生物多样性公约
CCRF	负责任渔业行为守则
CGRFA	粮食和农业遗传资源委员会
CITES	濒危野生动植物种国际贸易公约
CMS	保护野生动物迁徙物种公约
COFI	粮农组织渔业委员会
COFI AWG AqGR/T	粮农组织渔业委员会水生遗传资源和技术咨询工作组
CRISPR	簇状规则间隔短回文重复序列
CRISPR/Cas	簇状规则间隔短回文重复序列/CRISPR 关联系统
ddRAD-seq	双消化限制性位点相关 DNA 测序
DIAS	水生物种引进数据库
DNA	脱氧核糖核酸
DPS	特有种群段
EAF	渔业生态系统方法
EEZ	专属经济区
ESA	濒危物种法
EST	表达序列标签
ESU	进化显著单元
EU	欧洲联盟
EUSDR	欧盟多瑙河地区战略
FAM	大型淡水水生植物

FAO	联合国粮食及农业组织
FAO/FI	粮农组织渔业及水产养殖业司
FPA	淡水保护区
GIFT	遗传改良养殖罗非鱼
GMO	遗传改良生物
GSI	遗传种群鉴定
HAKI	渔业和水产养殖研究所（匈牙利索尔沃什）
ICAR	印度农业研究委员会
ICES	国际海洋考察理事会
ICPR	保护莱茵河国际委员会
IGO	国际政府间组织
INGA	国际水产养殖遗传学网络
ISSCAAP	国际水生动植物标准统计分类
ITWG AqGR	粮食和农业遗传资源委员会粮食和农业水生遗传资源政府间技术工作组
IUCN	国际自然保护联盟
MAS	标记辅助选择
MPA	海洋保护区
MTA	材料转让协议
mtDNA	线粒体 DNA
NACA	亚太水产养殖中心网
nei	不包括在其他地方
NFPA	国家优先行动框架
NGO	非政府组织
OIE	世界动物卫生组织
PPP	公私伙伴关系
QTL	数量性状基因座
RAPD	随机扩增多态性 DNA
RFLP	限制性片段长度多态性
RNA	核糖核酸
RNA-seq	核糖核酸测序
SADC	南部非洲发展共同体
SNP	单核苷酸多态性
SOFIA	世界渔业和水产养殖状况
TALEN	转录激活因子样效应物核酸酶

TBS	专题背景研究
UNCLOS	联合国海洋法公约
UNFCCC	联合国气候变化框架公约
USGS	美国地质调查局
ZFN	锌指核酸酶

ABOUT THIS BOOK | 关于本书

在2007年粮食和农业遗传资源委员会（CGRFA，见插文1）第十一届常务会上，根据成员的要求，联合国粮食及农业组织（FAO）同意牵头编写报告《世界粮食及农业水生遗传资源状况》（《报告》）。在本书中，水生遗传资源（AqGR）包括DNA、基因、染色体、组织、配子、胚胎和其他早期生活史阶段，以及对粮食和农业具有实际或潜在价值的生物个体、品系、种群和群落。在2013年的粮食和农业遗传资源委员会第十四届常务会上，与会各方进一步达成共识，同意对粮食和农业水生遗传资源进行全球评估，这也是有史以来首次对粮食和农业水生遗传资源进行全球评估，范围应为国家辖区内的养殖水生物种及其野生近缘种①。

插文1　粮食和农业遗传资源委员会

粮食和农业遗传资源委员会有178个国家和欧洲联盟作为其成员，提供了一个独特的政府间论坛，专门讨论粮食和农业的生物多样性问题。该委员会的主要目标是确保粮食和农业生物多样性的可持续利用和保护，以及为当前和后代合理公平地分享利用生物多样性所带来的利益。委员会指导编写关于粮食和农业遗传资源及生物多样性现状和趋势的定期全球评估报告。针对这些评估，委员会制定全球行动计划、行为守则或其他政策文书，并监测其执行情况。委员会提高了各成员对保护和可持续利用生物多样性用于粮食和农业的必要性的认识，并促进各国和其他利益相关方之间的合作，以应对对生物多样性的威胁，并促进生物多样性的保护和可持续利用。

报告和筹备过程

在2015年粮食和农业遗传资源委员会第十五届常务会决定推进报告编写

① CGRFA-14/13/报告 www.fao.org/docrep/meeting/028/mg538e.pdf，第76段。

之后，咨询小组核准了编写报告的时间表和专题背景研究的指示性清单，并邀请各国在所有利益相关方的参与下编写国别报告。粮食和农业遗传资源委员会还同意成立一个粮食和农业水生遗传资源政府间技术工作组（ITWG AqGR），专门负责指导报告的编写及其后续审查。此外，粮农组织渔业委员会（COFI）成立了粮农组织渔业委员会水生遗传资源和技术咨询工作组（COFI AWG AqGR/T），为报告的编写提供专家支持。

编写本书的主要信息来源是 92 个国家在 2015 年 6 月至 2017 年 6 月的两年内提交的国别报告。根据粮食和农业遗传资源委员会制定的程序，粮农组织邀请各国提名国家联络点，并以结构化问卷①和方法学的形式向所有国家联络点提供了指南准则，以协调信息收集，从而编写和提交国别报告。

据设想，国别报告的编制将成为促进国家战略活动的一个工具，借以评估国家层面的水生遗传资源保护的状况，并反映其保护、可持续利用和开发的需要和优先事项。粮农组织与水产养殖领域的合作伙伴共同举办了区域研讨会，以支持编写国别报告。

粮农组织收到国别报告后，对其进行了审核，将数据纳入数据库，并酌情将这些数据与各国根据水产养殖和捕捞渔业产量向粮农组织报告的官方统计数据进行比较。同时，对数据进行了分析，分析结果构成了报告主要章节的基础。

在查明重大知识差距的基础上，粮农组织委托编写了 5 个专题背景研究（TBSs）报告。专题背景研究旨在补充科学和官方数据，以及信息薄弱、缺失或过时的专题领域的国别报告。5 个专题背景研究报告是：

- 将遗传多样性和指标纳入养殖水生物种及其野生近缘种的统计和监测；
- 当前和潜在用于水产养殖的微生物遗传资源；
- 水产养殖中基于基因组的生物技术；
- 养殖海藻遗传资源；
- 养殖淡水大型植物遗传资源：综述。

截至 2016 年 5 月，对收到的 57 份国别报告中的 47 份进行了审查和分析，分析结果被纳入《世界粮食和农业水生遗传资源状况报告初稿》（《报告初稿》）。2016 年 6 月，在罗马举行的粮食和农业遗传资源委员会粮食和农业水生遗传资源政府间技术工作组第一届会议期间，对《报告初稿》进行了审查，并提出了若干常规和具体建议②。

粮农组织渔业委员会水生遗传资源和技术咨询工作组与粮食和农业遗传资源委员会粮食和农业水生遗传资源政府间技术工作组第一届会议的报告已于

---

① www.fao.org/3/a-bp506e.pdf

② CGRFA/WG-AqGR-1/16/报告，www.fao.org/3/a-mr172e.pdf

2017年提交给粮食和农业遗传资源委员会第十六届常务会。在该届会议期间，粮食和农业遗传资源委员会要求尚未提交国别报告的国家在2017年6月30日之前提交国别报告，要求已提交报告的国家在同一日期提交报告修订版。

截至2017年6月底，已提交35份新的国别报告。根据已提交的所有92份国别报告，编制了一份更新后的《报告草案》。在粮农组织渔业委员会水生遗传资源和技术咨询工作组的另一次会议上，会同一名专家顾问对该草案进行了审查和评议，然后于2017年10月提交给粮农组织渔业委员会水产养殖小组委员会。这些审查的反馈意见被纳入了修订后的《报告草案》中，该《报告草案》发送给各成员征求意见，并于2018年4月提交给粮食和农业遗传资源委员会粮食和农业水生遗传资源政府间技术工作组第二届会议。根据粮食和农业遗传资源委员会粮食和农业水生遗传资源政府间技术工作组[①]本届会议的反馈意见以及粮农组织成员和国际组织的意见，于2018年5月编制了一份《最终报告草案》，并提交给粮农组织渔业委员会第三十三届会议。粮农组织渔业委员会水生遗传资源和技术咨询工作组成员及粮食和农业遗传资源委员会秘书处的进一步意见在本书出版前已被考虑并纳入最终报告。

按区域、经济类别和水产养殖生产水平对国家进行分类

根据对《报告初稿》的审查，建议不仅在全球范围内分析国别报告的数据，而且按区域、国家经济类别和国家水产养殖生产水平解构分析。对92份国别报告的数据进行了相应分类。按区域进行的分析与粮农组织对渔业和水产养殖统计数据的区域分析一致。所有6个区域的国家都作出了回应，其中北美（100%的国家）和亚洲（64%）的相对回应水平最高（表0-1）。

表0-1 提交国别报告的国家数目和百分比，按区域划分

区域	国家总数（个）	报告国数（个）	百分比
非洲	54	27	50
亚洲	33	21	64
欧洲	43	17	40
拉丁美洲和加勒比地区	47	18	38
北美洲	2	2	100
大洋洲	17	7	41

① CGRFA/WG-AqGR-2/18/报告段落14-22，http：//www.fao.org/fi/static-media/MeetingDocuments/AqGenRes/ITWG/2018/default.htm

报告国也按经济类别分类。书中按经济类别对国家进行的分类与粮农组织渔业及水产养殖业司（FAO/FI）统计部门使用的分类一致[①]。表0-2显示了92个报告国按经济类别的分布情况，三个类别中至少有43%～50%的成员代表。

表0-2　提交国别报告的国家数目和百分比，按经济类别划分

经济类别	国家总数（个）	报告国数（个）	百分比
发达国家	58	25	43
其他发展中国家	88	44	50
最不发达国家	50	23	46

根据报告的水产养殖生产水平对国家进行水产养殖生产分类。根据2016年时间序列渔业统计软件（FishStatJ）（粮农组织，2018）的水产养殖产量统计数据，将国家分为两类：

- 主要生产国——这些国家的水产养殖产量占全球水产养殖总产量超过1%；
- 次要生产国——这些国家的水产养殖产量占全球水产养殖总产量不足1%。

11个国家被列为主要生产国，即中国、印度尼西亚、印度、越南、菲律宾、孟加拉国、韩国、挪威、埃及、日本和智利。这些国家合计占全球水产养殖总产量的91%。所有主要生产国都提交了国别报告，而44%的次要生产国作出了回应（81份）（表0-3）。92份国别报告总计约占全球水产养殖总产量的96%，占全球捕捞渔业总产量的80%以上。

表0-3　提交国别报告的国家数目和百分比，按水产养殖生产水平划分

类别	国家总数（个）	报告国数（个）	百分比
主要生产国	11	11	100
次要生产国	185	81	44

水生遗传资源报告现状

粮农组织每两年出版一期《世界渔业和水产养殖状况》（SOFIA）[②]。为《世界粮食和农业水生遗传资源状况》生成和分析信息的过程与《世界渔业和

---

① https://unstats.un.org/unsd/methodology/m49

② www.fao.org/fishery/sofia/en

水产养殖状况》的过程一致，并与之互补。《世界渔业和水产养殖状况》涵盖了生产、贸易、消费和可持续性等问题，以及对渔业和水产养殖具有重要意义的专题。

《世界渔业和水产养殖状况》水产养殖和捕捞渔业产量报告的主要依据是物种或物种类别。粮农组织作为全球渔业和水产养殖统计数据的储存库，致力于获得对成员和有关方面必要和有用的、准确和一致的信息。为此目的，先前制定了水产科学与渔业情报系统（ASFIS）渔业统计物种清单（见第 2 章），以维护和促进一个标准命名系统，用于分析渔业和水产养殖中出现的世界水生物种。国别报告所依据的调查问卷和报告都使用了水产科学与渔业情报系统术语。《世界渔业和水产养殖状况》中的大部分分析都基于 FishStatJ 中的渔业和水产养殖业统计数据，FishStatJ 是一个可访问大量渔业数据集的软件。

本书的结构

本书共分为 10 章。第 1 章概述了水产养殖和捕捞渔业的现状及其产品市场，并概述了这些行业的前景。它还介绍了在整个报告中用于描述水生遗传资源的一些标准术语，并建议广泛采用。第 2 至第 9 章主要讨论国别报告中关于一系列问题的数据。第 2 章综述了水生遗传资源的利用和交流，主要是水生遗传资源在水产养殖中的利用和交流，以及遗传技术在水生遗传资源上的应用。第 3 章探讨了变化驱动因素对养殖水生遗传资源及其野生近缘种的影响。第 4 章和第 5 章分别介绍了水生遗传资源的就地和迁地保护现状。第 6 章确定了水生遗传资源中的利益相关方及其在保护、可持续利用和开发中的角色。第 7 章审查了管理水生遗传资源的国家政策和立法。第 8 章回顾了水生遗传资源的研究、培训和推广，例如，国家协调和网络。第 9 章论述了关于水生遗传资源的国际合作，包括各国合作的各种机制和工具的作用。最后一章阐明了前几章中所确定的主要信息以及所面临的需求和挑战。

参考文献

FAO. 2018. Fishery and Aquaculture Statistics. FishstatJ-Global Production by Production Source 1950 - 2016. In：*FAO Fisheries and Aquaculture Department* [online]. Rome. Updated 2018. （also available at http：//www. fao. org/fishery/statistics/software/fishstatj/en）.

摘　要 ABSTRACT

引言

根据定义，粮食和农业水生遗传资源（AqGR）包括DNA、基因、染色体、组织、配子、胚胎和其他早期生活史阶段，以及对粮食和农业具有实际或潜在价值的生物的个体、品系、种群和群落。加强对其全球地位的了解是一个不可或缺的步骤，这有利于提高当前对其养护、可持续利用和开发，以及未来需求与挑战的认识。

《世界粮食和农业水生遗传资源状况》是对水生遗传资源状况的首次全球评估，是这方面向前迈出的重要一步。编制本书的主要信息来源于各国提交的关于其水生遗传资源在国家辖区内的状况的报告。总体而言，92个国家对这一由国家驱动的进程作出了贡献，涵盖了全球约96%的水产养殖产量和全球80%以上的捕捞渔业产量。

世界水产养殖和渔业状况

最新的可用数据（2016年）显示，全球鱼类产量已升至1.71亿吨左右。发展中国家产量占全球水产养殖和捕捞渔业总产量的大部分。

捕捞渔业的产量已稳定在约9 100万吨，海洋渔业约占总产量的87%。根据共识，海洋渔业的产量在未来不太可能超过目前的水平。另一方面，水产养殖产量占食用鱼总产量的53%，2001—2016年，水产养殖的年增长率约为6%，尽管增长率较低，但预计这一增长仍将持续。

2016年，全球水生遗传资源水产养殖食品产量总计达到1.1亿吨，其中包括8 000万吨鱼类和3 000万吨水生植物。还有38 000吨非食品生产。这一总产量来源于在淡水、半咸水和海水中进行的水产养殖作业。亚洲是水产养殖的主要生产地区，2016年的产量约占世界食用鱼产量的89%。

由于公众对水产食品健康益处的认识普遍提高，以及一些国家财富的不断增加，1961—2016年，全球食用鱼消费量的年均增长（3.2%）超过了人口增长（1.6%），并超过了所有陆生动物肉类的总和（2.8%）。大约 32 亿人（占世界人口的 42%）从鱼类中获得了 20%或更多的动物蛋白质摄入量。

养殖鱼类和其他水生生物的生产系统高度多样化。尽管养殖水生物种的数量与捕捞渔业渔获的 1 800 多个物种相比来说数量很少，但与其他食品生产行业相比，水产养殖中的物种使用也极为多样。截至 2016 年，已向粮农组织报告了近 600 种养殖物种和物种类别。许多水生生物，包括微生物、饵料生物、水生植物、海参、海胆、两栖动物、爬行动物和观赏物种的养殖水生遗传资源多样性组合等，尚未向粮农组织全面报告。

水生遗传资源的利用和交流

尽管向粮农组织定期报告的产量已经表明，水生遗传资源在渔业和水产养殖业中使用的多样性很大，但国别报告提到了 250 多个以前没有向本组织报告的物种和物种类别。报告的许多其他物种是微生物、水生植物和观赏鱼，它们未列入向粮农组织报告的标准报告——水产科学与渔业情报系统（ASFIS）。已被确认的大量养殖型水生生物是品系、杂交种和多倍体，它们被分类为低于物种级别，因此未列入水产科学与渔业情报系统清单。

在编写国别报告的过程中，描述水生遗传资源时术语缺乏标准化的问题十分突出。本书采用了一个相对较新的术语——养殖型，以此来描述低于物种级别的养殖水生遗传资源，并对现有术语（例如，野生近缘种、杂交种、品系和种群）的使用进行了标准化。

尽管国别报告列出了水产养殖中使用的许多养殖型，但与牲畜和作物生产中使用的繁育种、杂交种和变种数量相比，这些类型相对较少。因此，水产养殖业使用的物种高度多样化，且有不断扩大的趋势，而畜牧业和作物生产则使用了大量多样性的繁育种和杂交种。政策制定者和养鱼户可能需要在未来做出决定，是尝试养殖更多的物种以满足消费者和生产需求，还是像陆地农业那样，继续将现有物种多样化为更具生产力的品种。在任何一种情况下，使用标准化和一致的术语对于理解、记录和监测水生遗传资源的未来保护、可持续利用和开发都至关重要。

由于使用了水产科学与渔业情报系统清单和基于物种的信息系统，也使用了该系统的标准命名法，各国认为它们在物种级别上的命名是准确的。然而，在养殖型级别，即低于物种级别，各国别报告中的命名和术语并不一致。

国别报告指出，非本地物种在水产养殖中很重要。大约 200 个物种或物种类别在非本土地区养殖，10 个最广泛养殖的物种中有 9 个在非本土国家养殖。鉴于水生遗传资源在国家之间的流动是水产养殖行业的重要组成部分，因此，必须用标准和适当的命名法对这一流动进行充分记录。这将有助于风险效益分析，以及遵守国家和国际政策。

遗传数据通常可用于水产养殖，主要生产国比次要生产国更多地使用这些信息，最不发达国家使用水生遗传资源信息的程度低于其他国家。虽然可能存在野生近缘种的遗传数据，但这些数据通常不用于管理。

正如传统科学文献所报道的那样，国别报告表明了，水产养殖中养殖的物种与其野生近缘种非常相似，野生型是各国报告的最常见的养殖型。尽管不同类型的遗传资源管理和改进的报告显示出高于预期——约60%的报告物种的养殖型发生了某种遗传变化，但通过应用遗传技术进一步提高水产养殖产量的潜力巨大。据报告，选择性育种是应用最广泛的遗传技术。然而，这种经过验证的遗传改良方法的采用率相对较低，已公布的估算表明，全球水产养殖产量中只有10%左右是由管理良好的选择性育种方案产生的改良品系。水产养殖遗传学家预测，仅凭选择性育种就可以满足未来对鱼类和鱼类产品的需求，而不需要额外投入，例如饲料和土地。

本书和对水产养殖发展成功实例的回顾表明，公私伙伴关系（PPP）可以促进水产养殖的发展和适当遗传技术的使用。然而，在许多情况下，政府和私营企业尚未在水产养殖行业建立重要的伙伴关系。并非所有政府都有资源来促进水产养殖的发展，但这种伙伴关系可以进一步探索，特别是在长期选育方案中，以及在政府将水产养殖纳入其减贫和经济政策的情况下。

杂交和多倍体化等遗传技术可以在短期内产生显著的一次性收益，而选择性育种等长期技术可以产生一代又一代的收益。新的生物技术，例如，基因编辑和基因组选择，也提供了遗传增益的机会，但目前这些生物技术尚处于实验阶段或早期应用阶段。在水产养殖中广泛应用遗传技术之前，需要解决适合特定情况的遗传技术的实际应用和消费者对新生物技术的接受问题。

与陆地农业不同，所有养殖水生物种的野生近缘种仍存在于自然界中。这一宝贵资源需要得到保护和保持。野生近缘种为水产养殖提供了关键资源，无论是作为亲本、配子和胚胎的来源，还是作为养殖生物的早期生活史阶段进行培养，或是圈养繁殖并储存在水体中以支持捕捞渔业。此外，大多数野生近缘种也在捕捞渔业中捕获。然而，尽管有相应政策和渔业管理计划，据报告，在许多情况下，野生近缘种物种的数量都在下降。栖息地丧失和退化是资源下降的主要原因。

驱动因素和发展趋势

不断增长的人口推动了对鱼类和鱼类产品的需求，这反过来又将推动养殖品种的扩大并使其多样化。这也会对野生近缘种带来压力。

大多数水产养殖生产发生在淡水环境中。农业、城市供给、能源生产和其他用途对淡水的需求将对水产养殖提出挑战，使其对资源利用效率要求更高，并减少其排放。这将需要物种适应这种系统。向半咸水的扩张将推动对新的半咸水水生遗传资源的需求。野生近缘种将受到与用水有关的优先事项变化的威胁。用于水产养殖和维持野生近缘种的水质面临来自工业、农业和城市的污染威胁。

据观察，良好治理水平的提高对养殖型和野生近缘种的水生遗传资源都有总体的有益影响。影响范围从改善对养殖场及其经营的监管到该行业的专业化程度提高。对野生近缘种的影响涉及改善环境管理、更好地控制放养和迁移，以及更高水平的养护和保护。

随着发展中经济体财富的增加，区域内和区域间贸易的增长以及城市化和工业化的推进，所有这些都推动了对水生遗传资源的需求和偏好。大量国际贸易鱼类和鱼类产品的生产及供应将日益整合和工业化，这可能意味着生产越来越由少数物种主导。还将更加强调食品安全和可追溯性，这将给小型运营商带来挑战，并可能限制他们对生产系统和水生遗传资源的选择。同时，将不断探索新的水生遗传品种，以满足市场对新商品的需求，尤其是利基市场。

随着人口结构的变化，消费者对鱼类的态度也在变化，影响了对不同水生遗传资源的接受程度和需求。人们越来越认识到食用鱼类是健康均衡饮食的一部分。相应地，日益增长的城市化将推动对鱼类和鱼类产品的需求，这将激励人们增加水产养殖的供应，并在一定程度上增加捕捞渔业的供应。一些市场对基因操纵技术的使用仍然存在担忧，包括消费者对遗传改良生物（GMO）的抵制。这也可能包括对其他养殖型（例如，杂交种、三倍体）的抗性。人们越来越意识到对野生近缘种的不可持续开发，从而推动了对养殖型的需求。

土地、水、沿海地区、湿地和流域用途的变化都会影响水生遗传资源栖息地的数量和质量。流域变化是影响水生系统的主要因素之一。影响水生遗传资源的方面包括河流筑坝、排水系统、防洪、水电开发、灌溉、湿地规划和道路建设。入侵物种建立后，可以通过竞争或捕食对水生遗传资源产生直接影响，也可以对支持野生近缘种的食物网和生态系统产生间接影响。水污染具有强烈的负面影响，特别是在淡水中，并影响野生近缘种和养殖水生遗传资源。

气候变化将对淡水供应产生影响，不可避免地影响到养殖和野生水生遗传资源。对野生水生遗传资源的潜在总体影响很难确定，但在许多地区可能是负面的。对养殖水生遗传资源的一些积极影响可能来自对气候耐受特性的管理或自然选择。

就地和迁地保护

淡水鳍鱼是人类所利用的最受威胁的脊椎动物之一，国别报告列出了许多在野外数量下降的野生近缘种。因此，需要在淡水和海洋生态系统中加大对水生遗传资源的就地和迁地保护力度。据报告，水生遗传资源的就地和迁地保存被广泛使用，并且普遍有效。

就地保护是首选策略，因为它将水生植物、动物或微生物的种群保持在栖息地、环境或培养系统中，使其具有特殊特征，并使其能够继续进化。此外，迁地活体保护是资源密集型的，容易导致遗传变化（例如，通过遗传漂变、驯化选择和商业性状的刻意选择）。目前只有雄性配子才有可能进行离体保存，而卵子或大多数胚胎则不可行。海洋和淡水水生保护区被广泛用于就地保护水生遗传资源。多用途保护区，可供垂钓和娱乐，使水生遗传资源既能得到保护，又能得到可持续利用。

各国报告称，设立水生保护区对水生遗传资源的保护非常有效。然而，这一结果受到了少数国家的严重影响，这些国家报告了许多非常有效的保护区。据报告，保护区的主要目标是保护水生遗传多样性和维持水产养殖生产的优良品系。令人有些惊讶的是，帮助适应气候变化的影响，以及满足消费者和市场需求被认为是就地保护的最不重要的目标。

约50%的国别报告称，资源养护作为水产养殖设施或渔业管理目标的重要性已明确纳入其政策。事实上，在约90%的国家回应中，渔业和水产养殖被视为就地保护的有效机制。从野外采集亲本和早期生活史阶段被视为就地保护的一个组成部分，至少在某种程度上是维护大多数地区栖息地的理由。显然，水生遗传资源的“利用”方面有助于证明保护水生栖息地和生物多样性的合理性。

由于养殖型的发展相对较晚，“水生遗传资源的养殖场就地保护”的概念很难与“水生遗传资源的养殖场迁地保护”区分开来。也就是说，养鱼户没有以类似陆地养殖户对待农作物和牲畜的方式，在数千年的时间里利用和保护水生养殖型并从中获益。养鱼户将改善水生遗传资源作为首要任务，而不是保护它。那些在养殖条件下用于维持水产养殖品系的设施，通常被称为活体迁地保护设施。

实施迁地保护可通过多种机制，包括水族馆和动物园、植物园和基因库（可细分为体内圈养繁育方案和离体种质保存方案）。目前，75%的回应国家的迁地保护活动和方案正在实施中。

国别报告指出，全球一级的迁地保护（活体和离体）最重要的目标是保护水生生物遗传多样性，其次是未来水产养殖品系改良和维持未来水产养殖生产优良品系。当国家按区域、经济类别和水产养殖生产水平分组时，这一排位类似。据报告，物种在活体迁地保护采集中有多种用途，包括直接供人类食用（最常被引用的用途）、作为活饵料生物以及一系列其他用途，包括用于未来驯化。

利益相关方的角色

通过参与性区域研讨会，12 个不同的群体被确定为水生遗传资源保护、可持续利用和开发的关键利益相关方。政府资源管理者、渔业或水产养殖协会和捐助者在水生遗传资源的保护、可持续利用和开发方面发挥了最大的作用，而消费者、营销人员和渔民发挥了较小的作用。在如何看待利益相关方参与养殖物种及其野生近缘种水生遗传资源的保护、可持续利用和开发方面，各地区存在一些差异。几乎所有国家都认识到土著社区在养护和保护水生生物多样性和水生生态系统方面的重要性，这些生物多样性与养殖水生遗传资源的野生近缘种相关。尽管所提供的定性信息表明，妇女可能在发达国家发挥更广泛的作用，但她们在所有国家的水产养殖行业中都扮演着很重要的角色。

在已确定的十类活动中，保护、生产、营销和宣传是 12 个利益相关方群体发挥的最常见作用。利益相关方对水生遗传资源的保护、可持续利用和开发的兴趣始终在物种层面上表现最大，其次是品系、品种和种群层面，最后是基因组层面。关于利益相关方群体希望看到在水生遗传资源的保护、可持续利用和开发方面取得什么进展，几乎没有得到任何回应信息。

国家政策和立法

粮食和农业水生遗传资源管理包括养殖、渔业、繁殖和保护这些资源。据报告，有许多政策和法律文书（超过 600 份）是在物种层面上针对水生遗传资源问题的。这些政策通常包括渔业管理、休渔禁渔和各种水生遗传资源进出口限制。然而，这些国家政策的监督和执行往往受到人力和财政资源缺乏的制约。

水生遗传资源的获取与利益共享制度将不同于作物和牲畜的遗传资源。植物驯化和品种改良的管理往往源于数千年来农民对遗传资源的利用和改良。然而，不同于植物的繁育，许多商业水生物种的驯化与遗传改良并没有在原产地中心进行，也不是当地养鱼户努力的结果。养殖水生物种的遗传改良通常由拥有现代化养殖设施的大型公司或国际机构进行，而不是由农村农民进行，对于许多物种来说，遗传改良发生在物种起源中心之外。尽管各国已采取措施改善获得水生遗传资源的机会，但它们在获得或进口水生遗传资源方面遇到了障碍，这主要是由于自己国家的限制性立法。促进获取与利益共享机制的措施包括风险-利益分析政策、预防性方法的应用，以及政府、行业和保护部门商定的行动和应急计划。

研究、教育、培训和推广

在几乎所有提交报告的国家中，都至少有一个研究机构和一个培训、教育中心负责水生遗传资源的保护、可持续利用和开发。

80％报告国的国家研究计划涵盖了对水生遗传资源的研究。最常见的研究主题是水生遗传资源基础知识，研究能力建设的最大需求是提高水生遗传资源表征和监测能力，以及对这些资源的遗传改良能力。全球大多数报告的聚焦领域是“水生遗传资源管理”和“水生遗传资源表征和监测”。覆盖最少的领域是“水生遗传资源经济评估”。

近75％的国家报告了一个或多个与水生遗传资源管理和保护相关的部门间合作机制，亚洲报告的每个国家机制的平均数量最多。据报告，提高研究所的技术能力是加强部门间合作最重要的能力要求。类似比例的国别报告称，其国内有国家网络，主要负责改善水生遗传资源信息交流。事实上，据报告，现有的与水生遗传资源相关的国家信息系统数量很多（超过170个），主要生产国的每个国家的信息系统数量都高于次要生产国。水生遗传资源国家信息系统的主要用户是学术界和政府资源管理者。然而，这些信息系统通常侧重于物种级别，涉及其分布和产量，很少有系统包含低于物种级别的信息。

国际合作

据报告，养殖水生物种及其野生近缘种的水生遗传资源国际合作涉及广泛的机制和工具。据报告，与水生遗传资源的保护、可持续利用和开发相关的国际协议的数量在每个国家有1至24个不等，共报告了174项关于国际合作的特有协议。据评估，大约85％的国际协议对水生遗传资源的影响是正面或非常正面的。

据报告，在许多情况下，各国在水生遗传资源可持续利用、养护和管理方面的国际合作需求仍未得到满足或仅得到部分满足，这突出表明可能需要建立国际网络。最优先考虑的是在改善水生遗传资源保护和经济评估的沟通及能力方面的合作，其次是在改善基础知识、提高表征和监测能力、改善水生遗传资源的获取和分发，以及改进信息技术和数据库管理方面的合作。这突显了区域和国际合作的建立如何成为成功保护、利用、管理和开发水生遗传资源的关键推动力，罗非鱼、鲤（*Cyprinus carpio*）和大西洋鲑（*Salmo salar*）的全球和区域性案例研究证明了这一点。

主要发现、需求和挑战

报告的最后一章总结了水生遗传资源的主要特点和特征，并特别指出了这些特点和特征与陆地遗传资源不同的方面。相对于用于粮食和农业的陆地植物和动物遗传资源，大多数水生遗传资源的养殖仍处于起步阶段，水产养殖业利用这些资源的方式仍在不断发展。很少有不同的养殖型被开发出来，这些类型往往表征程度很差，并且使用不一致的命名法进行描述。大多数养殖的水生生物资源保持着与野生近缘种相似的遗传变异水平。因此，与陆地遗传资源相比，水生遗传资源的特点是物种多样性大且不断增长，但不同养殖型的发展相对较少，相比之下，陆地遗传资源只关注少数物种，但陆地动物和植物的繁育种和变种则更加多样。

一些被验证的遗传技术已经产生了显著的生产收益，特别是通过管理良好的选择性育种方案，但这些技术的采用相对缓慢，限制了迄今为止它们对全球水产养殖生产的影响。

所有养殖水生遗传资源的野生近缘种仍然广泛存在，养殖水生遗传资源与其野生近缘种之间存在强烈的相互作用。许多水产养殖生产依赖野生近缘种作为亲本和种苗的来源。人类活动，包括捕捞渔业，威胁着这些野生近缘种种群的生存能力。尽管各国报告称存在水生遗传资源的就地和迁地保护方案，但有必要确保此类方案能有效管理遗传多样性，并将重点放在风险最大的资源上。

非本地物种对水产养殖生产的贡献很大，水生遗传资源的交流很常见。然而，这方面往往监管不足，这可能导致与入侵物种相关的负面后果的产生。水生遗传资源通常出现在公共水资源中，包括跨境水资源。此外，还有部分原因是，由于缺乏对种质交换的监管，关于水生遗传资源育种者的权利、获取与利益共享方面的安排没有得到很好的发展。因此，水生遗传资源未来的管理框架将与其他行业的普遍框架有所不同。

改善水生遗传资源的管理还有很多工作要做。需要在以下所有战略优先领域中采取行动：应对行业变化和环境驱动因素；水生遗传资源的表征、清单和监测；用于水产养殖的水生遗传资源的开发；水生遗传资源的可持续利用和养护；政策、机制制定和能力建设与合作的发展。最后一章确定了这些战略优先领域的大约 40 项具体需求和挑战。

希望本书能成为未来行动的催化剂。书中所包含的信息为确定行动的战略优先事项、建立实施这些行动的机制，以及确定有效实施所需的资源和机构能力提供了良好的基础。

CONTENTS **目 录**

第1章

世界水产养殖和渔业状况

目的：本章旨在概述世界水产养殖和捕捞渔业生产的现状，包括其区域分布、生产系统和物种利用。概述涵盖了水产养殖和捕捞渔业的当前全球趋势，并重点介绍了不同水生遗传资源（AqGR）在这些领域中的作用。本章还介绍了书中使用的一些重要的标准化术语。最后一节对未来几年的渔业和水产养殖作了简要展望。

关键信息：

- 水产养殖产量占鱼类总产量的 47%，占食用鱼产量的 53%。
- 尽管近几十年来水产养殖产量的增长速度有所放缓，但仍以每年 5.8%的速度增长。预计到 2030 年，这一增速将降至 2.1%。
- 水产养殖生产系统高度多样化。大部分水产养殖产量（64%）来自内陆水产养殖。
- 水产养殖生产的一个重要组成部分仍然依赖于野生近缘种，因此水产养殖和捕捞渔业是紧密相连的生产系统。
- 过去 20 年来，捕捞渔业产量一直保持稳定。海洋捕捞渔业占产量的 87.2%，但没有增长，而内陆捕捞渔业的产量继续增长。
- 只有 7%的全球海洋鱼类种群未被充分捕捞，60%的海洋鱼类种群被认为已达到最大可持续捕捞量。然而，不可持续捕捞鱼类种群的比例（2015 年为 33.1%）持续增长。
- 发展中国家贡献了大部分的水产养殖和捕捞渔业产量。
- 用于粮食和农业的水生生物具有广泛的多样性，来源于多个生物分类门，包括约 2 000 种物种（目前有 554 种用于水产养殖，1 839 种属于捕捞渔业）。
- 尽管有一些驱动因素，例如，利基市场需求，支持着水产养殖中物种的持续多样化，但也有一些驱动因素，促进了围绕少数物种的商业规模生产的整合。
- 虽然关于水产养殖中使用的物种和捕捞渔业收获的物种的信息相对较多（即使不够完整），但低于物种级别（有关种群和养殖型）的信息却很少，而且对这一水平的遗传多样性认识也很低，这限制了对这些水生遗传资源的有效管理、开发和保护。
- 水生物种与驯化作物和牲畜不同，对后者来说，许多繁育种和变种已经开发成熟，并已被认可了数百年或数千年，而前者的传统认可品系和少数物种的种群数量要少得多，这限制了这些物种在不同条件下的适应能力。

• 遗传信息在管理中的使用取决于准确信息和基础数据的可用性。目前的信息系统，例如，水产科学与渔业情报系统（ASFIS），没有记录关于品系或种群（即低于物种级别）的信息。

1.1 渔业和水产养殖全球趋势

2016 年，全球鱼类[①]总产量已升至约 1.71 亿吨，其中水产养殖占总产量的近 47%，如果不包括非食品用途（如扣除鱼粉和鱼油），则占 53%[②]。图 1-1 显示，过去 25 年来，水产养殖对全球鱼类总产量的贡献持续上升，水产养殖份额从 2000 年的 25.7%持续上升。中国是世界上最大的水产养殖生产国，如果将中国排除在全球产量数据之外，2016 年，世界其他地区的水产养殖产量份额达到 29.6%，2000 年为 12.7%（数据未显示）。如果包括所有形式的生产，水产养殖总产量现在已超过捕捞渔业产量（图 1-2）。在 2016 年，37 个国家的养殖鱼类产量超过野生捕捞鱼类。

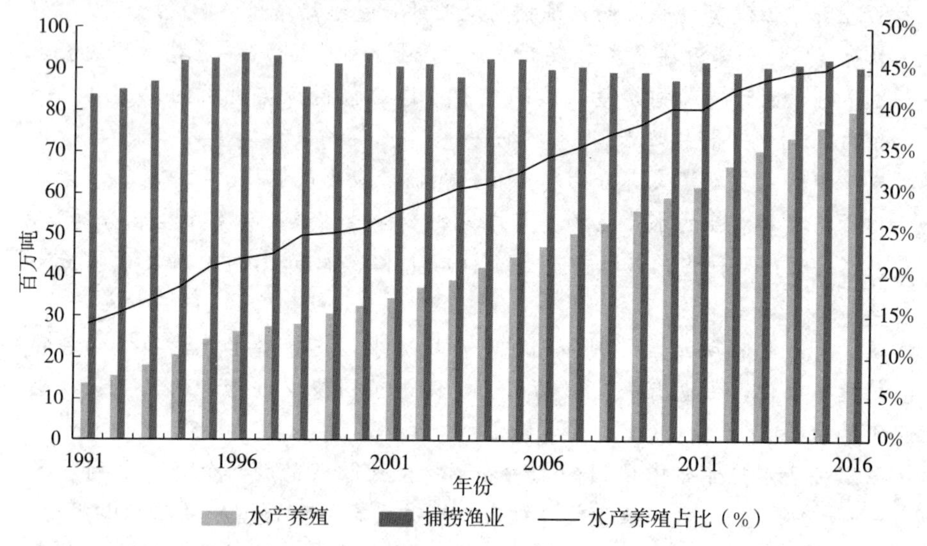

图 1-1　1991—2016 年水产养殖（不包括水生植物）对鱼类总产量的贡献

资料来源：粮农组织，2018a。

① 除非另有规定，否则“鱼类”一词包括鳍鱼、甲壳动物、软体动物和其他水生动物，如人类食用的青蛙和海参，但不包括水生哺乳动物、爬行动物、海藻和其他水生植物。

② 本章主要借鉴了粮农组织《世界渔业和水产养殖状况》（SOFIA）的两年期报告的内容，特别是 2018 年出版的 SOFIA 的最新数据（粮农组织，2018a）。

捕捞渔业的产量已趋于平稳，而水产养殖在 2001—2016 年每年增长约 6%（图 1-1）。现在养殖的水生物种比以往任何时候都要多。

与此同时，为满足人类对鱼类和鱼类产品日益增长的需求，水产养殖业面临着扩大产量的压力，现有的水产养殖生产系统在可用空间、水和饲料资源的竞争，以及健康和遗传问题方面面临着重大挑战。尽管存在这些限制，水产养殖仍在继续增长，事实上，水产养殖是世界上增长最快的食品生产行业（粮农组织，2018a）。表 1-1 总结了近年来内陆和海洋水域捕捞渔业和水产养殖的产量，以及不断增长的全球人口对这一产量的利用情况。

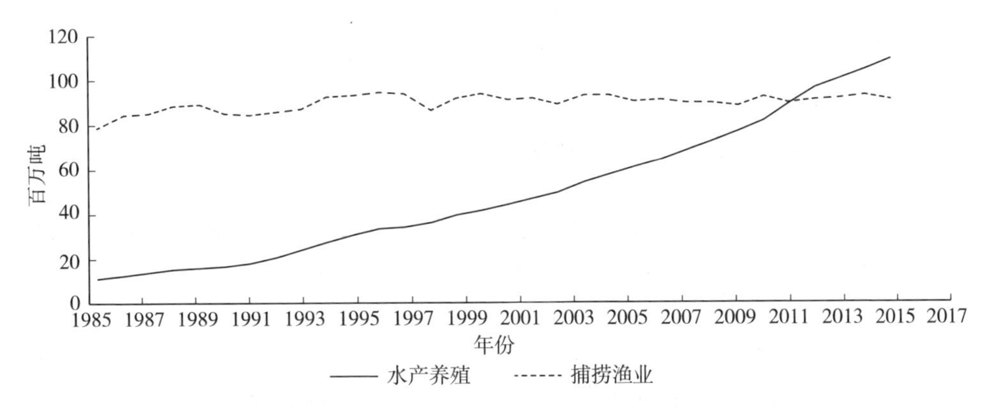

图 1-2　1986—2016 年全球捕捞渔业和水产养殖总产量，包括水生植物和非食品产量

资料来源：粮农组织，2018b。

表 1-1　2011—2016 年世界捕捞渔业和水产养殖的产量及其相对于全球人口和人均食用鱼供应的利用（百万吨）[①]

项目	2011 年	2012 年	2013 年	2014 年	2015 年	2016 年
生产系统						
捕捞						
内陆	10.7	11.2	11.2	11.3	11.4	11.6
海洋	81.5	78.4	79.4	79.9	81.2	79.3
总捕捞量	92.2	89.5	90.6	91.2	92.7	90.9
养殖						
内陆	38.6	42.0	44.8	46.9	48.6	51.4
海洋	23.2	24.4	25.4	26.8	27.5	28.7
总养殖量	61.8	66.4	70.2	73.7	76.1	80.0
世界捕捞渔业和水产养殖总产量	154.0	156.0	160.7	164.9	168.7	170.9
利用[②]						
人类食用	130.0	136.4	140.1	144.8	148.4	151.2

（续）

项目	2011 年	2012 年	2013 年	2014 年	2015 年	2016 年
非食用	24.0	19.6	20.6	20	20.3	19.7
人口（$\times10^9$）	7.0	7.1	7.2	7.3	7.3	7.4
人均食用鱼供应量（千克）	18.5	19.2	19.5	19.9	20.2	20.3

资料来源：粮农组织，2018a（渔业数据）和联合国，2017（人口数据）。

注：经四舍五入后，某些列的总和可能不准确。

①“食用鱼”一词包括鳍鱼、甲壳动物、软体动物和其他水生动物，例如，青蛙和海参等，不包括海藻和其他水生植物、水生哺乳动物和鳄鱼。

②2014—2016 年的利用数据为临时估计值。

1.2 世界水产养殖现状

2016 年，全球水产养殖产量总计达到 1.1 亿吨，包括 8 000 万吨食用鱼和 3 000 万吨水生植物。还有 38 000 吨的非食品（贝壳和珍珠）生产。水产养殖食品生产的初次销售额估计为 2 320 亿美元（粮农组织，2018a）。

这些产量来源于在淡水、半咸水和海水中进行的水产养殖作业。如图 1-3 所示，2016 年，作为食品的水产养殖产量包括 5 410 万吨鳍鱼（1 385 亿美元）、1 710 万吨软体动物（292 亿美元）、790 万吨甲壳动物（571 亿美元）和 90 万吨其他水生动物，包括两栖动物（68 亿美元）（粮农组织，2018b）。

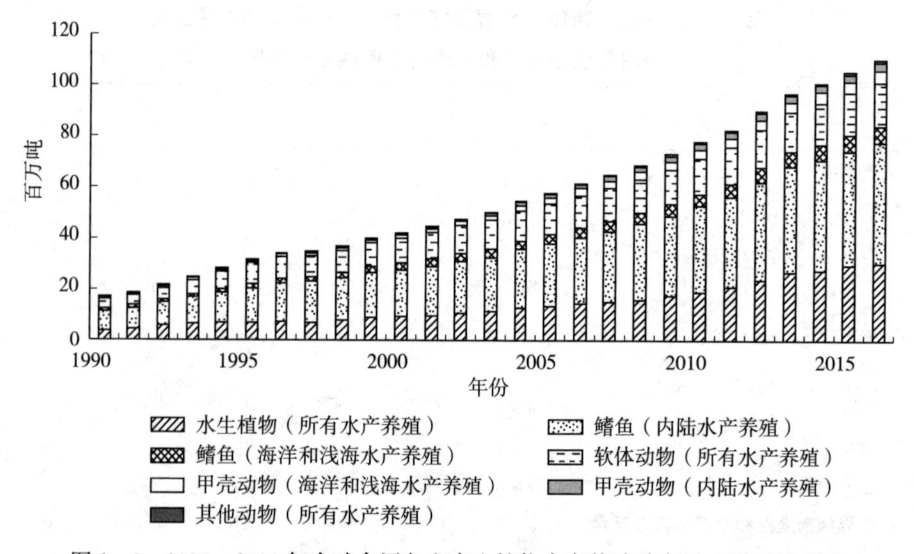

图 1-3　1990—2016 年全球食用鱼和水生植物水产养殖总产量，按领域分列

资料来源：粮农组织，2018b。

不同地区的水产养殖产量存在显著差异。亚洲地区是水产养殖的主要生产区，2016年约占世界食用鱼产量的89%（表1-2）。

表1-2　2016年各地区主要食用鱼种类的水产养殖产量（千吨，鲜重）

种类	非洲	亚洲	欧洲	拉丁美洲和加勒比地区	北美洲	大洋洲	全球
内陆水产养殖							
鳍鱼	1 954	43 983	502	879	194	5	47 516
甲壳动物	0	2 965	0	0	68	0	3 033
软体动物	…	286	…	…	…	…	286
其他水生动物	…	531	…	1	…	…	531
合计	1954	47 765	502	879	262	5	51 367
海洋与浅海水产养殖							
鳍鱼	17	3 739	1 830	739	168	82	6 575
甲壳动物	5	4 091	0	726	1	6	4 829
软体动物	6	15 550	613	360	214	112	16 853
其他水生动物	0	402	0	…	…	5	407
合计	28	23 781	2 443	1 824	383	205	28 664
全部水产养殖							
鳍鱼	1 972	47 722	2 332	1 617	362	87	54 091
甲壳动物	5	7 055	0	726	69	7	7 862
软体动物	6	15 835	613	360	214	112	17 139
其他水生动物	0	933	0	1	…	5	939
总计	1 982	71 546	2 945	2 703	645	210	80 031

资料来源：粮农组织，2018b。

注：符号"0"表示500吨以下的生产量；"…"表示生产数据不可用。经四舍五入后，某些列的总和可能不准确。

世界养殖食用鱼的生产越来越依赖内陆水产养殖，而内陆水产养殖在大多数国家通常在淡水环境中进行。尽管在当地条件允许的情况下，跑道池、集装箱、围栏和网箱也被广泛使用，但土塘仍然是内陆水产养殖生产中最常用的设施类型。稻鱼养殖在传统地区仍然很重要，但在其他地方，尤其是亚洲，稻鱼养殖也在迅速发展。2016年，内陆水产养殖贡献了5 140万吨食用鱼产量，占世界养殖食用鱼产量的64.2%，而2000年这一比例为57.9%。鲭鱼水产养殖仍占主导地位，占内陆水产养殖总产量的92.5%（4 750万吨）（粮农组织，2018a）。

海水水产养殖，也称为海洋养殖，是在海洋环境中进行的水产养殖方式，而浅海水产养殖则在邻近海洋的区域（例如，沿海池塘和有闸门的潟湖）的完全或部分人工构筑物中进行。由于降雨或蒸发的作用，浅海水产养殖的水质盐度不如海洋养殖稳定，这主要由于季节变化和位置不同。在全球范围内，海洋养殖和浅海水产养殖生产很难区分，主要因为几个主要生产国的生产数据将这两部分内容汇集在了一起。非洲、美洲、欧洲和大洋洲报告的海洋和浅海水产养殖业生产的大部分鲭鱼都是通过海洋养殖生产的。粮农组织记录了2016年海洋养殖和浅海水产养殖的食用鱼产量总计为2 870万吨（674亿美元）（粮农组织，2018a）。与内陆水产养殖中鲭鱼的优势形成鲜明对比的是，有壳软体动物（1 690万吨）占海洋和浅海水产养殖总产量的58.8%。鲭鱼（660万吨）和甲壳动物（480万吨）合计占39.9%（粮农组织，2018a）。

20世纪80年代和90年代的水产养殖产量的年增长率分别为10.8%和9.5%，自此以后一直在下降。尽管如此，水产养殖仍比其他主要食品生产行业增长更快。2001—2016年，水产养殖年增长率下降至5.8%，尽管个别国家仍有两位数的增长。

表1-3显示，在2012—2016年的5年期间，尽管非洲地区基数较低，其平均年增长率却最高，而亚洲的年增长率仍保持在6%左右。在此期间，大洋洲和欧洲的水产养殖平均增长率最低，约为每年2%。

一些工业化国家（主要为法国、意大利、日本和美国）的产量下降（粮农组织，2016a）的主要原因是从其他国家进口鱼类的供应增加，而出口国的生产成本相对较低。

表1-3　2012—2016年各区域水产养殖总产量的年增长率（%）

地理区域	2012年	2013年	2014年	2015年	2016年	平均
非洲	7.1	5.7	7.0	5.8	7.7	6.7
亚洲	9.1	8.5	3.7	4.7	4.6	6.1
欧洲	6.9	−3.5	6.4	1.3	0.1	2.2
拉丁美洲和加勒比地区	7.5	0.4	16.7	−4.5	1.7	4.4
北美洲	6.8	−1.4	−6.0	9.4	5.2	2.8
大洋洲	−3.0	−2.4	4.8	−1.0	10.5	1.8

资料来源：粮农组织，2018b。

1.3　世界渔业现状

2016 年，海洋和内陆捕捞渔业的收获量约为 9 100 万吨，在过去 20 年中一直稳定在这一水平（图 1 - 4）。

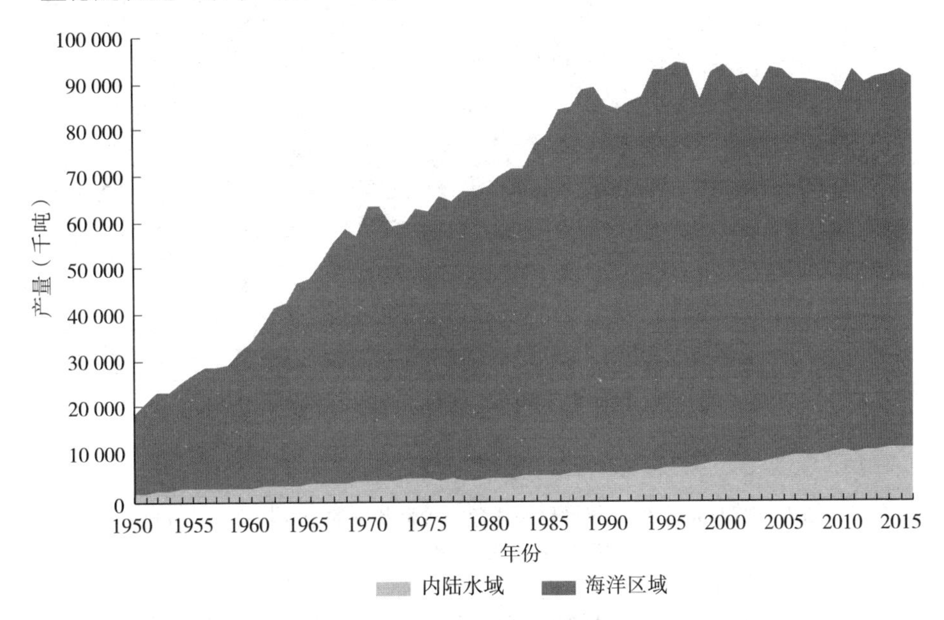

图 1 - 4　1950—2016 年海洋和内陆捕捞渔业产量（鲜重）

资料来源：粮农组织，2018b。

1.3.1　海洋渔业

海洋渔业现状基于对 450 多个鱼类种群的深入分析而获得（粮农组织，2018a）。尽管世界海洋渔业在 1996 年持续扩张至 8 640 万吨的产量峰值，但此后呈现出总体下降趋势，2016 年为 7 930 万吨。这仍占全球捕捞渔业产量的 87.2%，其中近一半来自温带地区（粮农组织，2018a）。在生物可持续水平内捕捞的评估种群比例呈下降趋势，从 1974 年的 90%下降到 2015 年的 66.9%（图 1 - 5）。2015 年，估计有 33.1%的鱼类种群资源已处于生物不可持续捕捞的水平，即过度捕捞。在 2015 年评估的种群总数中，完全捕捞的种群占 59.9%，而捕捞不充分的种群已下降到 7.0%。

大部分海洋鱼类的渔获地区是亚洲（54%），其次是欧洲、拉丁美洲和加勒比地区（表 1 - 4）。与全球水产养殖情况一样，构成海洋渔业大部分产量的物种或物种类别数量相对较少。

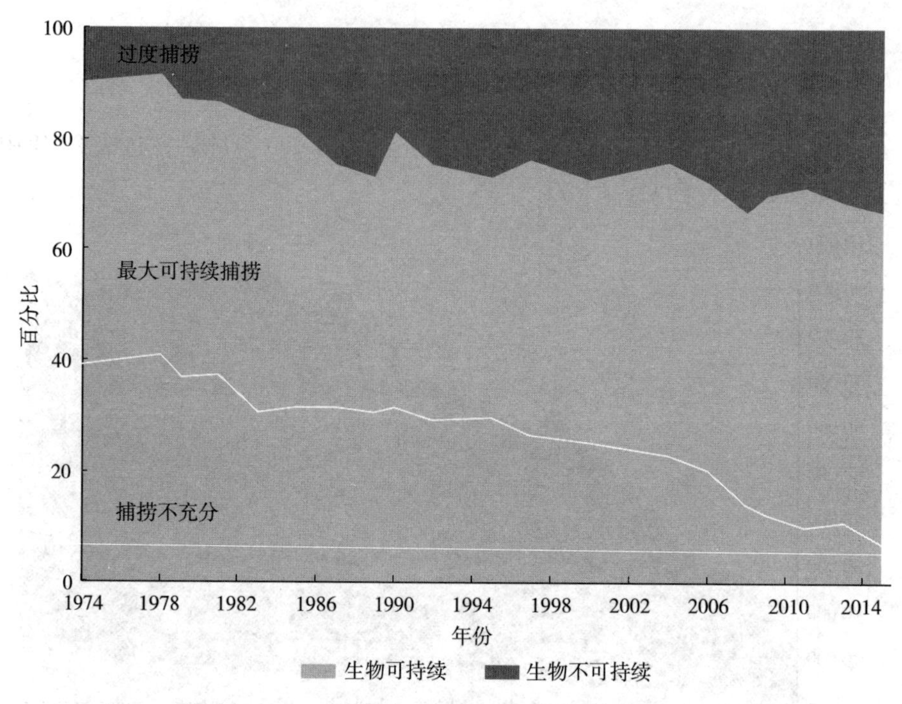

图 1-5 1974—2015 年世界海洋鱼类种群状况的全球趋势（百分比）

资料来源：粮农组织，2018a。

表 1-4 2016 年全球海洋捕捞渔业（不包括水生植物）产量，按区域划分

地理区域	产量（千吨，鲜重）	全球占比（%）
非洲	6 415	8.1
亚洲	42 531	53.6
欧洲	13 259	16.7
拉丁美洲和加勒比地区	9 658	12.2
北美洲	6 007	7.6
大洋洲	1 414	1.8
合计	79 285	100

资料来源：粮农组织，2018b。

注：经四舍五入后，某些列的总和可能不准确。

表 1-4 列出了年产 100 万吨或以上的主要物种或物种类别，包括产量最高的阿拉斯加鳕鱼［黄线狭鳕（*Gadus chalcogrammus*）］和秘鲁鳀（*Engraulis ringens*）。

1.3.2　内陆渔业

与海洋渔业不同，自 1988 年以来，全球内陆渔业产量稳步增长，2016 年产量接近 1 200 万吨（图 1－4）。粮农组织没有设置像对海洋渔业那样跟踪内陆渔业状况的系统，部分原因是大多数渔获量来自发展中国家，而且缺乏对个体渔业的监测。因此，人们对内陆捕捞渔业的产量还不太了解，在向粮农组织报告时，大多数渔获量未被确定为物种级别（Bartley 等，2015）。然而，我们有充分的理由相信，向粮农组织报告的产量数据被低估了（Bartley 等，2015；粮农组织，2018a，2018b）。亚洲的内陆渔业产量最高，占全球产量的 66%；非洲约占全球产量的 25%（表 1－5）。

表 1－5　2016 年全球内陆捕捞渔业产量，按区域划分

地理区域	产量（千吨，鲜重）	全球占比（%）
非洲	2 864	24.6
亚洲	7 713	66.3
欧洲	441	3.8
拉丁美洲和加勒比地区	549	4.7
北美洲	53	0.2
大洋洲	18	>0.1
合计	11 637	100

资料来源：粮农组织，2018b。

注：经四舍五入后，某些列的总和可能不准确。

在海洋水域中，渔业压力是决定渔业状况的主要因素，而内陆水域与之不同，对渔业状况产生重大影响的通常是渔业行业以外的其他因素（粮农组织，2016a）。栖息地条件、水质和水体连通性往往比渔业压力更能影响内陆渔业。

1.4　水生遗传资源消费

1.4.1　水生遗传资源在营养和粮食安全方面的作用

大多数捕捞渔业生产和几乎所有水产养殖生产的产品都是直接供人类食用的，尽管一些副产品可能用于非食品用途。鱼类和鱼类产品在补充营养和保障全球粮食安全方面发挥着至关重要的作用。它们营养丰富，是微量元素的绝佳来源，在多样化的健康饮食中发挥着至关重要的作用。人们从来没有像今天这样吃过这么多鱼。

1961—2016 年，全球食用鱼消费量的年均增长（3.2%），超过了人口增长（1.6%）和所有陆生动物肉类的总和（2.8%）。按人均计算，食用鱼消费量从1961年的9.0千克增长到2015年的20.2千克，年均增长率约为1.5%。这一增长是由产量增加推动的，但也有其他因素促成这一增长，包括减少浪费和更有效利用、改善分配，以及与人口增长和收入增加导致的需求增长（粮农组织，2018a）。

近年来，随着消费者越来越注重健康，公众愈发认识到了水产食品的健康益处，特别是在中等收入和发达市场。在低收入市场，鱼类作为蛋白质、维生素和矿物质的优质来源，消费者愈发认识到其重要性，并越来越重视其在解决营养不良、促进孕妇健康和儿童神经发育方面的作用。鱼类和鱼类产品是优质蛋白质的绝佳来源，蛋白质的生物利用率是植物来源的5～15倍。此外，鱼类，特别是海洋鱼类，含有几种对人体健康至关重要的氨基酸。即使在人均鱼类消费量较低的地方，少量鱼类也能提供蔬菜饮食中经常缺乏的必需氨基酸、脂肪和微量元素（粮农组织，2018a）。虽然鱼类并非没有食品安全风险，但人们现在普遍认识到，鱼类消费的积极影响大于潜在的消极影响（粮农组织和世界卫生组织，2011）。

在全球范围内，鱼类和鱼类制品人均每天只提供34卡路里[①]的热量，但在一些国家，可能会超过人均130卡路里。2015年，鱼类约占动物蛋白质的17%，占全球所有蛋白质消费量的7%。大约32亿人（占世界人口的42%）从鱼类中获得20%或更多的动物蛋白质摄入量，在少数国家，这一数字超过50%（粮农组织，2018c）。

不同国家和区域的鱼类消费量差距很大，发达国家的鱼类消费至少是低收入缺粮国家的3倍。尽管发展中国家的鱼类消费量较低，但鱼类在动物蛋白质摄入量中所占比例仍高于发达国家（2015年，发达国家鱼类占动物蛋白质摄入量的11.4%，而最不发达国家为26.0%）。亚洲占全球食用鱼消费量的三分之二以上（人均每年24千克），非洲和大洋洲的消费份额最低（粮农组织，2018c）。与其在鱼类生产中的主导地位一致，中国是迄今为止最大的鱼类消费国（2015年占全球总消费量的38%），人均年消费量为41千克。这与非洲形成鲜明对比，非洲的人口增长率高于鱼类供应，人均消费量仅为9.9千克。鱼类消费量最低的是中亚和一些内陆国家。

随着产量的相对增长（图1-2），养殖鱼类在人类饮食中的占比迅速增加，2013年，水产养殖的养殖鱼类超过了野生捕捞鱼类在饮食中的贡献。到2030年，预计60%人类食用的鱼类将来自水产养殖。鱼类产品的贸易也在增长，特别是在发展中国家之间，这可能会进一步提升鱼类在粮食安全和营养方面的作用。2016年，全球约35%的鱼类产量以各种形式（食品或非食品）进

---

① 1卡路里≈4.19焦耳。——编者注

入国际贸易。该贸易的出口总额为 1 290 亿美元，其中 700 亿美元来自发展中国家的出口（高级别专家小组，2014）。这种国际鱼类贸易可能对当地渔业人口的福祉、粮食安全和营养产生综合影响。

高级别专家小组（高级别专家小组，2014）指出，"迄今为止，人们对鱼类作为国家层面粮食安全和营养战略，以及更广泛深入的进展讨论，以及对鱼类干预措施的关键要素的关注有限"。历来关于渔业的争论主要集中在生物可持续性和渔业效益问题上，但针对渔业对减少饥饿和营养不良以及支持生计的贡献相关的问题关注不足。通过更有效的收获、收获后处理和水产养殖实践，增加供人类食用的鱼类和鱼类营养素的数量仍有很大的空间。同样，鱼类消费的增加，为改善粮食安全和营养提供了重要手段，特别是将其添加到低收入人口的饮食中。

1.4.2　水生遗传资源的非食品用途

水生遗传资源（AqGR）的非食品用途包括动物饲料（包括水产养殖饲料）、观赏鱼、珍珠和贝壳、诱饵、药物和生物燃料。关于非食品应用的数据通常不与食品应用一起记录和收集，尚不清楚该如何使用这一数据。表 1－1 报告了 2016 年水生遗传资源生产的非食品应用部分为 1 970 万吨，占全球产量的 11.5%。然而，报告中的大部分用途与减少野生渔获物转化为鱼粉和鱼油（粮农组织，2018a）以及为提取藻胶而收获的海藻有关[①]，其中利用的大多数水生遗传资源属于由于未被养殖而不在报告范围内的物种。培养微生物有一系列应用，包括作为幼鱼饵料、益生菌、食品补充剂的成分，以及潜在的生物燃料（见插文 6）[②]。然而，水产养殖产量统计中很少报告微生物的产量。据估计，只有 37 900 吨水产养殖产量（不到 0.05%）用于非食品用途（粮农组织，2018a）。

水生遗传资源的非食品应用不是本书的重点。然而，粮农组织确实将观赏鱼纳入其粮食和农业水生遗传资源的考虑范围，但在这方面可靠的数据不多。近年来，全球观赏鱼贸易大幅增长，出口额估计为每年 3.72 亿美元，其中大部分为淡水物种（海洋观赏鱼的年贸易价值约为 4 400 万美元）[③]，但没有关于交易鱼类数量的数据。Monticini（2010）根据 2007/2008 年的数据报告了对观赏鱼行业的分析。据估计，当时有 100 个国家出口观赏鱼，但主要供应商很少。亚洲是生产的主要地区，占全球出口额的 50%以上。据估计，2007 年有 130 个国家

---

① 见专题背景研究《养殖海藻遗传资源》（http://www.fao.org/aquatic－genetic－resources/background/sow/background－studies/en/）。

② 见专题背景研究《当前和潜在用于水产养殖的微生物遗传资源》（http://www.fao.org/aquatic－genetic－resources/background/sow/）。

③ 根据粮农组织的报告（www.fao.org/in－action/globefish/news－events/details－news/en/c/469648）。

进口了观赏鱼，其中美国和一些欧洲国家是主要进口国。淡水鱼占进口总量的95%和进口总值的80%，其余部分由海洋鳍鱼和无脊椎动物组成。观赏鱼贸易中活体水生遗传资源的广泛流动可能会对生物多样性和生物安全产生重大影响。

1.5 水产养殖生产系统的多样性

伴随养殖物种的广泛多样性，全球水产养殖生产系统高度多样化。它们涵盖一系列系统，可根据生产强度（粗放、半集约和集约）[①]、水生环境类型（淡水、半咸水和海水）、是否需要投喂（投喂和非投喂系统），以及与其他生产系统的整合程度（例如，单养、混养、综合养殖）进行分类。在世界上每个有人居住的地区都能找到这些系统的例子。

在水生遗传资源的多样性和应用方面，这些系统也具有不同特征，从使用野生捕获的种苗或亲本到使用驯化和改良的品系。表1-6总结了水产养殖系统的多样性、在这些系统中通常繁育的物种或物种类别，以及亲本和种苗的常见来源。

1.5.1 种群增殖系统

种群增殖是处于水产养殖和捕捞渔业之间的环节，通常涉及将水产养殖的生物放养到自然环境中。人们普遍认为，正规的放养方案是一种重要的工具，可以弥补由于资源补充量减少和物种多样性丧失而导致的渔业产量下降。虽然放养方案在许多国家广泛实施，涉及各种水生栖息地，但通常多见于内陆水域。鲑鱼放养和牧场经营是一个重要例外（例如，日本）。

表1-6 水产养殖系统类型，列明通常养殖的物种或物种类别，以及这些系统中使用的亲本和种苗的常见来源

系统类型	典型物种或物种类别	种苗来源	亲本来源
工厂化/高科技系统，包括循环水产养殖系统	**海洋鳍鱼**：大西洋鲑（*Salmo salar*）、鲳鲹	孵化场	圈养种鱼；选择性育种和其他遗传改良；驯化方案
	海洋甲壳动物：南美白对虾（*Penaeus vannamei*）		
	淡水鳍鱼：虹鳟（*Oncorhynchus mykiss*）、巴沙鱼、罗非鱼、鲤（*Cyprinus carpio*）、鲟鱼、斑点叉尾鮰（*Ictalurus punctatus*）		

① 集约型系统的特点是高放养密度和完全依赖人工饲料；半集约型系统的放养密度较低，在一定程度上依赖天然饵料，通常辅以人工饲料；粗放型系统是低密度的，并且完全依赖天然可获饵料。

（续）

系统类型	典型物种或物种类别	种苗来源	亲本来源
高价值品种育肥系统	**海洋鲭鱼**：蓝鳍金枪鱼、石斑鱼 **淡水鲭鱼**：欧洲鳗鲡（*Anguilla anguilla*）和日本鳗鲡（*A. japonica*）、云斑尖塘鳢（*Oxyeleotris marmorata*）	从目标渔场野生捕捞	野生近缘种
低价值品种育肥系统	**海洋/半咸水鲭鱼**：鲻鱼、遮目鱼（*Chanos chanos*）		
	淡水鲭鱼：小盾鳢（*Channa micropeltes*）、尖齿胡鲇（*Clarias gariepinus*）		
中等技术水平的商品鲭鱼和甲壳动物饲养系统	**海洋/半咸水鲭鱼**：大菱鲆、鲷鱼、欧洲舌齿鲈（*Dicentrarchus labrax*）、尖吻鲈（*Lates calcarifer*）、遮目鱼、笛鲷、军曹鱼（*Rachycentron canadum*） **海洋甲壳动物**：斑节对虾（*Penaeus monodon*）	孵化场	生长系统中使用的圈养亲本；无/有限选择育种；一些野生近缘种的遗传物质用于亲本
	淡水鲭鱼：罗非鱼、巴沙鱼、印度主要鲤科鱼、中国家鱼 **淡水甲壳动物**：青虾、小龙虾、中华绒螯蟹（*Eriocheir sinensis*）		
高价值软体动物系统	**海洋/半咸水软体动物**： **投喂系统**：鲍鱼、蛾螺 **非投喂系统**： 吊笼系统：扇贝 绳索系统：绿唇贻贝（*Perna canalculus*） 架/杆系统：太平洋牡蛎、欧洲牡蛎 开放水域：大砗磲	孵化场	圈养亲本
低技术/手工和庭院系统	**海洋鲭鱼**：蓝子鱼、遮目鱼、金线鱼	孵化场	养殖场或孵化场养殖的亲本；品系质量范围从高度近交的养殖场品系到遗传管理良好的国家亲本系统
	淡水鲭鱼：印度鲤科鱼［卡特拉鲃（*Catla catla*）］、鲤鱼、中国家鱼、罗非鱼、鲇鱼、乌鳢、攀鲈（*Anabas testudieus*）、银高体鲃（*Barbonymus gonionotus*）、糙鳞毛足斗鱼（*Trichopodus pectoralis*）、点额丝足鲈（*Osphronemus goramy*）、细鳞肥脂鲤（*Piaractus mesopotamicus*）		

（续）

系统类型	典型物种或物种类别	种苗来源	亲本来源
集成或复合系统	**海洋/半咸水**：红树林/水-林养殖（蟹/虾/捕集池系统）	捕获野生物种；孵化场	野生亲本；孵化场养殖的亲本
	淡水：稻-鱼（鲤鱼、鲃、罗非鱼、斑点叉尾鮰）、稻-虾（小龙虾）、稻-蟹、稻-鳖		
	淡水/半咸水：稻-鱼/稻-虾轮作系统（罗非鱼、混杂半咸水鱼、对虾、青虾）		
	淡水：尾水改善系统（水生植物或软体动物和植食性鱼类）	主要是孵化场	孵化场养殖的亲本
	海洋：多营养层次综合水产养殖系统（海藻；无脊椎动物——扇贝、贻贝、海参、海胆；网箱鲻鱼）	主要是孵化培育或营养繁殖（例如，海藻）	主要是养殖场种群或孵化场养殖的亲本
水产养殖饵料物种	无脊椎动物（例如，多毛纲蠕虫）	孵化场	孵化场保存品系或养殖场使用种群（以蠕虫为例）
	浮游动物［例如，裸腹溞（*Moina* spp.）］		
	浮游植物［例如，角毛藻（*Chaetoceros*）、小球藻（*Chlorella*）、骨条藻（*Skeletonema*）、四爿藻（*Tetraselmis*）、等鞭金藻（*Isochrysis* spp.）］		
	浮游动物［例如，卤虫（*Artemia* spp.）］	野生采集	用保存的品系接种到开放水域；自然补充的野生近缘种
食品添加剂	螺旋藻（*Spirulina* spp.）	孵化场	保存的品系
海藻/水生植物	**海洋**：海藻［例如，麒麟菜（*Eucheuma*）、江蓠（*Gracilaria*）、海带（*Laminaria*）、紫菜（*Porphyra* spp.）］	孵化培育和营养繁殖	保存原种或孵化场保存的品系
	淡水：水生植物［例如，番薯属（*Ipomoea* spp.）、豆瓣菜］，包括观赏/水族箱植物		
观赏鱼和其他物种	约 1 500 种海鱼，约 200 种珊瑚 多达约 1 000 种淡水物种 大量使用其自然范围以外的外来物种	至少 80% 的淡水观赏植物是孵化场培育的 只有少数几种海水观赏植物是孵化场培育的	孵化场保存的亲本

在发展中国家，增殖的目标通常与改善粮食安全有关。鉴于大多数内陆水系已达到其最大的自然生产潜力，对鱼类和鱼类产品的需求不断增加促使渔业管理者将种群增殖作为提高渔业产量的手段（粮农组织，2015a）。许多国家都在推进这一过程，并已经开发建设了相应的基础设施，可以提供所需数量的鱼种用于放养。

发达国家更少关注供人类食用鱼类的增殖方案，在发达国家中，通过私人或政府资助的增殖通常以维持休闲渔业或作为保护举措一部分的方式实施（表 1－7）。

利用水生遗传资源的渔业增殖系统有 5 种类型（表 1－8）（Lorenzen、Beveridge 和 Mangel，2012）。这些活动或是使用养殖型的水产养殖相关活动，或对人工孵化场生产的种苗进行放流，以达到保护或捕捞渔业目标。后者针对野生近缘种的种群。每个系统都有不同的主要目的，涉及不同的管理实践。

如果条件有利且增殖措施设计得当，可有效提高渔业产量，以获取食物或收入，或作为休闲渔业和更广泛的社会经济效益的良机。然而在实践中，许多增殖措施或者无效，或者已造成明显的生态破坏（粮农组织，2015a）。

表 1－7　温带发达国家和热带发展中国家对内陆水域渔业不同的利用和管理策略

项目	温带发达国家	热带发展中国家
目标	保护 娱乐	供应食物 收入/生计
管理方法	休闲渔业 栖息地恢复 环境友好放养 集约、离散，工业化水产养殖	食品渔业 栖息地改造 强化密集放养和生态系统管理 粗放、综合，乡村式水产养殖
经济因素	净消费 资本密集型 追求利润	净生产 劳动密集型 注重产量

资料来源：Welcome 和 Bartley，1998a，1998b。

表 1－8　涉及放养的 5 种渔业增殖系统

增殖类型	主要意图
基于养殖的渔业和牧场	增加鱼类产量 创建休闲渔业 生物操纵

（续）

增殖类型	主要意图
种群增殖	面对密集开发，维持和改善渔业 面对栖息地退化，维持和改善渔业
放流	重建枯竭种群
补充	减少灭绝风险 保持遗传多样性
再引种	重建当地灭绝种群

资料来源：Lorenzen、Beveridge和Mangel，2012。

在大多数情况下，人类活动是激发采取这些措施的起因。许多新建造的水库缺乏能够在静水区建立稳定种群的本地物种，人们有兴趣通过物种引进来发展商业渔业，例如：

- 在卡里巴湖（赞比亚/津巴布韦）引入的小齿湖鲱（*Limnothrissa miodon*，坦噶尼喀沙丁鱼）；
- 中国许多水库引入太湖新银鱼（*Neosalanx taihuensis*，中国冰鱼）；
- 奈瓦沙湖和塔纳河水电站大坝中的鲤（*Cyprinus carpio*）（肯尼亚）；
- 维多利亚湖的尼罗尖吻鲈（*Lates niloticus*，尼罗河鲈鱼）渔业（乌干达/肯尼亚）；
- 斯里兰卡淡水灌溉池和水库中的尼罗罗非鱼（*Oreochromis niloticus*）和莫桑比克罗非鱼（*O. mossambicus*）。

亚洲的许多增殖放流活动可以更狭隘地归类为基于养殖的渔业。基于养殖的渔业和牧场系统用于维持非自然繁殖的种群（即它们不是自我繁殖的），通常，用于繁殖的种苗来自水产养殖孵化场。其中一些以基于养殖的系统相对封闭，发生在人工水体或高度改造的水体中，因此可以被认为是一种粗放的水产养殖形式。

休闲渔业还利用水产养殖孵化场的材料，放养到开放水域和河流，以提升这些渔业的资源量（例如，鳟鱼、鲑鱼）。休闲渔业是发达国家的一项传统产业，但在发展中国家却越来越受欢迎。这可能会对野生近缘种和养殖型之间的相互作用产生一些影响。一些休闲渔业会引入、转移物种，在某些情况下，各大洲引入非本地物种用于休闲渔业。案例包括：

- 拉丁美洲物种，例如，大盖巨脂鲤（*Colossoma macropomum*）、巨骨舌鱼（*Arapaima gigas*）和红尾护头鲿（*Phractocephalus hemioliopterus*）已被引入亚洲。
- 北美洲物种，例如，虹鳟（*Oncorhynchus mykiss*）和黑鲈（*Micropterus* spp.）已被引入欧洲。

• 欧鲇（*Silurus glanis*）的迁移导致其随后在欧洲境内的自然范围以外的水域繁殖。

1.6　水产养殖和渔业中应用的水生遗传资源的多样性

2016 年，世界渔业捕获了 1 800 多种物种，包括鱼类、甲壳动物、软体动物、棘皮动物、腔肠动物和水生植物（粮农组织，2018b）。尽管养殖水生物种的数量较少，但与其他食品生产行业相比，水产养殖仍然具有极其多样的物种。2016 年，养殖了 550 多种物种或物种类别（表 1－9）。物种类别是指单个物种、一组物种（在物种级别上无法识别）或少数杂交种之一。自开始记录以来，已向粮农组织报告的在世界各地养殖的物种共有 598 种。

根据粮农组织公布的最新渔业和水产养殖统计数据，2016 年捕捞渔业和水产养殖（包括水生植物）的总产量为 2.022 亿吨。产量在表 1－10 中按主要组别分列。

粮食和农业水生遗传资源的物种多样性广泛，包括数个生物分类门。水生遗传资源可以根据门和其他类群划分为几个主要部分（表 1－11）。

表 1－9　2016 年粮农组织生产统计数据中确定的野生水生物种多样性以及养殖和捕捞物种或物种类别数量和科的数量

类别	野生物种（海洋）	野生物种（淡水）	养殖物种数量	养殖物种科数	捕捞物种数量	捕获物种科数
鳍鱼	18 768	12 834	344	80	1 452	237
软体动物	47 844	4 998	95	27	151	37
甲壳动物	52 412	11 990	60	13	181	34
其他水生动物	*	*	15	10	26	13
水生植物	12 128	2 614	40	21	29	14
合计	131 152	32 436	554	151	1 839	335

资料来源：Balian 等，2008；Chambers 等，2008；粮农组织，2018b；Lévêque 等，2008；世界海洋物种目录（WoRM）编辑委员会，2018。

* 其中包括棘皮动物、腔肠动物和被囊动物，数量太多，无法一一列出（其中许多都是海洋物种，没有作为食物的潜力），还有一些两栖动物和爬行动物。

表 1－10　2016 年世界捕捞渔业和水产养殖总产量（千吨，鲜重）

类别	捕捞渔业	水产养殖	合计
鳍鱼	77 267	54 091	131 359
软体动物（可食用）	6 326	17 139	23 465

（续）

类别	捕捞渔业	水产养殖	合计
软体动物（珍珠和观赏贝壳）	9	38	47
甲壳动物	6 711	7 862	14 573
水生无脊椎动物	608	443	1 051
蛙类和龟鳖类	2	495	497
水生植物	1 091	30 139	31 230
总计	92015	110 208	202 223

资料来源：粮农组织，2018b。

注：经四舍五入后，某些列的总和可能不准确。

表 1-11　渔业和水产养殖的水生遗传资源，按门分列

门	示例
水生植物（多门）	藻类（海藻和微藻）、维管植物
脊索动物门	鳍鱼、两栖动物、爬行动物
软体动物门	双壳类（蛤、贻贝、牡蛎）、腹足类（螺、鲍鱼）、头足类（章鱼、鱿鱼）
节肢动物门	螃蟹、对虾、龙虾、枝角类、卤虫
刺胞动物门	水母、珊瑚
棘皮动物门	海胆、海参

资料来源：粮农组织，2018b。

1.6.1　定义和术语

水生遗传资源包括水生生物的 DNA、基因、染色体、组织、配子、胚胎和其他早期生活史阶段，对粮食和农业具有实际或潜在价值的个体、品系、种群和生物群落。水生物种不同于驯化作物和牲畜（粮农组织，2007；2015b），后者在数百年或数千年来，水生物种的繁育种、变种和养殖种几乎没有被认可的品系和种群（即相当于牲畜中的繁育种或作物中的栽培种）。在编制调查问卷和审查对调查问卷的回应时，很明显，用于描述水生遗传资源的术语与用于描述陆地牲畜和植物遗传资源的术语不同，而且这些术语在应用中没有标准化。2016 年，粮农组织举办了专家研讨会，关于将遗传多样性和指标纳入养殖水生物种及其野生近缘种的统计和监测的专家研讨会（粮农组织，2016a）。本次研讨会还认识到，用于描述水生遗传资源的术语缺乏标准化，并推荐了适用于水生遗传资源的一些可使用的描述词。插文 2 解释了本书中使用的定义，这些定义基于作物和牲畜的习惯命名以及上述研讨会中建议的描述词。值得注意的是，分别适用于水生动物和植物的术语“品系”和“变种”应可通过其特征识别，使其与同一物种的其他品系和变种区分开来，并在繁殖过程中保持这些特征。“养殖型（farmed type）”一词在整本书中被广泛使用，是上述研讨会中一个公认相对较新的术语，适用于描述低于物种级别的养殖水生生物。养殖型是应用于正在养殖的物种（除非是杂交或渐渗入品系/变种）的描述词，需要更进一步的定义，而不仅仅是物种名称（例如，野生型或三倍体），以便养殖中的每个物种都有一个或多个与其相关的养殖型，以提供有关遗传资源的更多信息。本书中建议将插文2中确定的术语作为水生遗传资源描述的标准。

插文2　水生遗传资源标准化命名法

术语的标准化使用至关重要。本书使用以下定义，部分基于作物和牲畜的习惯命名法。然而，“品系”和“养殖型”这两个术语已经得到了新的阐释，建议将其作为水生遗传资源的标准术语。

术语	释义
变种	一种植物群，位于已知最低等级的单一植物分类单元内，由其独特性和其他遗传特征的可复制表达来定义[①]。
养殖型	养殖水生生物，可能是一个品系、杂交种、三倍体、单性群体，以及其他遗传改良形式、变种或野生型。
品系	一种养殖型的水生物种，具有相同的外观（表型）、相同的行为和其他特征，将其与同一物种的其他生物区分开来，并可通过繁殖来保持。
种群	一组野生的相似生物，它们有一个共同的特征，以给定的分辨标准将它们与其他生物区分开来。
野生近缘种	在野外（即不在水产养殖设施中）发现并建立稳定种群，与养殖生物属于相同物种（同种）的生物。

①《粮食和农业植物遗传资源国际条约》（粮农组织，2009）。

与陆地农业产业不同的是，尽管一些物种的野生型正受到威胁，特别是由于养殖型和非本地基因型的入侵（见第3.2节），但在自然界中仍然可以找到所有养殖水生物种的野生近缘种。这种具有遗传多样性的自然保护区不仅支持捕捞渔业，帮助物种适应人为和自然影响，而且还提供了用于水产养殖的个体和基因来源。

1.6.2 养殖物种的多样性与产量

水产养殖中养殖的物种种类繁多，随着时间的推移，物种数量的增加可能是水产养殖产量快速增长的原因之一。表 1－9 显示了各主要群体的全球水产养殖产量以及所代表的物种和科的数量。按数量计算，鳍鱼是所有地区最大的养殖水产种类。需注意，本章中的大部分分析都是基于粮农组织的全球水产养殖产量统计数据，因为向粮农组织提供的国家数据中物种识别细节水平不足，这些统计数据很可能低估了水产养殖中使用的物种和杂交种的数量。

表 1－9 总结了 2016 年报告的养殖物种，共计 554 种。然而，截至 2016 年（含 2016 年），即自粮农组织 1950 年开始记录以来，共有 598 种养殖物种（粮农组织，2018b）。迄今为止，所报告的养殖物种总数包括 369 种鳍鱼（包括 5 种杂交种）、109 种软体动物、64 种甲壳动物、7 种两栖动物和爬行动物（不包括短吻鳄、凯门鳄或鳄鱼）、9 种其他水生无脊椎动物和 40 种水生藻类。这些数字不包括粮农组织已知或未知的、通过研究生产的、在水产养殖孵化场作为活饵料养殖的物种，或圈养生产的观赏物种。从 2006 年至 2016 年，粮农组织历史记录的商业养殖物种或物种类别总数增加了 26.7%，从 2006 年的 472 个增加到 2016 年的 598 个（粮农组织，2018b）。然而，向粮农组织报告的数据与水产养殖物种多样化的实际速度并不同步。许多国家的官方统计数据中记录的许多单一物种类别实际上由多个物种组成，有时是杂交种（粮农组织，2016a）。插文 3 总结了水产养殖中物种多样化的一些问题和驱动因素。尽管养殖的物种多样性显著，但在国家、区域和全球层面，水产养殖产量还是主要由少数“主要”物种或物种类别主导。

表 1－12 按区域说明了各主要分类群内养殖的物种的多样性，图 1－6 说明了主要水产养殖物种对全球产量的相对贡献，例如，全球产量的 50% 由前十大水产养殖物种或物种类别组成。

表 1－12　2016 年向粮农组织报告的处于生产状态的物种或物种类别数量，按区域和养殖环境分列

物种或物种类别	非洲	亚洲	欧洲	拉丁美洲和加勒比地区	北美洲	大洋洲	全球
内陆水产养殖							
鳍鱼	66	112	73	76	14	20	361
软体动物	0	5	0	1	0	0	6
甲壳动物	7	16	7	7	2	5	44
其他动物	0	8	3	4	0	0	15
藻类	3	4	4	5	0	0	16

（续）

	非洲	亚洲	欧洲	拉丁美洲和加勒比地区	北美洲	大洋洲	全球
内陆小计	76	145	87	93	16	25	442
海洋和浅海水产养殖							
鳍鱼	26	107	48	28	11	14	234
软体动物	17	26	31	27	16	24	141
甲壳动物	8	27	15	7	3	10	70
其他动物	3	9	4	0	0	3	19
藻类	5	19	14	10	0	4	52
海洋和浅海小计	59	188	112	72	30	55	516
全部水产养殖①							
鳍鱼	81	192	108	97	24	28	530
软体动物	17	30	31	28	16	24	146
甲壳动物	13	39	20	14	5	15	106
其他动物	3	15	6	4	0	3	31
藻类	8	23	17	15	0	4	67
全部水产养殖分类总计	122	299	182	158	45	74	880

资料来源：粮农组织，2018b。

①按行排列的全球物种总数与表 1-9 中的物种总数不相等，因为物种可以在多个地区生产；各列总数不等于小计的总和，因为有些物种在内陆和海洋系统中都有养殖。

表 1-12 显示，亚洲养殖的水生生物种类最多，部分原因是亚洲的水产养殖传统最为悠久。非洲养殖的物种相对较少（这与该区域的规模和栖息地多样性以及可供养殖的物种数量有关），这表明了非洲在水产养殖中进一步利用水生遗传资源的潜力较大。

插文 3　水产养殖中的物种多样化

在超过 16 万种已知的水生物种中，人们以食用为主要目的，通过渔业捕捞了其中超过 1 800 个物种或物种类别（表 1-9），但我们应该养殖哪些物种呢？由于水产养殖预计将满足人类对鱼类和鱼类产品日益增长的需求，而且消费者习惯于捕捞渔业中种类繁多的鱼类，因此进一步强化物种多样性并在水产养殖中选择更多的物种数量。由于已有近 560 个物种或物种类别正在被养殖，对进一步多样化的需求与关注和提高现有养殖物种生产效率的需求之间存在冲突。追求多样化有其优点和缺点，在题为“水产养殖多样化规划：气候变化和其他驱动因素的重要性”的研讨会上对这些问题进行了研究（Harvey等，2017）。

水产养殖业存在多种多样性的一些重要驱动因素，包括市场力量，例如，野生捕捞鱼类的供应减少和这类物种的高需求。生态变化和经济变化，以及与单一养殖物种相关的一些既定风险也是驱动因素（例如，病原体、寄生虫敌害生物的影响）。多样化的生产系统可能在应对环境变化（例如，气候变化）和经济变化的挑战时更具弹性。水产养殖的多样化也有助于保护和维持水生生物多样性，特别是本地物种。政府和学术界也可以成为多样化的推动者。其中一些驱动因素可能是暂时的，例如，在野生物种捕获量较低的时期，市场可能是水产养殖的驱动因素，但当捕捞渔业恢复时，供应可以改善并降低产品价格，养殖的经济效益变得不再有优势了。

然而，多样化面临着重大限制，包括与开发新物种培养系统相关的技术挑战。开发新物种的养殖并将最终产品推向市场可能需要10～15年的时间和大量投资。

来自其他农业行业的证据表明，生产趋势的演变是由少数物种主导的。人工育种在这些物种中开发了大量具有不同性状的繁育种和变种，使它们适应不同的生产系统（例如，蛋鸡和肉鸡）。相对于植物和牲畜，水产养殖中水生遗传资源（AqGR）的品系开发尚处于起步阶段。目前尚不清楚培养的水生遗传资源的未来是否会遵循少数物种生产整合的类似路径，或者多样化的驱动因素是否会维持物种生产的更大多样性。

本书认识到各国在决定是增加正在养殖的物种数量还是集中精力改进现有物种或品系的培养，以及通过育种适应品系方面所面临的挑战。考虑了以下问题以解决这一困境：

- 确定潜在的多样化手段（例如，通过品系和系统开发，利用现有水产养殖系统实现多样化，或开发新品种）；
- 使用严格的选择标准选择多样化物种；
- 选择多样化的养殖系统（例如，一些系统可以促进养殖模式多样化，如多营养层次综合水产养殖模式）；
- 考虑使用本地或引进物种进行多样化；
- 重点培养不可持续捕捞的物种（然而，如果渔业和供应恢复，这种方法存在固有风险）；
- 多样化作为应对气候变化挑战的一种具体方式（气候变化可能使现有物种和系统消失或为培育新物种创造机会）。

在制定适当平衡的政策和投资策略以支持水产养殖增长的多样化时，需要仔细考虑所有这些问题。

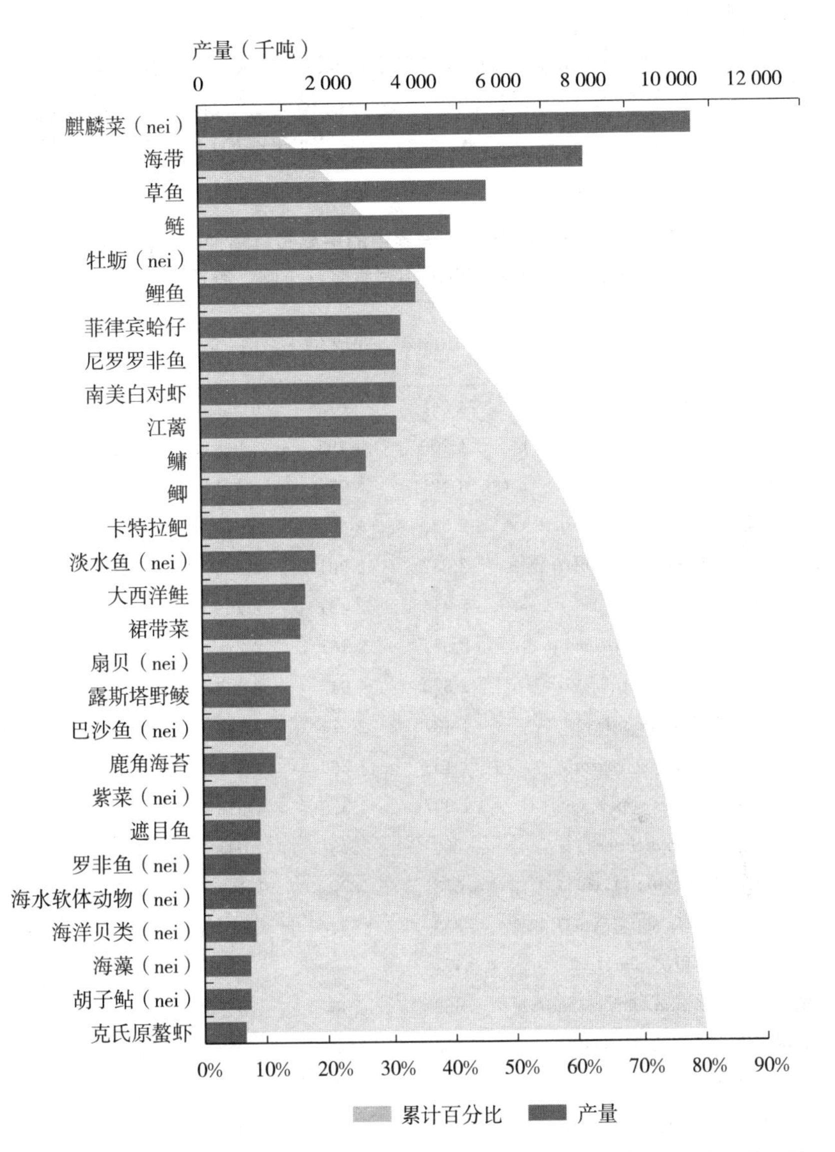

图 1-6　顶级养殖物种或物种类别的产量（鲜重）和对全球产量累计百分比的贡献，23 个物种或物种类别合计占全球产量的 75%

资料来源：粮农组织，2018b。

注：nei=不包括在其他地方。

1.6.2.1　鳍鱼养殖

鳍鱼养殖很好地说明了大量多样性中少数物种的重要性。2016 年，这一最多样化的子行业依赖 27 种物种或物种类别，占总产量的 90%以上，而产量最高的 20 种物种占总产量 84.2%（表 1-13）。

就养殖的科和物种而言，淡水/溯河鳍鱼是最大的群体（53 科 215 种），就所有类型的水产养殖生产总量而言，这一群体是最大的。内陆鳍鱼养殖是全球养殖鱼类年产量增长的最重要推动力，占 2005—2014 年鱼类年产量增长的 65%（粮农组织，2016b）。

表 1-13　2010—2016 年水产养殖中的主要鳍鱼物种或物种类别及其对全球鳍鱼产量的相对贡献（千吨，鲜重）

物种/物种类别	2010 年	2012 年	2014 年	2016 年	2016 年占比（%）
草鱼（*Ctenopharyngodon idellus*）	4 362	5 018	5 539	6 068	11.2
鲢（*Hypophthalmichthys molitrix*）	4 100	4 193	4 968	5 301	9.8
鲤（*Cyprinus carpio*）	3 421	3 753	4 161	4 557	8.4
尼罗罗非鱼（*Oreochromis niloticus*）	2 537	3 260	3 677	4 200	7.8
鳙（*Hypophthalmichthys nobilis*）	2 587	2 901	3 255	3 527	6.5
鲫（*Carassius* spp.）	2 216	2 451	2 769	3 006	5.6
卡特拉鲃（*Catla catla*）	2 977	2 761	2 770	2 961	5.5
淡水硬骨鱼类（nei）	1 378	1 942	2 063	2 362	4.4
大西洋鲑（*Salmo salar*）	1 437	2 074	2 348	2 248	4.2
露斯塔野鲮（*Labeo rohita*）	1 133	1 566	1 670	1 843	3.4
巴沙鱼（*Pangasius* spp.）（nei）	1 307	1 575	1 616	1 741	3.2
遮目鱼（*Chanos chanos*）	809	943	1 041	1 188	2.2
罗非鱼（*Oreochromis*）（nei）	628	876	1 163	1 177	2.2
胡子鲇（*Clarias* spp.）（nei）	353	554	809	979	1.8
海水硬骨鱼类（nei）	477	585	684	844	1.6
团头鲂（*Megalobrama amblycephala*）	652	706	783	826	1.5
虹鳟（*Oncorhynchus mykiss*）	752	883	796	814	1.5
鲤科鱼（nei）	719	620	724	670	1.2
青鱼（*Mylopharyngodon piceus*）	424	495	557	632	1.2
乌鳢（*Channa argus*）	377	481	511	518	1.0
其他鳍鱼	5 849	6 815	7 774	8 629	16.0
鳍鱼合计	38 494	44 453	49 679	54 091	100.0

资料来源：粮农组织，2018a。

注：nei=不包括在其他地方。

经四舍五入后，某些列的总和可能不准确。

高水平的淡水水产养殖产量彰显了为养殖型和野生近缘种提供质量达标和数量充足的水体的重要性，以及这些系统对淡水资源和土地的外部影响的脆弱性（见第 3 章）。使用的物种从低营养水平物种（例如，鲤鱼、倒刺鲃、罗非鱼和锯腹脂鲤）到高度肉食性物种（例如，鲑鱼、鳗鱼和乌鳢）。大部分产量是基于较低营养水平的物种。这突显了这些物种对全球粮食安全的贡献，以及对于其他牲畜系统而言，它们能相对高效地生产高质量蛋白质。鲑鱼是一种肉食性且非常重要的高价值物种，鲑鱼生产系统现在已发展到了可更高效利用饲料资源的水平。

尽管海洋鳍鱼占鳍鱼总产量的比例要低得多，但它们仍由 33 个不同的科（129 个物种或物种类别）组成。该物种倾向于肉食性（例如，鲷鱼、石斑鱼、鲳鲹和金枪鱼），但也包括一些杂食性或草食性物种（例如，鲻鱼、金线鱼和蓝子鱼）。

1.6.2.2　软体动物养殖

与鳍鱼相比，养殖的甲壳动物和软体动物种类更少（表 1－12）。养殖软体动物可大致分为双壳类和腹足类，2016 年产量包括 27 科 95 种（粮农组织，2018b）。这些软体动物绝大多数是在海洋系统中培养的（图 1－7）。双壳软体动物在非投喂系统中生产，可利用水中天然存在的食物。一些腹足动物系统[鲍鱼、海螺、东风螺（*Babylonia* spp.）]可以相对密集，并使用饲料。头足类（章鱼）产量较少。

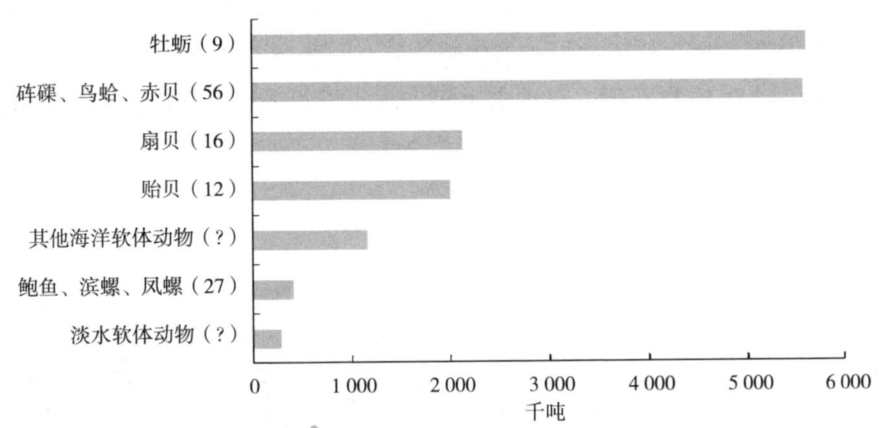

图 1－7　2016 年主要软体动物类群的全球水产养殖产量（鲜重）

资料来源：粮农组织，2018b。

注：括号中的数字表示每个分类单元中已知的物种或物种类别的数量。

? 代表未知。

1.6.2.3　甲壳动物养殖

甲壳动物养殖可分为海洋/半咸水和淡水生产系统，包括 13 个科和 60 个报告物种。海洋/半咸水生产以对虾为主，龙虾和新对虾等其他科也有少量贡献。淡水生产包括中华绒螯蟹（*Eriocheir sinensis*）、各种螯虾和沼虾（*Macrobrachium*）。

一些南美白对虾（*Penaeus vannamei*）的生产也被记录为在内陆淡水地区进行，尽管这可能不是严格意义上的淡水，而是极低盐度的半咸水。大部分生产来自温水系统（图 1－8）。

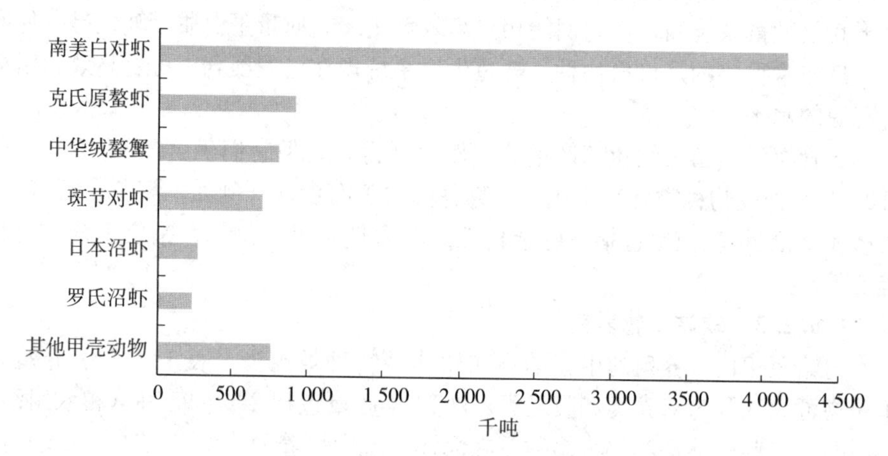

图 1－8　2016 年主要甲壳动物物种或物种类别的全球产量（鲜重）
资料来源：粮农组织，2018b。

1.6.2.4　水生植物养殖（海藻）

养殖的水生植物主要是产于海洋和半咸水的海洋物种（海藻）。水生植物养殖系统通常依赖自然生产力，不施肥，但会对养殖系统进行管理。50 多个国家开展了水生植物养殖，在过去十年中每年增长 8%（粮农组织，2018b）（图 1－9）。

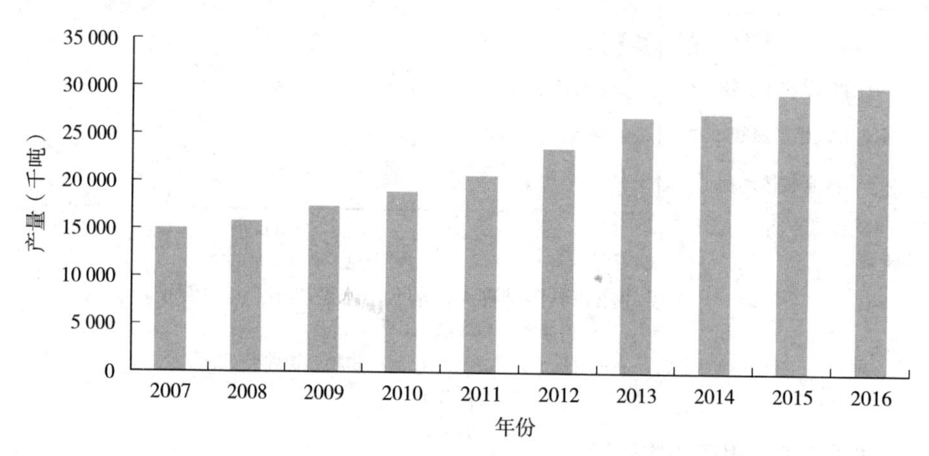

图 1－9　2007—2016 年全球水生植物产量（鲜重）
资料来源：粮农组织，2018b。
注：该产量可能包括少量淡水植物（<9 万吨）。

由于信息相对匮乏，水生植物养殖需要得到更具体的关注。海藻生产已在单独的主题背景文件中进行了介绍，其中一些信息在插文 4 中进行了总结①。

插文 4　水产养殖海藻遗传资源

众所周知，对藻类进行更高层次的分类是困难的，文献中经常出现变化。即便充分认识到一些藻类不包括在植物王国中，但在本书中，藻类还是被列为水生植物。在科一级考虑藻类的分类群更为实用。各国向粮农组织报告的海藻共有 38 种，代表以下 4 类 27 个科：

- 绿藻（绿藻纲，7 种）
- 褐藻（褐藻纲，11 种）
- 红藻（红藻纲，17 种）
- 蓝藻（蓝藻纲，3 种）

海藻养殖主要在亚洲进行，包括褐藻［海带（*Saccharina*）和裙带菜（*Undaria* spp.）］和红藻［麒麟菜（*Eucheuma*）、石花菜（*Gelidium*）、江蓠（*Gracilaria*）、卡帕藻（*Kappaphycus*）和紫菜（*Pyropia* spp.）］。欧洲海藻养殖规模仍然很小，在丹麦、法国、爱尔兰、挪威、葡萄牙和西班牙等国家都可以找到海藻养殖。此前，褐藻（海带和裙带菜）主导全球海藻生产，直到 2010 年左右被红藻（卡帕藻和麒麟菜）取代。

褐藻通常在亚温带至温带国家（例如，中国、日本和韩国）养殖，而红藻（例如，卡帕藻和麒麟菜）则在亚热带至热带国家养殖，生产主要由印度尼西亚、马来西亚和菲律宾主导。

还有其他红藻目前在公海、半咸水池塘或陆上养殖。这些是海门冬（*Asparagopsis*）、皱波角叉菜（*Chondrus crispus*）、石花菜（*Gelidium*）、江蓠（*Gracilaria*/*Hydropuntia*）、紫菜和掌形藻（*Palmaria palmata*）。在绿藻中，蕨藻（*Caulerpa*）、松藻（*Codium*）、礁膜（*Monostroma*）和石莼（*Ulva* spp.）是商业养殖的主要类群。

传统的基于生长性能和抗病性的藻株选择有时用于养殖海藻的繁殖。昆布（*Laminaria japonica*）在中国的杂交使得该物种的大规模养殖得以实现。在一些褐藻［海带属（*Laminaria*/*Saccharina*）、裙带菜属（*Undaria* spp.）］、

---

① 见专题背景研究《养殖海藻的遗传资源》和《淡水养殖大型植物遗传资源：综述》（http：//www.fao.org/aquatic-genetic-resources/background/sow/backgroundstudies/en/）。

红藻［（掌形藻（*Palmaria*）、紫菜（*Pyropia* spp.）］和绿藻［松藻（*Codium*）、礁膜（*Monostroma*）、石莼（*Ulva* spp.）］中，从孢子中培育出用于移栽的小植株。尽管营养繁殖仍然被广泛应用，通过组织和愈伤组织培养的微繁殖现在正被用于在麒麟菜（*Eucheuma*）和卡帕藻（*Kappaphycus*）中以产生新的改良藻株。

此插文依据专题背景研究《养殖海藻遗传资源》（http：//www.fao.org/aquatic-genetic-resources/background/sow/background-studies/en/）。

尽管养殖海藻作为人类食物来源，天然胶体作为食品成分、化妆品、生物燃料、药品和营养食品以及水产养殖中的饲料成分具有重要意义，但向粮农组织提交的定期报告往往忽略了养殖海藻的遗传资源。海藻可以是直接食用的食用植物，也可以是为提取海藻胶（例如，琼胶和卡拉胶）而生产的食用植物。海藻也被用作生态修复或用于综合多营养水产养殖中的植物降解。海藻通过从水产养殖系统的其他环节部分吸收营养物来净化水产养殖废水。

生产大量可再生生物质的潜力是人们对海藻养殖持续感兴趣的主要驱动因素，这种生物质富含碳水化合物，因此对生物燃料生产具有吸引力。

海藻生物质能具有广泛的应用，例如：

- 食品和饲料成分、生物聚合物、精细化学品和大宗化学品、农用化学品、化妆品、生物活性剂、药物、营养品和植物刺激剂中的生物基和高价值化合物；
- 生物燃料和生物材料中价值较低的商品生物能源化合物；
- 营养食物来源；随着消费者越来越意识到海藻对健康的益处，全球海藻消费量正在上升。

1.6.2.5 水生植物——淡水大型植物

淡水大型植物的研究和文献记载相对较少。然而，它们在乡村经济发展中发挥着重要作用，尤其是在亚洲，它们在提供健康食品和就业方面具有历史和文化意义，同时通常是在低投入的系统中回收高价值的营养素，使数百万低收入者（主要是城市周边利益相关方）受益。由于信息相对匮乏，淡水水生植物养殖需要得到更具体的关注，并在单独的主题背景文件[①]中进行了介绍，关键信息汇总在插文5中。

---

① 专题背景研究《淡水养殖大型植物的遗传资源：综述》（www.fao.org/aquary Genetic resources/background/ssow/background studies/en/）。

插文 5　用于粮食和农业的大型淡水水生植物

水生植物形成了一个生态而非分类学的类群，无法进行精确的界定。尽管文献中没有淡水植物的标准定义，但它们通常被认为是需要相当持续的淡水供应的植物，或者存在于生长周期中大部分被淡水覆盖的土壤中。与浮游植物相比，它们被区分为大型植物，但也可以包括丝状藻类，它们有时会生长成更大的漂浮垫，然后可以被收割。尽管一些处于生命周期不同阶段的物种可能在不同类别之间游移，大型淡水水生植物（FAM）还是可以根据其在水体中的生长方式大致分为三类，即挺水物种、沉水物种和漂浮物种。

长期以来，科学和灰色文献对食用栽培淡水植物的种植和消费及其对粮食安全的影响认识不足，记录匮乏。在南亚和东南亚，大型淡水植物传统上为社区（通常是低收入社区）提供低成本、营养丰富的食物，供他们自己和牲畜食用，甚至作为水产养殖饲料的组成部分。大型淡水水生植物还经常用于回收“废物”营养素，例如，牲畜生产中的营养素。就全球水产养殖发展共同体而言，在南亚和东南亚以外地区，食用栽培水生植物产品的生产规模和范围鲜为人知或很少；关于大型淡水水生植物的信息很少在水产养殖学校课程中讲授，也很少在国际非政府组织的主要学术研究议程中讨论。即使在亚洲，尽管大型淡水水生植物对粮食生产和营养循环做出了重大贡献，但在大多数国家、国际农业和水产养殖业统计以及规划文件中仍然没有它们的记录。

据估计，有超过 40 种可食用的大型淡水水生植物，其中约 25%的植物已经在大规模种植，用于食品或者具有商业开发价值。无论是在研究文献中还是在基层生产层面，都很少有信息表明大型淡水水生植物发生了遗传改良以开发改良品种。大型淡水水生植物需要改进的特性包括生长性能、生产力、废水的植物修复能力，甚至是抗病性。虽然大型淡水水生植物的遗传改良可能相对较少，但人们认为在过去 600 年中，国家或地区之间的种质资源发生了重大易位。

由于其规模和重要性，特别是在东南亚，大型淡水水生植物可以被视为一种关键的热带和亚热带可种植作物，能够以财政上可行和对环境负责的方式来促进发展中国家未来的可持续粮食生产。

大型淡水水生植物还可以发挥许多其他作用，包括作为多用途集成生产系统的关键组成部分。它们在水产养殖和其他废水处理和水质修复中的结合和使用仍在继续发展。它们还具有作为水产养殖饲料成分的潜力。大型淡水水生植物用于水族馆的观赏水生植物在全球也有很大的市场。因此，在未来收集和呈现不同用途类别的大型淡水水生植物的全球生产统计数据时，需要明确区分和界定。

此插文依据专题背景研究《淡水养殖大型植物遗传资源：综述》（http：//www.fao.org/aquatic-genetic-resources/background/sow/background-studies/en/）。

1.6.2.6 水生微生物

微生物、饵料生物和水生植物尚未向粮农组织全面报告，但它们是水生遗传资源的重要组成部分。尽管微藻作为食物补充［例如，螺旋藻（*Spirulina* spp.）］和许多物种（尤其是海洋物种）孵化生产的重要基础，其经济重要性日益凸显，但在现有的水产养殖统计数据中很少报告微藻的信息。通常用于水产养殖的微藻超过17个属，但在商业和研究收集中使用的种类更多。由于水产养殖中微生物的可用信息量很少，这一主题通过单独的主题背景文件[①]的报告而受到了特别关注，关键信息总结在插文6中。

微生物将在水产养殖的未来发展中发挥重要作用，这在一定程度上取决于这些重要生物的持续可用性和更有效的培养方式。因此，需要保护和扩大商业和公共养殖收集中用于水产养殖的微生物遗传资源的生物多样性。这将包括将这些生物长期储存在基因库中的能力，而不会受到遗传漂变的影响，以及更多地使用基因组学来表征水产养殖中使用的所有关键微生物物种。

插文6 渔业和水产养殖中的微生物

水生微生物是天然水生生态系统和水产养殖中贝类和鳍鱼生长不可或缺的资源。这些微生物属于微藻和类真菌生物、细菌（包括蓝藻和浮游动物）共同组成的微生物群。

许多微藻物种在水产养殖中很重要，不同的物种适合作为贝类和鳍鱼苗养殖的饵料，作为“绿水”的组成部分，广泛用于提高幼鱼和成鱼的存活和生长，并作为饵料，提高卤虫和轮虫的营养质量。微藻也在水产养殖过程中生长，以生产色素和脂肪酸，在鱼类养殖和人类营养食品中具有重要意义。水产养殖中使用的细菌包括蓝藻，如用于人类膳食补充的螺旋藻（*Spirulina* spp.），以及一系列快速生长的益生菌。这些益生菌包括能够提

① 专题背景研究《当前和潜在用于水产养殖的微生物遗传资源》（http：//www.fao.org/aquatic-genetic-resources/background/sow/background-studies/en/）。

高鳍鱼和贝类幼体及成体阶段存活和生长的物种。

随着抗生素的使用进一步减少，微藻物种在更密集的水产养殖系统中生长，益生菌在水产养殖中的疾病预防方面的作用将变得越来越重要。细菌在循环水产养殖系统所需的过滤系统中也发挥着重要作用。

浮游动物，特别是卤虫（*Artemia* spp.）和轮虫，作为水产养殖业的饵料有着悠久的历史和广泛的应用。在使用的几种卤虫（*Artemia*）中，其中最重要的是旧金山湾卤虫（*Artemia franciscana*）。在 2 000 多种轮虫中，褶皱臂尾轮虫（*Brachionus plicatilis*）和圆型臂尾轮虫（*B. rotundiformis*）最常用。水产养殖中使用的其他浮游动物包括桡足类和枝角类，例如，水蚤（*Daphnia* spp.），广泛用于淡水养殖幼苗培育。

此插文依据专题背景研究《当前和潜在用于水产养殖的微生物遗传资源》(http://www.fao.org/aquatic-genetic-resources/background/sow/background-studies/en/)。

1.6.2.7　其他物种

水产养殖中也产生了一系列生态位物种，包括海参、海胆和其他无脊椎动物的 7 个科，以及两栖动物（2 种青蛙）和爬行动物（2 个淡水龟鳖物种或组；注意鳄鱼、短吻鳄鱼不包括在内）的 2 个科（图 1-10）。观赏性无脊椎动物（包括珊瑚）不包括在内，为生产珍珠而养殖的贝类也不包括在内。

亚洲地区的鳄鱼产量增长迅速，并将幼鳄出口到生产国。柬埔寨、中国、巴布亚新几内亚、泰国和越南都有鳄鱼养殖场。然而，这一产量在渔业或水产养殖统计中很少有报告。

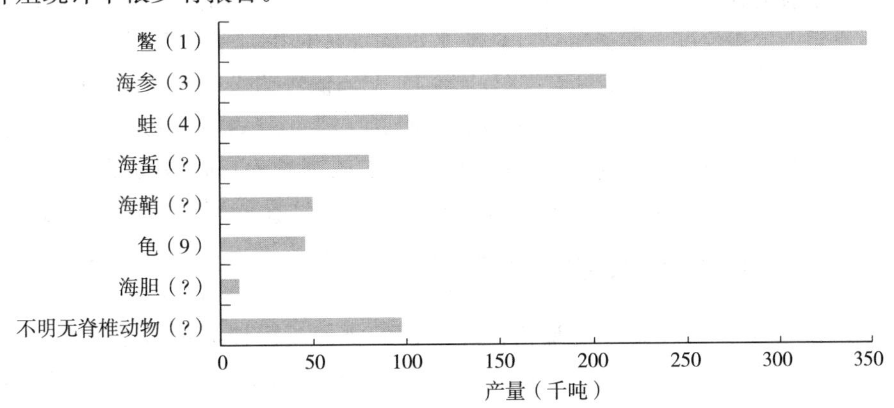

图 1-10　2016 年其他水生动物的水产养殖产量（鲜重）

资料来源：粮农组织，2018b。

注：括号中的数字表示每个分类单元已知的物种或物种类别的数量。

1.6.3 水族贸易中的海洋和淡水观赏鱼

在观赏鱼贸易中使用水生遗传资源相关的数据可用性较差。2000 年，全球海洋水族数据库建立，到 2003 年 8 月，该数据集包含了 1988—2003 年统计的共计 2 393 种鳍鱼、珊瑚和其他无脊椎动物的贸易记录，1997—2002 年，10 种“交易最多”的鱼类约占所有交易鱼类的 36%（Wabnitz 等，2003）。

全世界共有 140 种石珊瑚交易，几乎都是巩膜珊瑚。来自几个属的珊瑚物种最受欢迎，特别是真叶珊瑚（*Euphyllia*）、角孔珊瑚（*Goniopora*）、鹿角珊瑚（*Acropora*）、泡囊珊瑚（*Plerogyra*）和加叶珊瑚（*Catalaphyllia* spp.），约占 1988—2002 年活珊瑚贸易的 56%。另外，还有 61 种软珊瑚被交易。尽管缺乏标准的分类学处理，使得很难确定准确的数字，但已知有超过 500 种无脊椎动物（珊瑚除外）作为海洋观赏动物进行交易（Wabnitz 等，2003）。

尽管新英格兰水族馆维护的数据库（Rhyne 等，2017）表明，仅在 2000—2011 年，美国就进口了约 2 250 种海洋鳍鱼和 725 种无脊椎动物，但关于海洋观赏植物利用的最新数据尚不清楚。

淡水水族贸易没有相应的数据库，生产和交易的物种多样性也不容易查证。然而，各种水族指南列出了 650 种（Sakurai 等，1993）到 850 种（Baensch 和 Riehl，1997）常见的淡水水族物种。Monticini（2010）列出了一些贸易最频繁的海洋和淡水鱼类物种。

淡水和海洋水族贸易之间的一个重要区别是对捕获动物的依赖程度，而不是对养殖的依赖程度。据粗略估计，淡水水族贸易的 98%依赖养殖动物，只有 2%依赖于捕捞。与之相反，海洋水族贸易的 98%依赖捕捞，而 2%依赖于养殖（Wabnitz 等，2003），目前只有少数物种被圈养［例如，一些小丑鱼——双锯鱼（*Amphiprion* spp.）］。增加水产养殖对海洋水族贸易的贡献潜力巨大；淡水水族贸易也是一些国家水产养殖生产价值的重要贡献者。

1.6.4 捕捞渔业中的物种多样性

如表 1-9 所示，2016 年捕捞渔业捕捞的物种或物种类别超过 1 800 种，其中 80%以上来自海洋渔业。在海洋，尤其是内陆渔业中，产量主要由数量相对较少的物种主导。

表 1-14 列出了对海洋渔业贡献最大的 15 个物种或物种类别，它们合计占海洋捕捞渔业总产量的 42%。必须指出的是，其中 12 种是单一物种，最大的单一贡献来自一组“不包括在其他地方”的物种。

表 1-14　2011—2016 年海洋捕捞渔业收获的主要物种或物种类别及其产量（千吨，鲜重）

物种（ASFIS 物种）	2011 年	2012 年	2013 年	2014 年	2015 年	2016 年
海洋鱼类（nei）	9 451	9 612	9 350	9 494	10 211	10 433
黄线狭鳕（*Gadus chalcogrammus*）	3 210	3 272	3 248	3 245	3 373	3 476
秘鲁鳀（*Engraulis ringens*）	8 320	4 693	5 674	3 140	4 310	3 192
鲣（*Katsuwonus pelamis*）	2 529	2 702	2 909	2 991	2 810	2 830
大西洋鲱（*Clupea harengus*）	1 780	1 773	1 817	1 631	1 512	1 640
日本鲭（*Scomber japonicus*）	1 309	1 270	1 260	1 397	1 485	1 599
黄鳍金枪鱼（*Thunnus albacares*）	1 145	1 304	1 261	1 347	1 356	1 462
大西洋鳕（*Gadus morhua*）	1 052	1 114	1 359	1 374	1 304	1 329
日本鳀（*Engraulis japonicus*）	1 322	1 292	1 324	1 396	1 336	1 304
欧洲沙丁鱼（*Sardina pilchardus*）	1 037	1 021	1 003	1 208	1 175	1 281
带鱼（*Trichiurus lepturus*）	1 261	1 238	1 264	1 265	1 269	1 280
蓝鳕（*Micromesistius poutassou*）	108	379	631	1 161	1 414	1 190
大西洋鲭（*Scomber scombrus*）	950	915	987	1 424	1 248	1 138
沙丁鱼（*Sardinella* spp.）（nei）	967	1 017	932	1 020	1 043	1 089
圆鲹（*Decapterus*）（nei）	1 232	1 267	1 230	1 261	984	998

资料来源：粮农组织，2018b。

注：ASFIS＝水产科学与渔业情报系统；nei＝不包括在其他地方。

内陆渔业的物种优势也类似。表 1-15 列出了内陆渔业生产的前 15 个物种或物种类别，它们合计占内陆捕捞渔业产量的 81.5%。然而，我们再次看到，“不包括在其他地方”的物种类别贡献了这一产量的大部分，这反映出对内陆渔业有贡献的物种的详细程度有限。

表 1-15　2016 年内陆捕捞渔业收获的主要物种、产量（鲜重）及其占比

物种或物种类别	产量（吨）	占全球内陆总产量的百分比（%）
淡水鱼（nei）	6 193 313	53.2
鲤科鱼（nei）	774 893	6.7
罗非鱼（nei）	436 998	3.8
淡水软体动物（nei）	326 154	2.8

（续）

物种或物种类别	产量（吨）	占全球内陆总产量的百分比（%）
银色新耙波拉鱼（*Rastrineobola argentea*）	273 764	2.4
尼罗罗非鱼（*Oreochromis niloticus*）	232 129	2.0
尼罗尖吻鲈（*Lates niloticus*）	217 444	1.9
鳢科鱼（nei）	161 430	1.4
鲥鲥（*Tenualosa ilisha*）	145 606	1.3
日本沼虾（*Macrobrachium nipponense*）	132 422	1.1
秀丽白虾（*Exopalaemon modestus*）	132 422	1.1
淡水鲇鱼（nei）	119 879	1.0
鲤（*Cyprinus carpio*）	115 412	1.0
沙丁鳀波鱼（*Engraulicypris sardella*）	109 387	0.9
胡子鲇（nei）	101 442	0.9

资料来源：粮农组织，2018b。
注：nei＝不包括在其他地方。

1.6.5 低于物种级别的水生遗传资源

目前关于水生遗传资源的信息系统，特别是水产科学与渔业情报系统（ASFIS）物种列表、时间序列渔业统计软件（FishStatJ）和世界鱼类数据库（FishBase）（Busilacchi 和 Garibaldi，2002；粮农组织，2018b；Froese 和 Pauly，2018），侧重于收集和提供物种级别的信息。很少有资源专注于低于物种级别的信息。目前，有许多调查研究，通过选择性育种、杂交、倍性操纵、性别控制和使用其他生物技术（参见 Carvalho 和 Pitcher 的综述，1995；Dunham，2011；Gjedrem、Robinson 和 Rye，2012；Casey、Jardim 和 Martinsohn，2016 等）等方法检测水生物种（养殖和野生近缘种）的遗传变异水平，或报告养殖型的发展。然而，没有这些研究结果或养殖型的系统记载。例如，在各种植物基因库（粮农组织，2010，2015b）和牲畜多样性信息系统（DAD-IS）的材料数据库中，确实存在植物和动物（牲畜）遗传资源的此类记载。[1]

普遍认为，大多数养殖的水生遗传资源相对于其野生近缘种保持着高水平的遗传变异，这是因为大量水生物种（Lacy，1987）中存在着固有的高水平变异，其中许多水生物种具有高繁殖力，而且大多数水生物种的驯化和改良历

[1] 该数据库的最新版本可访问 www.fao.org/dad-is

史相对较短。这与畜牧业的情况形成了对比，在畜牧业中，由于长期驯化，许多繁育种被认为相对于其野生祖先的遗传变异显著减少，从而导致了显著的遗传漂变和相关的遗传变异损失（粮农组织，2007；Kristensen 等，2015）。已经表明，这些遗传变异水平随着与已建立的原始驯化中心距离的增加而下降（Groeneveld 等，2010）。在养殖的水生物种中，存在较高水平的遗传变异。在水生物种育种方案中对选择的反应通常比在牲畜中观察到的反应大得多，遗传变异被认为是主要原因之一（Gjedrem，2012；Gjedrem 和 Baranksi，2010）。

1.7　渔业和水产养殖的前景及水生遗传资源的作用

目前世界人口超过 76 亿，预计到 2030 年将达到 85 亿，2050 年将达 98 亿，其中大部分人口增长发生在发展中国家（联合国，2017）。确保这一不断增长的人口的粮食安全和充足营养是一项重大挑战。鱼类是包括微量营养素在内的重要食物来源，对许多低收入农村人口来说尤其如此。渔业和水产养殖业已经在全球粮食安全中发挥着重要作用，为数百万从事鱼类捕捞、养殖、加工和贸易的人提供生计和收入。鉴于人口增长趋势，该行业需要继续在世界粮食安全中发挥突出作用，这将需要产量增长，以满足对鱼类和渔业产品的新需求和传统需求的预期增长。

自 20 世纪 90 年代中期以来，捕捞渔业的产量稳定在每年 9 000 万～9 500 万吨（图 1－4），预计在可预见的未来不会大幅增长（经合组织/粮农组织，2018）。水产养殖的增长满足了对鱼类和渔业产品日益增长的需求（表 1－1 和图 1－3）。对水产养殖和渔业市场短期未来的最新预测（粮农组织，2018b）估计，2030 年世界鱼类总产量[①]将继续扩大至 2.01 亿吨，与 2016 年产量相比增长 18%，年均增长率为 1%（表 1－16）。预计产量增长将几乎全部由水产养殖实现（世界银行，2013；粮农组织，2014，2016a），预计到 2030 年，养殖食用鱼产量将达到 1.09 亿吨，比 2016 年均增长 37%（粮农组织，2018b）。虽然这代表着大幅增长，但确实反映了年均增长率的放缓：2.1%，而 2001—2016 年为 5.8%。虽然预计水产养殖将在所有大陆扩张，但预计增长将主要来自亚洲，亚洲将继续主导全球生产，到 2030 年将占总产量的 89%。到 2030 年，淡水养殖很可能继续成为最主要的行业，占产量的 62%。世界银行（2013）采用不同的模型，做出了与粮农组织类似的预测。

---

① 不包括海藻和其他水生植物、水生哺乳动物和爬行动物。

表 1-16 全球鱼类生产、消费、贸易的主要生产和消费参数的当前及未来预测

参数	2016 年水平	2030 年预测	预计增长率（%）
全球鱼类产量（百万吨）	171	201	18
全球水产养殖产量（百万吨）	80	109	37
全球捕捞渔业产量（百万吨）	91	91	<1
水产养殖贡献百分比（%）	47	54	15
全球鱼类消费量（百万吨）	151	181	20
年人均鱼类消费量（千克）	20.3	21.5	6
出口贸易（百万吨）	39	48	24

资料来源：粮农组织，2018b。

与 2016 年相比，到 2030 年，预计所有地区的鱼类消费量将进一步增长 20%，但增长速度将放缓（与 2003—2016 年的 3%相比，每年增长 1.2%）；亚洲国家将是主要消费国（到 2030 年占全球消费的 71%）。年人均鱼类消费量预计将从 2016 年的 20.3 千克略微增加到 2030 年的 21.5 千克。随着生产量和消费量的增加，预计到 2030 年，鱼类和鱼类产品的贸易量也将增长 24%，其中 38%的产品用于出口。

这些预测都没有提供关于特定水产养殖系统（例如，近海网箱养殖、再循环系统水产养殖、池塘养殖、综合水产养殖或多营养层次水产养殖）可能增长的任何重要细节，也没有提供技术的未来应用。虽然一些系统比其他系统具有更大的增长潜力，但预测哪些系统将成为增长的主要驱动因素是极其复杂的。同样，很难预测水生遗传资源在满足日益增长的生产需求方面的角色可能发生的变化。世界银行（2013）的预测显示，罗非鱼、鲤科鱼和巴沙鱼的产量增长最为强劲，这些价值较低的物种的产量比价值较高的物种（例如，三文鱼和虾）增长更快。

目前尚不清楚，对水生遗传资源未来地位产生影响的驱动因素是否得到充分理解。目前主导渔业和水产养殖生产的物种是否会继续占主导地位，甚至进一步巩固，因为更少的物种代表更大的生产比例？还是多样化会导致更多物种的生产，不仅供应主要商品市场，还供应利基市场？

关于水产养殖和渔业中使用水生遗传资源的信息很少，特别是当我们考虑到低于物种级别的资源时，我们知道遗传改良目前在水产养殖的产量增长中所起的作用相对较小。Gjedrem 和 Robinson（2014）估计，不到 10%的水产养殖产量来自基于家系的选择性育种方案所产生的改良品系，但通过广泛应用选择性育种，水产养殖产量可持续增长的潜力已得到充分证实。Robinson 和

Gjedrem（个人通讯，2018）在其系统模型的更新中预测，如果100%的水产养殖生产都要经过选择性育种，那么到2030年，仅遗传改良就可以增加4 600万吨的产量。目前，与陆地农业中使用的大量动物繁育种和植物变种相比，水产养殖中使用的具有既定特性的明确定义的品系非常少。水生遗传资源的发展是否会遵循与牲畜育种发展相似的道路？或者水生遗传资源受不同的驱动因素影响？基于分子分析和操纵的遗传技术也在快速发展，成本在下降，分辨率在提高。这些新一代技术似乎可以为传统技术增加价值，从长远来看，可能是颠覆性技术，可能会改变我们描述和开发水生遗传资源的方式。

此外，与陆地农业不同，鱼类和鱼类产品的生产目前通过捕捞渔业和基于捕捞的水产养殖，高度依赖野生水生遗传资源。这种依赖性会在近期或长期内下降吗？人类活动对野生遗传资源的长期影响是什么？迁地和就地保护在保护野生和驯化水生遗传资源方面可以发挥什么作用？我们可以肯定，水生遗传资源将在未来的鱼类和鱼类产品生产中发挥重要作用，因此必须加强保护、可持续利用和开发；然而，为了最好地实现这一改进，谁将在这一过程中发挥关键作用，我们需要在治理方面进行哪些变革，以及能力建设的要求是什么？

虽然本书无法回答所有这些问题，但它是全面了解水生遗传资源当前全球状况的第一次尝试，并提供了该状况的简要说明，据此可以预测未来，以支持水生遗传资源保护、可持续利用和开发的行动。

参考文献

Baensch, H. A. & Riehl, R. 1997. *Aquarium atlas*. Vol. 2. Freshwater. Aqua Medic Inc. 992 pp.

Balian, E. V., Segers, H., Lévêque, C. & Martens, K. 2008. The freshwater animal diversity assessment: an overview of the results. *In* E. V. Balian, C. Lévêque, H. Segers & K. Martens, eds. *Freshwater Animal Diversity Assessment*, pp. 627 – 637. Developments in Hydrobiology, 198.

Bartley, D. M., De Graaf, G. J., Valbo‑Jørgensen, J. & Marmulla, G. 2015. Inland capture fisheries: status and data issues. *Fisheries Management and Ecology*, 22: 71–77.

Casey, J., Jardim, E. & Martinsohn, J. T. 2016. The role of genetics in fisheries management under the EU common fisheries policy. *Journal of fish biology*, 89 (6): 2755–2767.

Carvalho, G. R. & Pitcher, T. J. eds. 1995. *Molecular genetics in fisheries*. Chapman & Hall.

Chambers, P. A., Lacoul, P., Murphy, K. J. & Thomaz, S. M. 2008. Global diversity of aquatic macrophytes in freshwater. *Hydrobiologia*, 595: 9. https://doi.org/10.1007/s10750-007-9154-6.

Dunham, R. A. 2011. *Aquaculture and fisheries biotechnology: genetic approaches*. CABI, Wallingford, UK.

FAO. 2007. *The State of the World's Animal Genetic Resources for Food and Agriculture*. B. Rischkowsky & D. Pilling, eds. Rome. 512 pp. (also available at www. fao. org/3/a - a1250e. pdf).

FAO. 2009. *International Treaty on Plant Genetic Resources for Food and Agriculture*. Rome. 56 pp. (also available at www. fao. org/3/a - i0510e. pdf).

FAO. 2010. *The Second Report on the State of the World's Plant Genetic Resources for Food and Agriculture*. Rome. (also available at www. fao. org/ docrep/013/i1500e/i1500e. pdf).

FAO. 2014. *The State of World Fisheries and Aquaculture 2014*. Rome. 223pp. (also available at www. fao. org/3/a - i3720e. pdf).

FAO. 2015a. *Responsible stocking and enhancement of inland waters in Asia*. Bangkok, FAO Regional Office for Asia and the Pacific. RAP Publication 2015/11. 142 pp. (also available at http: //www. fao. org/3/a - i5303e. pdf).

FAO. 2015b. *The Second Report on the State of the World's Animal Genetic Resources for Food and Agriculture*. Commission on Genetic Resources for Food and Agriculture Assessments. Rome. (also available at www. fao. org/3/a - i4787e. pdf).

FAO. 2016a. *The State of World Fisheries and Aquaculture 2016*. Rome. 204 pp. (also available at www. fao. org/3/a - i5555e. pdf).

FAO. 2016b. Fisheries and Aquaculture Software. FishStatJ - Software for Fishery Statistical Time Series. In: *FAO Fisheries and Aquaculture Departmen*t [online]. Rome. [Cited 10 March 2018]. www. fao. org/fishery/statistics/software/fishstatj/en.

FAO. 2018a. *The State of World Fisheries and Aquaculture 2018*. Rome. 210 pp. (also available at www. fao. org/3/i9 540en/I9540EN. pdf).

FAO. 2018b. Fishery and Aquaculture Statistics. FishstatJ - Global Production by Production Source 1950 - 2016. In: *FAO Fisheries and Aquaculture Department* [online]. Rome. Updated 2018. http: //www. fao. org/ fishery/statistics/software/fishstatj/en.

FAO. 2018c. Food Balance Sheets [online]. [Cited 31 March 2018]. www. fao. org/faostat/en/ # data/FBS.

FAO/WHO. 2011. *Report of the Joint FAO/WHO Expert Consultation on the Risks and Benefits of Fish Consumption, Rome, 25 -29 January 2010.* FAO Fisheries and Aquaculture Report No. 978. Rome. http: //www. fao. org/3/ba0136e/ba0136e00. pdf.

Froese, R. &Pauly, D. , eds. 2018. *FishBase*. World Wide Web electronic publication. [Cited February 2018]. (also available at www. fishbase. org).

Garibaldi, L. &Busilacchi, S. (comps.). *2002 ASFIS list of species for fishery statistics purposes*. ASFIS Reference Series No. 15. Rome, FAO. 43 pp. (also available at http: //www. fao. org/3/Y7527T/y7527t. pdf).

Gjedrem, T. 2012. Genetic improvement for the development of efficient global aquaculture: a personal opinion review. *Aquaculture*, 344: 12 - 22.

Gjedrem, T. & Baranski, M. 2010. *Selective breeding in aquaculture: an introduction.* Volume 10. Springer Science & Business Media. 220 pp.

Gjedrem T., Robinson, N. & Rye, M. 2012. The importance of selective breeding in aquaculture to meet future demands for animal protein: a review. *Aquaculture*, 350: 117 - 129.

Gjedrem, T. & Robinson, N. 2014. Advances by selective breeding for aquatic species: a review. *Agricultural Sciences*, 5: 1152 - 1158. (also available at http://dx.doi.org/10.4236/as.2014.512125).

Groeneveld, L. F., Lenstra, J. A., Eding, H., Toro, M. A., Scherf, B., Pilling, D., Negrini, R., Finlay, E. K., Jianlin, H., Groeneveld, E. & Weigend, S. 2010. Genetic diversity in farm animals - a review. *Animal Genetics*, 41: 6 - 31.

Harvey, B., Soto, D., Carolsfeld, J., Beveridge, M. & Bartley, D. M., eds. 2017. *Planning for aquaculture diversification: the importance of climate change and other drivers.* FAO Technical Workshop, 23 - 25 June 2016, FAO, Rome. Fisheries and Aquaculture Proceedings No. 47. Rome, FAO. 166 pp. http://www.fao.org/3/a-i7358e.pdf.

HLPE. 2014. *Sustainable fisheries and aquaculture for food security and nutrition.* A report by the High Level Panel of Experts on Food Security and Nutrition of the Committee on World Food Security. Rome. 119 pp.

Kristensen, T. N., Hoffmann, A. A., Pertoldi, C. & Stronen, A. V. 2015. What can livestock breeders learn from conservation genetics and vice versa? *Frontiers in Genetics*, 6: 38.

Lacy, R. C. 1987. Loss of genetic diversity from managed populations: interacting effects of drift, mutation, immigration, selection, and population subdivision. *Conservation Biology*, 1 (2): 143 - 158.

Lévêque, C., Oberdorff, T., Paugy, D., Stiassny, M. L. J. & Tedesco, P. A. 2008. Global diversity of fish (Pisces) in freshwater. *Hydrobiologia*, 595 (1): 545 - 567.

Lorenzen, K., Beveridge, M. C. M. & Mangel, M. 2012. Cultured fish: integrative biology and management of domestication and interactions with wild fish. *Biological Reviews*, 87 (3): 639 - 660.

Monticini, P. 2010. *The ornamental fish trade. Production and commerce of ornamental fish: technical - managerial and legislative aspects.* Globefish Research Programme, Vol. 102. Rome, FAO. 134 pp.

OECD/FAO. 2018. *OECD - FAO agricultural outlook.* OECD agriculture statistics (database). http://dx.doi.org/10.1787/agr-outl-data-en.

Rhyne, A. L., Tlusty, M. F., Szczebak, J. T. & Holmberg, R. J. 2017. Expanding our understanding of the trade in marine aquarium animals. *PeerJ*, 5: e2949. [online]. [Cited 4 July 2017]. https://peerj.com/articles/2949/.

Sakurai, A., Sakamoto, Y., Mori, F. & Loiselle, P. V. 1993. *Aquarium fish of the world: the comprehensive guide to 650 species.* San Francisco, USA, Chronicle Books. 296 pp.

United Nations. 2017. *World population prospects: the 2017 revision*. Department of Economic and Social Affairs, Population Division. [Cited 10 - 12 - 2018].

Wabnitz, C. C. C., Green, E., Taylor, M. L. & Razak, T. 2003. *From ocean to aquarium: the global trade in marine ornamental species*. UNEP - WCMC Biodiversity Series 17. 65 pp.

Welcomme, R. L. & Bartley, D. M. 1998a. Current approaches to the enhancement of fisheries. *Fisheries Management and Ecology*, 5: 351 - 382.

Welcomme, R. L. & Bartley, D. M. 1998b. *An evaluation of present techniques for the enhancement of fisheries*. FAO Fisheries Technical Paper. Rome, FAO. (also available at www. fao. org/docrep/005/W8514E/W8514E01. htm).

World Bank. 2013. *Fish to 2030. Prospects for fisheries and aquaculture*. World Bank Report No. 83177 - GLB. Washington DC, World Bank. (also available at www. fao. org/docrep/019/i3640e/i3640e. pdf).

WoRMS Editorial Board. 2018. *World Register of Marine Species*. [Cited 05 - 08 - 2018]. www. marinespecies. org, VLIZ. doi: 10. 14284/170.

第2章

国家辖区内养殖水生物种及其野生近缘种水生遗传资源利用和交流

目的：本章的目的是回顾水生遗传资源（AqGR）的利用问题，主要是水产养殖，以及遗传技术在水生遗传资源中的应用。本章包括对国别报告中针对问卷问题1至14提供数据的分析[①]。这些问题包括国别报告的关键内容，其中各国提供了用于水产养殖及其野生近缘种的粮食和农业水生遗传资源清单。

关键信息：

- 国别报告进程提供了一些新的信息，包括在定期生产报告中未捕获的养殖型（水生遗传资源低于物种级别）。这突出表明需要改进水生遗传资源的信息系统。
- 水生遗传资源的命名和术语缺乏标准化，使得水生遗传资源之间的描述和比较变得困难。
- 各国报告养殖了近700个物种或物种类别，其中亚洲养殖的物种最多，主要水产养殖生产国养殖的物种更为多样。全球养殖的两种最常见的鱼类是鲤（*Cyprinus carpio*）和尼罗罗非鱼（*Oreochromis niloticus*）。
- 引进或非本地物种在水产养殖中非常重要，超过三分之一的养殖物种或物种类别在非本地养殖。
- 据报告，大多数国家的水产养殖产量都在增加，预计大多数物种的水产养殖将继续增长。
- 国别报告表明，粮农组织当前水产养殖数据收集系统存在潜在缺陷，许多物种的生产统计数据可能缺失。
- 各国报告的物种中，只有约40%是野生型，其余的物种都会发生某种形式的遗传改变（例如，选择性育种、杂交、多倍体化）。选择性育种是最常用于改善水生物种性状的技术。
- 45%的国别报告显示，遗传改良对促进水产养殖生产没有显著贡献。
- 大多数选择性育种项目由公共部门资助，但私营部门是所有其他技术的主要资助者。在主要生产国，遗传改良项目的公共融资更为普遍。
- 在几乎90%的报告国，水产养殖至少在一定程度上以早期生活史阶段或亲本的形式依赖于野生水生遗传资源。
- 野生近缘种在渔业和水产养殖中发挥着重要作用，大多数被捕捞的野生近缘种都有管理方案。然而，由于栖息地的丧失和退化以及污染，许多野生近缘种的数量正在下降。

---

① www.fao.org/3/a-bp506e.pdf

- 野生近缘种可能存在遗传数据，但这些数据通常不用于管理。
- 据报告，超过三分之一的养殖水生物种或物种类别进行了交流（进口和出口），尼罗罗非鱼（*O. niloticus*）和尖齿胡鲇（*Clarias gariepinus*）是全球交流最多的物种。交流种质资源有许多好处，但在生物安全（疾病和遗传）方面存在风险，而且通常缺乏适当的获取与利益共享约定。

2.1 引言

养殖水生物种及其野生近缘种的水生遗传资源（AqGR）的利用和交流已有数千年的历史。最早的人类从非洲的湿地和沿海地区采集鳍鱼、贝类和水生植物。随着人类从非洲迁徙，这种习俗一直在延续。在世界各地贝丘中发现的人工制品为我们提供了史前捕鱼活动在古人类活动遗址发生的证据（Sahrhage和 Lundbeck，1992）。

早在两千多年前的中国和古罗马就已经发现了养鱼的证据，在古罗马，罗马人将海洋物种保存在特殊的海岸围栏中，不仅用于最终食用，而且作为财富和地位的标志。欧洲僧侣养殖鲤鱼，并将其从亚洲和多瑙河的原生地转移到欧洲许多地区；鲤的学名 *Cyprinus carpio*，源自该鱼通过塞浦路斯传入西欧的事实（Nash，2011）。

水生生物多样性广泛用于渔业和水产养殖（见第 1 章和 Bartley 与 Halwart，2017）；关于生物多样性的大多数信息，包括养殖生物及其野生近缘种的产量和数量，都是在物种层面上记录的。关于养殖生物及其野生近缘种更广泛的遗传多样性的信息很少。提交国别报告是对国家联络点的问卷调查的回应，这为我们提供了一个独特的机会，以增进我们对养殖水生遗传资源及其野生近缘种现状的了解。

2.2 渔业和水产养殖的水生遗传资源信息

准确及时的信息是记录养殖物种及其野生近缘种遗传资源的利用和状态的核心。粮农组织是国家渔业和水产养殖生产统计数据的全球储存库。

收集和报告渔业和水产养殖生产的国际标准包括水产科学与渔业情报系统（ASFIS）列表[①]和国际标准水生动植物统计分类（ISSCAAP）的分类系统。建议粮农组织成员在自己使用和向粮农组织报告时，使用与 ASFIS 保持一致

① www.fao.org/fishery/collection/asfis/en

的术语收集国家渔业和水产养殖统计数据。

截至 2017 年，ASFIS 清单包含超过 12 700 个物种或物种类别[①]。该命名法仅包括低于物种级别的 12 个物种类别（即“养殖型”），这些是仅限于少数商业生产的杂交种。该清单不包括任何其他养殖型，例如，养殖物种或其野生近缘种的种群、品系或品种。只有当粮农组织成员报告了明确识别和适当描述的类型的生产数据时，才能将更多的养殖型纳入 ASFIS。

有关低于物种级别的水生遗传资源信息对资源管理者、政策制定者、私营企业和公众都非常有用。遗传多样性是水产养殖中选择性育种方案和其他遗传改良技术的基础。它还允许自然种群进化并适应不断变化的环境。除此之外，遗传多样性信息可以帮助满足生产和消费者需求，预防和诊断疾病，追踪生产链中的鱼类和鱼类产品，监测引进物种对本地物种的影响，区分隐存物种，管理繁殖亲本，设计更有效的保护和物种恢复方案。

然而，大多数资源管理者和那些定期向粮农组织提交信息的政府官员，他们或没有使用，或无法获得足够的关于养殖水生物种及其野生近缘种的遗传多样性的信息，从而无法报告低于物种级别的信息，例如，关于种群和品系的信息[②]。

粮食和农业遗传资源委员会（CGRFA）认识到，水产养殖和捕捞渔业的大量生产实际上是基于低于物种级别的群体，遗传信息在水产养殖和渔业管理中有多种应用。因此，CGRFA 要求粮农组织开展一项专题研究，探索将遗传多样性和指标纳入养殖水生物种及其野生近缘种的水生遗传资源统计和监测中。粮农组织主办了一次关于这一问题的专家研讨会（粮农组织，2016），该研讨会的成果构成了专题背景研究的基础[③]。插文 7 总结了本研究的一些关键发现，包括水生遗传资源信息系统的拟议格式。

鉴于开发水生遗传资源信息系统的复杂性和所需资源，需要制定激励措施，以激励政府、资源管理者和私营企业参与，并为信息系统做出贡献。此类激励措施可包括：

- 获得旨在帮助各国履行国际承诺的资金（例如，来自《生物多样性公约》或全球环境基金机制的资金）；
- 通过改进可追溯性和认证计划，为进入私营行业市场提供便利；

---

① ASFIS 清单和国别报告中包含的条目不是单一物种，或者代表物种群［例如，口孵罗非鱼属（*Oreochromis* spp.）］，或者代表更高级别的分类群［例如慈鲷科（Cichlidae）］，或者是非纯物种的养殖型（例如杂交种）。因此，在本书和粮农组织数据库中的分析中，“物种”也包括“物种类别”。

② 水生遗传资源国家联络点为本书提供了低于物种级别的信息，对此表示感谢。

③ 本节主要借鉴了专题背景研究《将遗传多样性和指标纳入养殖水生物种及其野生近缘种的统计和监测》（也可查阅 www. fao. org/3/a－bt492e. pdf）。

• 国际和国家组织有机会成为水生遗传资源信息的卓越中心。

为了解决开发成本和系统复杂性问题，可采用将遗传多样性纳入统计和监测方案的备选方案。作为第一步，可以建立一份不涉及监测和评估的野生近缘种的养殖型和品系清单。该清单将为记录渔业和水产养殖中的水生遗传多样性提供一个可访问的系统。监测需要一个信息系统，数据可以随着时间的推移重复输入。信息系统的投入和维护费用将因不太频繁的输入而降低。

作为本书基础所提供的国别报告包含许多信息，这些信息可作为基础数据纳入数据库，以便对水生遗传资源的状态和趋势进行一些监测。遗传技术的快速发展和对可持续水产养殖生产的日益增长的需求表明，应相对频繁地监测水生遗传资源，以提供有关变化、机遇和威胁的最新信息。这一级别的报告将进一步促进能力建设和连续性，即由专家、资源管理人员、行业代表和其他利益相关方组成的机构将提供、分析和使用信息。

国际组织、私营企业和国家政府必须承诺为信息系统做出贡献。鉴于有必要有效地养活日益增长的人口，将遗传多样性信息纳入国家管理、报告和监测方案，然后向全球社会报告这些信息，将对这些利益相关方大有裨益。

插文 7　将遗传多样性及其指标纳入养殖水生物种及其野生近缘种的国家统计和监测所面临的挑战

将遗传多样性纳入国家和全球报告和监测的例子确实存在，但主要出现在陆地农业行业，其繁育种和变种的命名已经标准化并使用了几个世纪。在水产养殖行业，大多数物种品系的建立是近期才开始的，因此品系的命名和表征没有标准化。

在捕捞渔业中，遗传多样性有时被用于高价值物种的渔业管理，但这取决于基础数据的建立以及对鱼类种群的定期采样、监测和分析，这往往超出了许多物种和区域的财政与技术能力。捕捞渔业中的种群识别传统上基于地理位置，生产情况已得到相应的报告和监测。

一些国家保留了国家重要水生物种的登记册，但生产信息通常不包括在内，除非认为该种群或物种受威胁或濒危。

在开发低于物种级别的水生遗传资源信息系统方面存在重大限制，包括：

• 缺乏标准化的基因型和表型描述或“品系”“种群”的定义；
• 缺乏对品系或种群进行遗传表征的完整基础数据；
• 私营水产养殖业认为其产品的遗传信息是专有的（粮农组织，2016）。

尽管如此，专家研讨会建议开发一个信息系统，以补充粮农组织目前在渔业和水产养殖统计方面的工作（粮农组织，2016）。下表确定了可记录在此类信息系统中的养殖型和野生近缘种的信息类型。

养殖型信息	野生近缘种信息
响应者——提供信息的人员姓名	响应者——提供信息的人员姓名
分类地位，属、种和养殖型	分类地位，属和种
养殖型的遗传特征	野生近缘种的遗传状况和特征
养殖型来源，来自野生或水产养殖	野生近缘种来源，本地或引进
繁育历史	迁移模式
区别特征和通用名	指定种群名称和区别特征
养殖地点	发生记录
养殖系统	栖息地、分布和范围
生产时间序列	开发或利用
丰度	状况、现存和丰度
更多信息来源	更多信息来源

关于水生遗传资源的全球信息系统尚不存在，在国家层面存在的此类系统并不全面，只包括关于主导生产的物种的信息。因此，需要建立一个汇总各国提供意见的新信息系统。这将需要人力和财政资源以及在许多领域进行重大的能力建设。

2.3　水生遗传资源在食品生产中的应用

本节主要基于从国别报告中收集的数据，并使用第 1 章中问卷总结的数据。问卷的这一部分包括 14 个问题，重点是确定当前和未来的生产趋势、关于水生遗传资源信息和数据的可用性、水产养殖中野生捕获的水生遗传资源的普遍程度以及遗传改良的影响。它还包括一些核心问题，这些问题要求各国对其国家目前和潜在用于水产养殖的水生遗传资源进行清查，包括这些水生遗传资源的交流状况及其野生近缘种的状况。

2.3.1　水产养殖中水生遗传资源信息的可用性

各国报告称，物种的命名通常是准确的、最新的，符合 ASFIS 物种列表。当各国按经济状况（图 2 - 1）和水产养殖生产水平分组时（数据未显示），这种情况在各地区（图2-2）相对一致。然而，各国报告称，在低于物种级别的命名上仍然存在不一致之处。

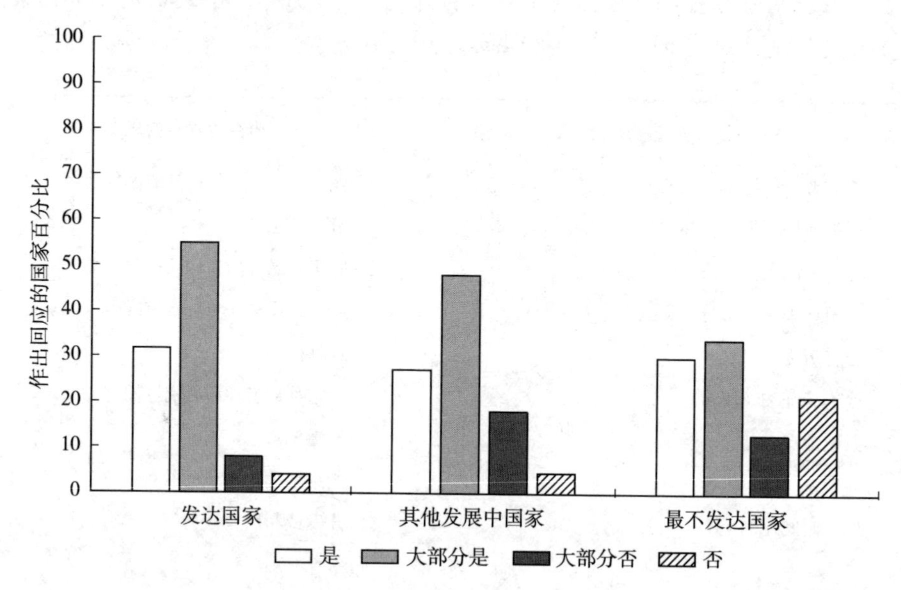

图2-1 各国回应显示其对水生物种和养殖型的命名是否准确和最新，按经济类别划分

资料来源：为《世界粮食和农业水生遗传资源状况》编写的国别报告：对问题3（$n=91$）的回应。

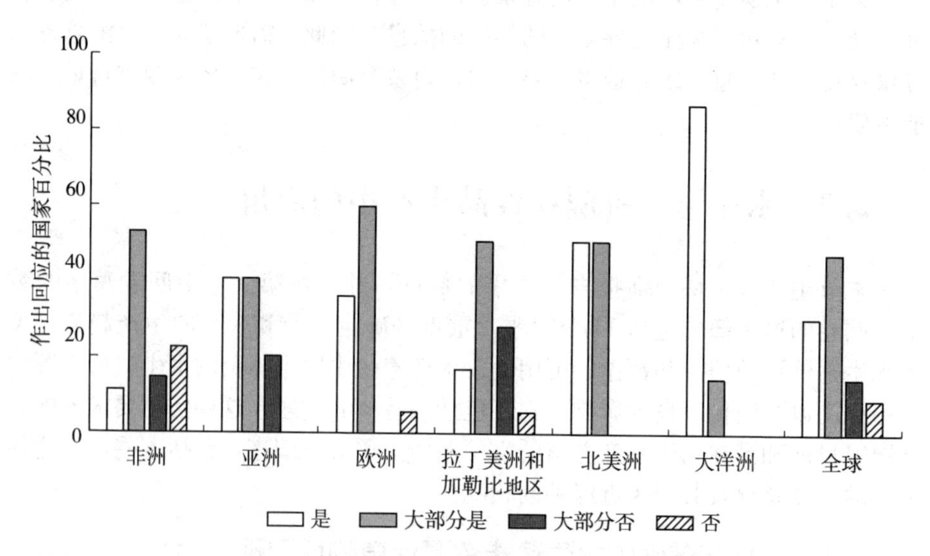

图2-2 各国回应显示其对水生物种和养殖型的命名是否准确和最新，按区域划分

资料来源：为《世界粮食和农业水生遗传资源状况》编写的国别报告：对问题3（$n=91$）的回应。

2.3.2　水产养殖中养殖物种的多样性

目前，各国向粮农组织报告的养殖水生物种清单包含来自内陆、海洋和沿海水域的 550 多种物种（表 1－9）。养殖水生物种在分类学上多种多样，来自多个分类门（表 1－11）。从生产数据可知，世界各地都在养殖水生物种，按照以往惯例，约有 130 个国家通过粮农组织成员每年提交的统计数据向粮农组织报告相关情况（粮农组织，2018a）。

作为一个独立于向粮农组织定期报告生产统计数据的过程，国别报告中关于养殖物种或物种类别清单的信息显示，在 10 种最常见的养殖物种或物种类别（图 2－3）中，有 8 种来自淡水栖息地，1 种甲壳动物和 1 种软体动物来自海洋环境。

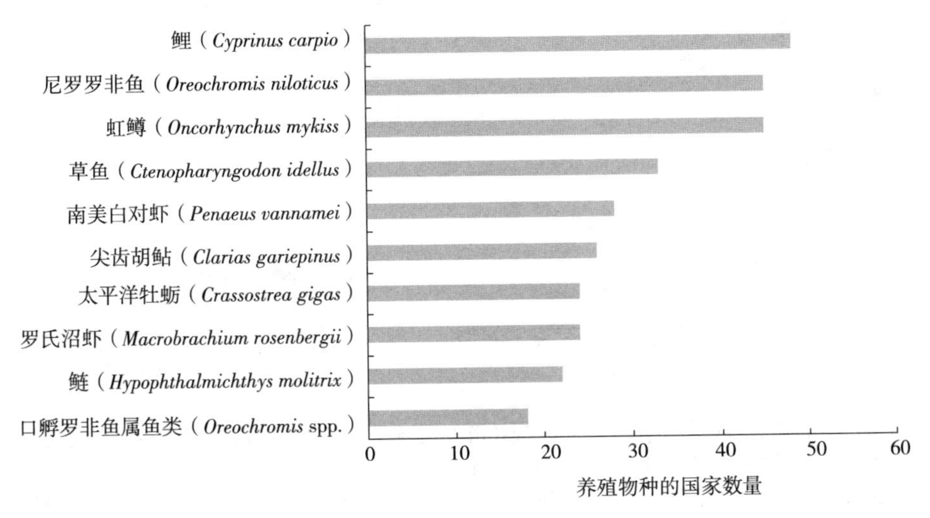

图 2－3　前十名被各国报告数量最多的水产养殖物种或物种类别

资料来源：为《世界粮食和农业水生遗传资源状况》编写的国别报告：对问题 9（$n=92$）的回应。

最常被报告养殖的两种鱼类是鲤（*Cyprinus carpio*）和尼罗罗非鱼（*Oreochromis niloticus*）。这两个物种都对全球水产养殖产量做出了重大贡献（表 1－13），并在世界各地广泛推广。事实上，许多常见的养殖物种并非大多数国家的本地物种（表 2－1）。

各国报告了 694 个物种或物种类别的养殖情况，比最近向粮农组织报告的生产数据多了 140 个。国别报告中报告的新物种或物种类别的实际数量为 207 个，并非 92 个报告国都报告其养殖了粮农组织 FishStatJ 数据库中记录的所有物种或物种类别。另外，44 个国家在其国别报告中报告的物种或物种类别数量少于 FishStatJ 中记录的该国水产养殖报告的数字（表 2－2）。

亚洲养殖的物种或物种类别最多（图 2－4），北美养殖的最少。按经济类别分类，“其他发展中国家”报告的养殖物种或物种类别最多。这些结果部分是由于来自不同区域的报告国家数量不同所致。然而，11 个主要生产国平均养殖的物种或物种类别数量高于其他 79 个报告的国家（图 2－5）。因此，经济发展水平与养殖的物种或物种类别数量之间几乎没有相关性，但有迹象表明水产养殖生产水平与养殖物种或物种类别的数量之间存在正相关（图 2－5）。很难确定因果关系，也就是说，很难确定这些国家的水产养殖产量是否很高，因为它们养殖的物种种类繁多，或者产量的增加是否促进了多样化。插文 3 总结了影响水产养殖中物种利用多样化的驱动因素的相关问题，Harvey 等（2017）对此进行了详细讨论。

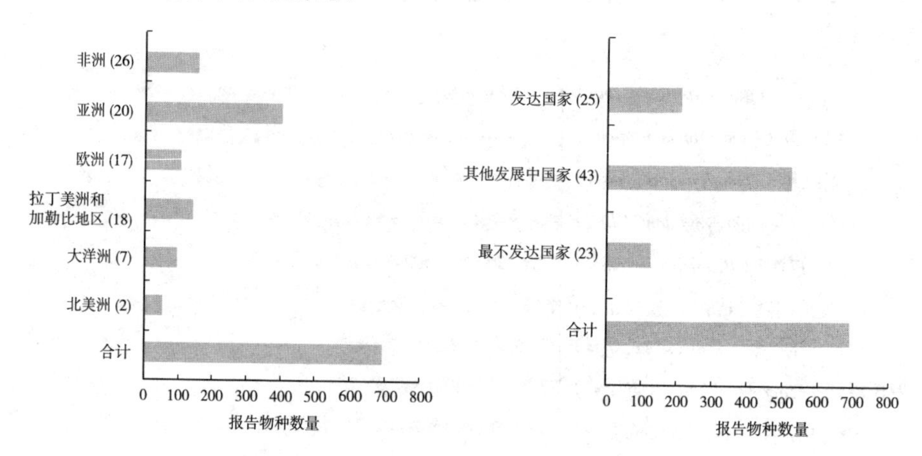

图 2－4　各国报告的按区域（左）和按经济类别（右）划分的养殖物种或物种类别数量

资料来源：为《世界粮食和农业水生遗传资源状况》编写的国别报告：对问题 9（$n=92$）的回应。

注：总数是报告的特有物种或物种类别的数量；一些物种在不止一个地区或经济类别中都有报告。括号中的数字表示该类别中的国家数。

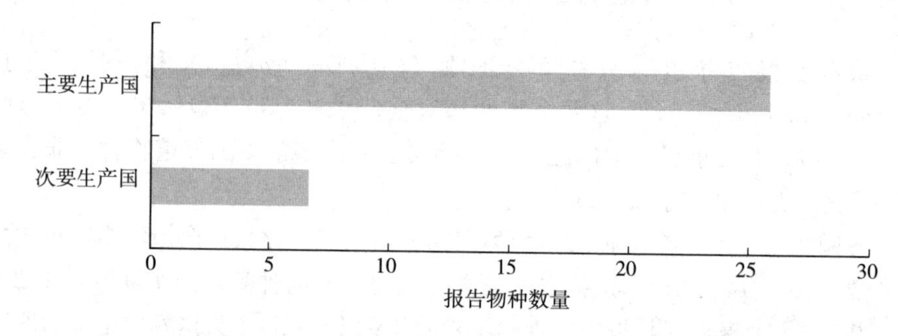

图 2－5　每个国家养殖的物种或物种类别的平均数量，按水产养殖生产水平划分

资料来源：为《世界粮食和农业水生遗传资源状况》编写的国别报告：对问题 9（$n=92$）的回应。

表 2-1 最常被报告养殖的十种物种或物种类别，以及它们属于本地或引进的报告国家数量

物种	本地	引进
鲤（*Cyprinus carpio*）	11	37
尼罗罗非鱼（*Oreochromis niloticus*）	12	33
虹鳟（*Oncorhynchus mykiss*）	5	40
草鱼（*Ctenopharyngodon idellus*）	3	30
尖齿胡鲇（*Clarias gariepinus*）	14	12
南美白对虾（*Penaeus vannamei*）	9	19
鲢（*Hypophthalmichthys molitrix*）	3	19
太平洋牡蛎（*Crassostrea gigas*）	4	20
罗氏沼虾（*Macrobrachium rosenbergii*）	11	13
罗非鱼［*Oreochromis*（= tilapia）spp.］*	3	15

资料来源：为《世界粮食和农业水生遗传资源状况》编写的国别报告：对问题 9（$n=92$）的回应。

* 罗非鱼（*Oreochromis* spp.）鱼类可能也含有尼罗罗非鱼（*O. niloticus*）。

在编写本书时，粮农组织邀请在发展背景下与水生遗传资源合作的国际组织提供反馈。结果收到 6 个组织的回应，根据这一情况，可以拟定一份区域合作中优先考虑的物种清单（见插文 8）。

插文 8 基于区域水产养殖组织反馈的国际和区域合作重点物种或物种类别

罗非鱼	例如，尼罗罗非鱼（*Oreochromis niloticus*）、奥利亚罗非鱼（*O. aureus*）、希拉纳罗非鱼（*O. shiranus*）、坦噶尼喀罗非鱼（*O. tanganicae*）、黄边罗非鱼（*O. andersonii*）、美味罗非鱼（*O. esculentus*）、莫桑比克罗非鱼（*O. mossambicus*）、杂色罗非鱼（*O. variabilis*），以及各种杂交养殖型
鲇鱼	尖齿胡鲇（*Clarias gariepinus*）、斑点胡鲇（*C. macrocephalus*）
鲤科鱼	鲤（*Cyprinus carpio*）、露斯塔野鲮（*Labeo rohita*）、维多利亚野鲮（*L. victorianus*）、卡特拉鲃（*Catla catla*）、鲢（*Hypophthalmichthys molitrix*）、鳙（*H. nobilis*）、莫氏钝齿鱼（*Amblypharyngodon mola*）
鲑科鱼	褐鳟（*Salmo trutta*）
淡水虾	罗氏沼虾（*Macrobrachium rosenbergii*）
半咸水/海洋甲壳动物	斑节对虾（*Penaeus monodon*）*、南美白对虾（*P. vannamei*）、南美蓝对虾（*P. stylirostris*）、远海梭子蟹（*Portunus pelagicus*）、青蟹（*Scylla* spp.）

（续）

软体动物	太平洋牡蛎（*Crassostrea gigas*）、砗磲（*Tridacna* spp.）、珠母贝（*Pinctada margaritifera*）、鲍（*Haliotis* spp.）
半咸水/海洋鳍鱼	尖吻鲈（*Lates calcarifer*）、遮目鱼（*Chanos chanos*）、石斑鱼（*Epinephelus* spp.）、篮子鱼（*Siganus* spp.）

资料来源：维多利亚湖渔业组织、湄公河委员会、亚太水产养殖中心网、太平洋共同体、东南亚渔业发展中心和世界鱼类中心提交的报告。

*需要认识到，一些组织已将对虾属（*Penaeus*）的一些物种归为其他属，例如滨对虾属（*Litopenaeus*）。为了与 ASFIS 和 FishStatJ 保持一致，报告保留了许多此类海虾的对虾属分类。

2.3.2.1 本地和引进物种多样性

引进物种在水产养殖生产中发挥着重要作用（另见第 2.6 节）。国别报告指出，总体而言，约有 200 种物种或物种类别在其引进国（即非本土）养殖，近 600 种物种或物种类别在其本土养殖（图 2－6）。各国有 1 000 多份关于养殖本地物种或物种类别的报告，以及超过 600 份关于养殖引进物种或物种类别的报告（图 2－6）。尽管有更多关于养殖本地物种的报告，但在报告最广泛的 10 种养殖物种中，有 9 种是非本地国家比本地国家报告的频率更高。

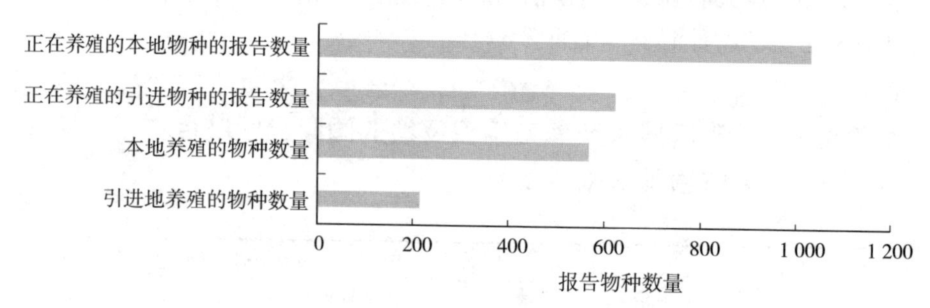

图 2－6　水产养殖中报告的本地和引进物种数量

资料来源：为《世界粮食和农业水生遗传资源状况》编写的国别报告：对问题 9（$n=92$）的回应。

2.3.2.2 物种生产趋势

问卷中的几个问题记录了所有物种的生产趋势。众所周知，水产养殖产量正在增长，这一趋势预计将持续下去（粮农组织，2018b）。国别报告表明，清单中包括的绝大多数物种的产量一直在增长，预计还将继续增长（图 2－7）。

然而，一些国别报告称，他们已经停止了某些物种或物种类别的养殖，例如，腹角扇贝（*Argopecten ventricosus*）、四脊滑螯虾（*Cherax quadricarinatus*）、军曹鱼（*Rachycentron canadum*）、太平洋牡蛎（*Crassostrea gigas*）、草鱼（*Ctenopharyngodon idellus*）、鲢（*Hypophthalmichthys molitrix*）、鳙

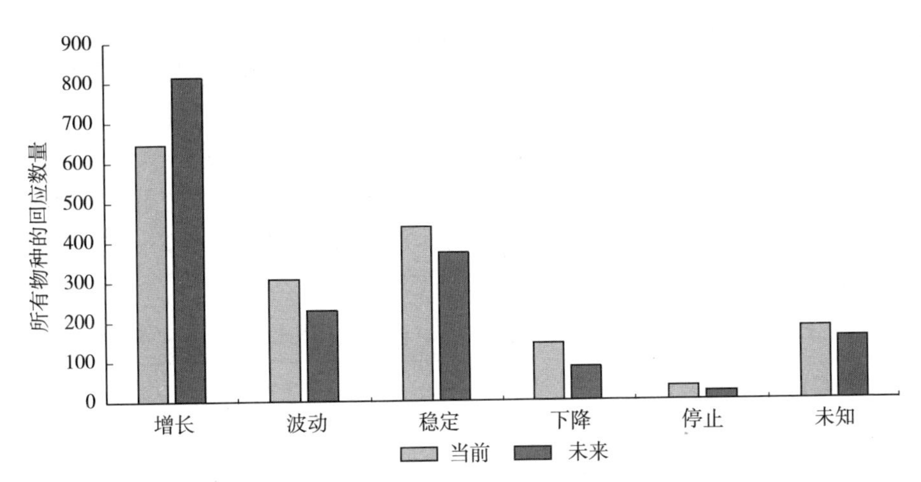

图 2-7　各国报告所有养殖物种的当前和预测未来产量趋势

资料来源：为《世界粮食和农业水生遗传资源状况》编写的国别报告：对问题 9（$n=92$）的回应。

(*H. nobilis*)、绿光等鞭金藻（*Isochrysis galbana*）、近缘新对虾（*Metapenaeus affinis*）和奥利亚罗非鱼（*Oreochromis aureus*）。应当指出的是，在每个案例中，只有一个国家报告了停止这些物种的养殖。此外，由于没有提供任何理由，无法表明任何趋势。

按国家经济类别对所有物种的生产趋势进行的分析表明，在发展中国家和最不发达国家，最普遍的回应是产量在增长。而发达国家最普遍的回应是产量稳定（图 2-8）。

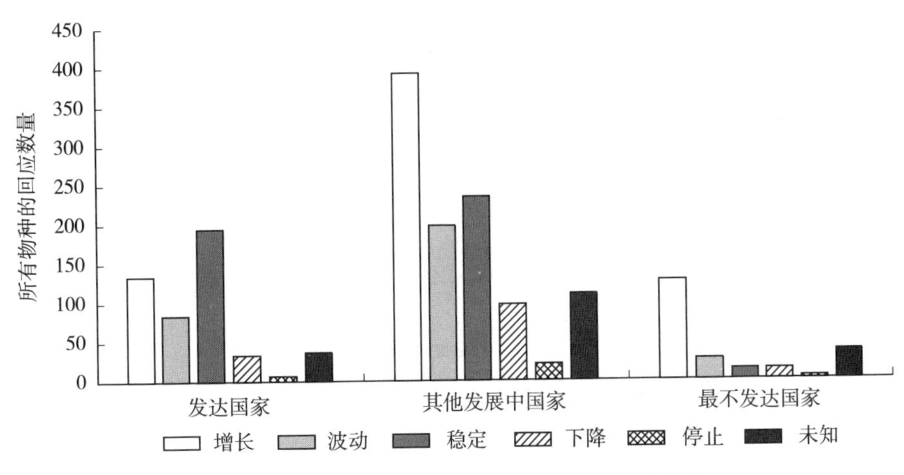

图 2-8　按经济类别记录的所有物种的产量趋势

资料来源：为《世界粮食和农业水生遗传资源状况》编写的国别报告：对问题 9（$n=92$）的回应。

国别报告不仅反映了当前的国家报告信息（例如，粮农组织 FishStatJ 数据库所示；粮农组织，2018a)，也包含了以前未向粮农组织报告的其他信息（表 2-2)。如上所述，许多国家报告的养殖物种或物种类别数量超过了粮农组织定期统计调查报告的数量，并提到了目前未列入 ASFIS 的物种或物种类别（表 2-2、图 2-9 和图 2-10)。图 2-9 显示，亚洲以前未记录的物种或物种类别数量最多，其次是非洲，两个北美国家的数量最少。表 2-3 列出了未列入 ASFIS 清单的物种或物种类别数量最多的 10 个国家。

表 2-2 关于物种和养殖型的国家报告摘要，包括与定期水产养殖产量报告的比较

项目	国家	示例	备注
记录养殖物种数量超过 FishStatJ 记录的国别报告数量	44		依据 2000 年以来该国生产的国别报告中 FishStatJ 未报告的物种
记录养殖物种少于 FishStatJ 记录的国别报告数量	44		依据 FishStatJ 2000 年的报告
以前从未向粮农组织报告过养殖物种的报告数量（即未列入 FishStatJ）	253 条记录（207 个物种或物种类别）	**鳍鱼** 哈恩胡鲇（*Clarias jaensis*）（喀麦隆——鲇鱼）； 砂栖胡鲇（*Clarias magur*）（印度——鲇鱼） **软体动物** 皱纹盘鲍（*Haliotis discus hannai*）（中国和韩国——鲍鱼） **甲壳动物** 马龙螯虾（*Cherax cainii*）（澳大利亚——淡水小龙虾） **植物** 丝粉藻（*Cymodocea rotundata*）和齿叶海神藻（*C. serrulata*）（肯尼亚——海草）； 刺麒麟菜（*Eucheuma spinosum*）（菲律宾——红藻） **微藻** 绿光等鞭金藻（*Isochrysis galbana*）（阿根廷、比利时、埃及、基里巴斯、摩洛哥、荷兰、巴拿马、汤加） **其他** 白海胆（*Heliocidaris erythrogramma*）（澳大利亚——海胆）； 花伞软珊瑚（*Xenia* sp.）（马达加斯加——珊瑚）	这代表了所有报告国的物种记录总数 几个新报告的物种在不止一个国家重复报告

（续）

项目	国家	示例	备注
被报告为显著遗传改良的物种或物种类别数量	532	见插文 9	国别报告中记录的物种的任何遗传分化或干预。包括品系/变种、选育品系、杂交种和多倍体（基于问题 8 重点关注重要示例）
报告的养殖型总数	1 085	见插文 9	国别报告中记录的物种的任何遗传分化或干预。包括品系/品种、选育品系、杂交种和多倍体（基于问题 9 所有示例）

资料来源：为《世界粮食和农业水生遗传资源状况》编写的国别报告：对问题 8 和问题 9（$n=92$）的回应。

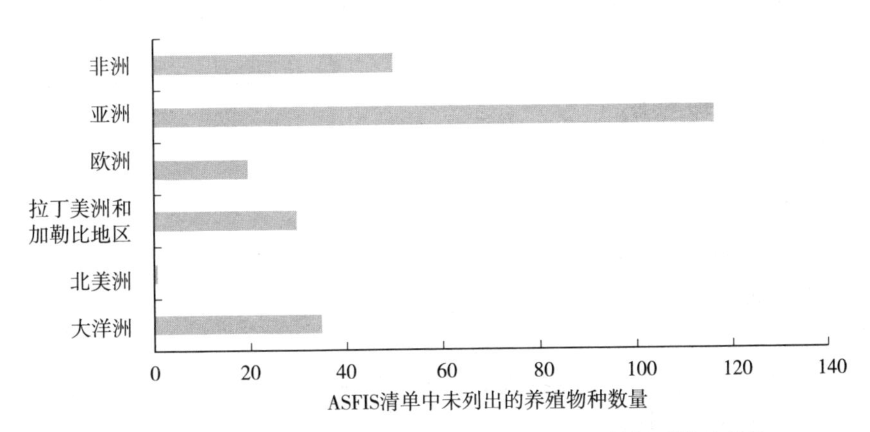

图 2 - 9　根据国别报告中未列入水产科学与渔业情报系统清单的物种或物种类别数量记录总数，按区域划分

资料来源：为《世界粮食和农业水生遗传资源状况》编写的国别报告：对问题 9（$n=92$）和 ASFIS 清单（ASFIS 渔业统计物种清单；2018 年 2 月版：www.fao.org/fisher/collection/ASFIS/en）的回应。

此前未向粮农组织报告的最大群体的物种或物种类别是观赏鱼（29%）和微藻（25%）。由于 FishStatJ 专注于为食用而养殖的物种或物种类别，因此通常不会列出仅为观赏产业而养殖的品种。以前未报告的物种包括相当大比例的食用鳍鱼和甲壳动物（分别为 12.6%和 6.3%）。

国别报告中提到的物种类别可能不在 ASFIS 清单上，或者以前没有报告过，因为它们可能：

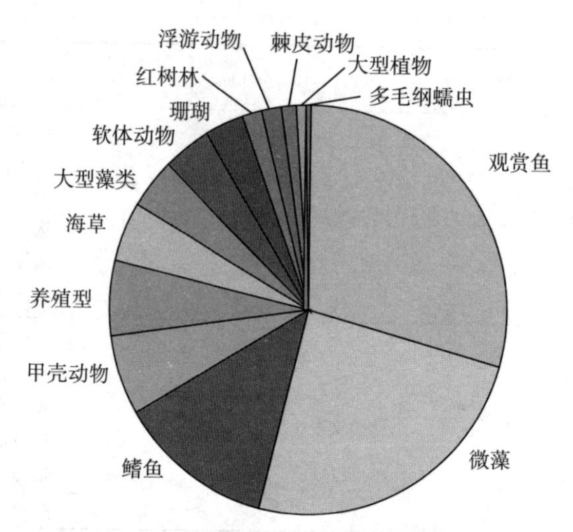

图 2-10 国别报告中报告的 253 种物种中不同类型的物种，此前未报告为生产物种（即 FishStatJ 数据库中从未报告）

资料来源：为《世界粮食和农业水生遗传资源状况》编写的国别报告：对问题 9（$n=92$）的回应。

注：鳍鱼代表可食用的鳍鱼；养殖型主要是通常向粮农组织报告的物种，但该国在这里将其报告为养殖型，而不是按物种报告。

- 产量有限；
- 主要用于研究；
- 拥有本地化的利基市场；
- 是观赏物种；
- 是微生物；
- 被错误命名或报告为品系或其他养殖型的非标准命名；
- 是正在养殖的新物种。

国别报告清楚地表明，目前使用的水生生物遗传多样性比以前认识到的要多。然而，许多国别报告中通过《世界状况进程报告》的物种或物种类别数量与通过常规提交 FishStatJ 统计数据报告的数量之间的差异表明，改善国家层面水产养殖统计数据的协调非常重要。

表 2-3 报告未列入水产科学与渔业情报系统清单的物种或物种类别最多的十个国家

国家	国别报告中报告的物种或物种类别数量	ASFIS 中报告的物种或物种类别数量	ASFIS 中未报告的物种或物种类别数量
泰国	117	70	47
肯尼亚	33	14	19
斯里兰卡	39	24	15

（续）

国家	国别报告中报告的物种或物种类别数量	ASFIS 中报告的物种或物种类别数量	ASFIS 中未报告的物种或物种类别数量
菲律宾	54	39	15
越南	67	55	12
马达加斯加	26	15	11
日本	22	15	7
印度尼西亚	41	34	7
危地马拉	17	10	7
巴拿马	32	26	6

资料来源：为《世界粮食和农业水生遗传资源状况》编写的国别报告：对问题 9（$n=92$）和 ASFIS 清单（ASFIS 渔业统计物种清单。2018 年 2 月版：http：//www.fao.org/fishery/collection/asfis/en）的回应。

表 2-4　国别报告中已报告，但水产科学与渔业情报系统清单中未报告的杂交种

国家	通用名	学名
巴西	鲇鱼	网纹鸭嘴鲇（*Pseudoplatystoma reticulatum*）×南美鸭嘴鲇（*P. corruscans*）（含正反交）
	鲇鱼	网纹鸭嘴鲇（*P. reticulatum*）×红尾护头鲿（*Phractocephalus hemioliopterus*）
加拿大	扇贝	风向标扇贝（*Patinopecten caurinus*）×虾夷盘扇贝（*P. yessoensis*）
德国	红点鲑	北极红点鲑（*Salvelinus alpinus*）×美洲红点鲑（*S. fontinalis*）
日本	鳟鱼	虹鳟（*Oncorhynchus mykiss*）×威海鳟（*Salmo trutta*）
老挝人民民主共和国	黑鱼	小盾鳢（*Channa micropeltes*）×线鳢（*C. striata*）
马来西亚和越南	石斑鱼	鞍带石斑鱼（*Epinephelus lanceolatus*）×橘点石斑鱼（*E. coioides*）（含正反交）
	石斑鱼	鞍带石斑鱼（*E. lanceolatus*）×褐点石斑鱼（*E. fuscoguttatus*）
泰国	鲇鱼	蟾胡鲇（*Clarias batrachus*）×斑点胡鲇（*C. macrocephalus*）

资料来源：为《世界粮食和农业水生遗传资源状况》编写的国别报告：对问题 9（$n=92$）的回应。
注：列在前面的是母本。含正反交意味着相同的杂交种也可以使用另一亲本物种作为母本。

2.3.2.3　养殖型——杂交种报告产量

一些国家报告了杂交种项目（表 2-4）。目前，ASFIS 包含 11 个杂交种

（表2-5）；然而，各国并不总是在其年度生产报告中提供这些杂交种的生产信息。

表2-5　水产科学与渔业情报系统中的杂交种列表，以及是否向粮农组织报告生产数据并将其纳入FishStatJ的说明

科	学名	粮农组织英文名	粮农组织数据库中记录的生产数据
鳢科	斑鳢（*Channa maculata*）×乌鳢（*C. argus*）		否
脂鲤科	细鳞肥脂鲤（*Piaractus mesopotamicus*）×大盖巨脂鲤（*Colossoma macropomum*）	Tambacu，杂交种	是
脂鲤科	大盖巨脂鲤（*Colossoma macropomum*）×短盖肥脂鲤（*Piaractus brachypomus*）	Tambatinga，杂交种	是
脂鲤科	细鳞肥脂鲤（*Piaractus mesopotamicus*）×短盖肥脂鲤（*P. brachypomus*）	Patinga，杂交种	否
丽鱼科	奥利亚罗非鱼（*Oreochromis aureus*）×尼罗罗非鱼（*O. niloticus*）	Blue - Nile tilapia，杂交种	是
丽鱼科	黄边罗非鱼（*Oreochromis andersonii*）×尼罗罗非鱼（*O. niloticus*）		否
胡鲇科	尖齿胡鲇（*Clarias gariepinus*）×斑点胡鲇（*C. macrocephalus*）	Africa - bighead catfish，杂交种	是
鮰科	斑点叉尾鮰（*Ictalurus punctatus*）×长鳍叉尾鮰（*I. furcatus*）	Channel - blue catfish，杂交种	否
狼鲈科	金眼狼鲈（*Morone chrysops*）×条纹狼鲈（*M. saxatilis*）	Striped bass，杂交种	是
长须鲇科	南美鸭嘴鲇（*Pseudoplatystoma corruscans*）×网纹鸭嘴鲇（*P. reticulatum*）		否
长须鲇科	云纹滑油鲇（*Leiarius marmoratus*）×网纹鸭嘴鲇（*Pseudoplatystoma reticulatum*）		否

资料来源：粮农组织（2018a）和ASFIS清单（ASFIS渔业统计用物种清单，2018年2月版本：www.fao.org/fishery/collection/asfis/en）。

2.3.2.4　养殖型——品系报告产量

ASFIS清单不包括品系，然而，一些国别报告列出了许多已命名的养殖型物种（见关于品系的插文9）。

插文 9　水产养殖中的品系

在陆地农业中，动物和植物已被驯化为易识别的繁育种和变种（例如，安格斯牛、班图猪、茉莉香米和卷心莴苣）。《世界粮食和农业动物遗传资源状况第二次报告》指出，目前有 8 000 多种养殖繁育种（哺乳动物和鸟类）（粮农组织，2015）。

就植物遗传资源而言，有 700 多万种陆地作物或与作物相关的物种，其中 25%～30%是独特的（粮农组织，2010）。根据粮农组织（1997）统计：

据估计，水稻品种［稻属（*Oryza* spp.）］的变种数量从数万到超过 10 万不等（尽管其中一些品种可能区别并不明显）。至少有 7 种不同的蔬菜（羽衣甘蓝、花椰菜、卷心菜、布鲁塞尔芽甘蓝、球茎甘蓝、西兰花和皱叶甘蓝）来源于单一的野生甘蓝物种——甘蓝（*Brassica oleracea*）。

尽管有养鱼户使用甚至开发自己的品系的例子，但在水产养殖中，很少有全球公认的标准化品系，也没有一致的标准来识别和命名品系。鲤（*Cyprinus carpio*）是一个显著的例外，镜鲤、鳞鲤、无鳞鲤和野生型被广泛认可（Bakos 和 Gorda，2001）。不同品种鲤鱼的遗传基础也已为人所知。

水产养殖中的品系应是独特、稳定和可复制的（见插文 2）。也就是说，如果镜鲤与镜鲤繁殖，后代将是更多的镜鲤。因此，即使单性种群、杂交种和三倍体是不同的，但也不应被视为品系，因为它们不能繁育出相同的后代。《世界植物状况报告》（粮农组织，2010）和《动物遗传资源报告》（粮农组织，2015）依靠标准化和公认的繁育种和变种描述来评估粮食和农业遗传资源。水产行业在建立、识别和推广水生物种品系方面远远落后。识别具有已知特征的品系的系统极具价值，有助于水产养殖以可持续和高效的方式发展。目前已经提出了一个具有不同特征的品系登记册，这可能是获得更准确的水生遗传资源信息和提高水生遗传资源产量的第一步（见第 2.2 节）。

应用插文 2 中的定义，这些养殖型中的几种不应被认定“品系”，例如，单性罗非鱼、杂交耐寒罗非鱼、遗传雄性罗非鱼，以及全雌性大西洋鲑（*Salmo salar*）和杂交鲇鱼。

各国还报告了可被视为品系的养殖型。不出所料，鲤鱼经常被列入名单。来自中国的常见鲤鱼品种包括丰鲤、荷元鲤、白原鲤、芙蓉鲤、越鲤、金鲤、花白镜鲤、松浦镜鲤和福瑞鲤。印度尼西亚报告了 7 种供人类食用的鲤鱼，即

Rajadanu、Jaya Sakti、Mantap、Marwana、Najawa、Majalaya 和 Sinyonya，每个品系都具有特定的优势性状，例如，抗病性、生长速度快或繁殖力强。捷克报告称，该国共有 20 种已登记的鲤鱼品系。

尼罗罗非鱼（*Oreochromis niloticus*）是各国鉴定为品系的另一个物种。菲律宾报告了遗传改良养殖罗非鱼（GIFT）和其他选育的尼罗罗非鱼品系，它们分别是 FAST、GET - Excel、BEST 200、GenoMar 超级罗非鱼和 SEAFDEC 超级罗非鱼。据报告，与未改良的品系相比，这些品系具有优越的生长速率或环境耐受性。菲律宾还报告了一种红色罗非鱼品种，耐盐的 Molobicus 和 iBEST，以及一种耐寒的罗非鱼。这些品系来源于种间杂交或种内杂交罗非鱼品系/物种。

捷克报告称，不仅使用了鲤鱼品系，还使用了 7 种丁鱥（*Tinca tinca*）品系和一种白化鲇鱼［欧鲇（*Silurus glanis*）］品系。

一些国别报告将亚种列为养殖种或野生近缘种。一些分类学家建议取消亚种一词的使用，因为它的应用和用法不一致（N. Baily，世界鱼类数据库协调员，个人通讯，2016）。

2.3.2.5 对水产养殖具有潜在重要性的物种

关于具有驯化潜力和未来可在水产养殖中使用的物种的问题，各国确定了几种此类物种。其中一些是在其他国家养殖但尚未在特定报告国养殖的物种的野生近缘种；其他物种目前正在研究所或私营企业的试点项目中研发。

最常被报告为未来驯化和用于水产养殖的候选物种是鲻（*Mugil cephalus*）。最常被报告为候选物种的 10 种物种是（报告的国家数量）：

- 鲻（*Mugil cephalus*）（19）；
- 白梭吻鲈（*Sander lucioperca*）（12）；
- 河鲈（*Perca fluviatilis*）（11）；
- 尼罗尖吻鲈（*Lates niloticus*）（9）；
- 遮目鱼（*Chanos chanos*）（8）；
- 尼罗异耳鱼（*Heterotis niloticus*）（8）；
- 军曹鱼（*Rachycentron canadum*）（8）；
- 尖齿胡鲇（*Clarias gariepinus*）（7）；
- 欧洲鳎（*Solea solea*）（7）；
- 大菱鲆（*Psetta maxima*）。

这些生物都是鳍鱼，分布于海洋、沿海和内陆地区。国别报告经常列出一个感兴趣的属，而没有列出具体物种。例如，14 个国别报告称石斑鱼属（*Epinephelus* spp.）具有未来潜力，7 个国家提到笛鲷属（*Lutjanus* spp.），6 个国家提到沼虾属（*Macrobrachium* spp.），5 个国家提到锯盖鱼属（*Centropomus* spp.）。

Pullin（2017）审查了建立未来驯化优先级的模型，其中包括考虑新物种养殖时重要的生长和经济参数。然而，这些模型在预测哪些物种应用于水产养殖方面存在局限性。Pullin 提出了用于鉴定适合培养的物种的其他标准，例如，最大长度、生长性能、营养指标、栖息水体、温度耐受性和其他一般考虑因素（例如，培养的难易度）。有趣的是，根据拟议的标准，Pullin 确定了一种具有潜力的河鲻鱼，尽管这不是国别报告中确定的物种之一。

2.4　用于养殖水生遗传资源表征和利用的遗传技术

相比于陆地遗传多样性，可能有更多的遗传技术可以应用于水生遗传资源。传统的选育和杂交（种间杂交和种内杂交）方法正在应用，但也有容易操纵倍性和性别的方法。值得注意的是，第一批用于商业食品生产的转基因动物是鱼类。

遗传技术可应用于水产养殖，以提高产量、控制繁殖，改善适销性，在供应链中具有更准确和有效的可追溯性；可改善对疾病和寄生虫的抗性，提高资源利用效率，以及可更好地鉴定和表征水生遗传资源（表2-6）。在水产养殖基于基因组的生物技术专题背景研究中，对其中一些技术进行了伦理、监管和立法方面的考量。①

一些技术可以用于当前短期收益，而其他技术则可以随着遗传改良的积累获取长期收益（表2-6）。尽管应用于养殖物种的新的基因编辑技术正在出现（Wargelius 等，2016），但尚未在商业水产养殖中广泛应用。应用所有遗传技术的基本要求是具有在受控条件下（即在养殖场或孵化场条件下）繁殖物种的能力。

表2-6　可用于长期和短期改善养殖型关键性状表现的遗传技术以及某些养殖水生物种的指示性反应

应用选择性育种的长期目标	
生长率	经过十代选育，银大麻哈鱼（*Oncorhynchus kisutch*）上市时间提前了50%左右；金头鲷（*Sparus aurata*）混合选择每代生长率提高了20%；大西洋鲑（*Salmo salar*）五代后生长率提高了113%，饲料效率也有所提高（Hulata，1995；Tave，1989；Thodesen 等，1999）
	智利牡蛎（*Ostrea chillensis*）通过鲜重和壳长的混合选育发现，一代的生长率提高了10%～13%（Toro、Aguila 和 Vergara，1996）

① 关于遗传技术的这一部分主要借鉴了 Zhanjiang Liu 在2017年的专题背景研究：水产养殖中基于基因组的生物技术（也可在 www.fao.org/3/a-bt490e.pdf 上获取）。

（续）

应用选择性育种的长期目标	
体型	鲤（*Cyprinus carpio*）、斑点叉尾鮰（*Ictalurus punctatus*）和虹鳟（*Oncorhynchus mykis*）具有较高的遗传力（Tave，1995；Colihueque 和 Araneda，2014）
生理耐受性（应激）	虹鳟（*Oncorhynchus mykiss*）显示血浆皮质醇水平升高（Overli 等，2002） 鲤（*Cyprinus carpio*）对水肿病的抵抗力增强（Kirpichnikov，1981）
抗病性	南美白对虾（*Penaeus vannamei*）选育后，抗桃拉综合征存活率增加（Fjalestad 等，1997）；数量性状基因座（QTL）标记辅助选育方案使挪威大西洋鲑（*Salmo salar*）感染性胰腺坏死减少 50%（Moen 等，2009）。由 Robinson、Gjedrem 和 Quillet 审核（2017）
成熟度和产卵时间	虹鳟（*Oncorhynchus mykiss*）的产卵期提前了 60 天（Dunham，1995）
耐污染性	从抗重金属的品系中选育的尼罗罗非鱼（*Oreochromis niloticus*）后代存活率是未选育品系后代的 3～5 倍（Lourdes、Cuvin Aralar 和 Aralar，1995）
短期策略	
杂交育种（种内交配，见插文 10）	斑点叉尾鮰（*Ictalurus punctatus*）和虹鳟（Oncorhynchus mykiss）杂交种的生长性能分别提高 55%和 22%（Dunham，1995） 野生金头鲷（*Sparus aurata*）×孵化场金头鲷，杂交种生长性能改善（Hulata，1995） 斑点叉尾鮰（*Ictalurus punctatus*）和鲤（*Cyprinus carpio*）的杂交繁育种显示生长性能提高了 30%～60% 罗非鱼（*Oreochromis* spp.）的杂交繁育种耐盐性和颜色提升（Pongthana、Nguyen 和 Ponzoni，2010） 尼罗罗非鱼（*Oreochromis niloticus*）×奥利亚罗非鱼（*O. aureus*），杂交种显示出偏高的雄性率（Rosenstein 和 Hulata，1993）
杂交育种（种间交配，见插文 10）	金眼狼鲈（*Morone chrysops*）× 条纹狼鲈（*M. saxatilis*），杂交种的生长速度更快，总体培养性状优于亲本（Smith，1988） 斑点胡鲇（*Clarias macrocephalus*）×尖齿胡鲇（*C. gariepinus*），杂交种表现出提升消费者接受度的形态学特征（Dunham，2011） 所有雄性尼罗罗非鱼（*Oreochromis niloticus*）的产量提高了近 60%，这取决于养殖系统，几乎没有多余的自我繁殖和发育迟缓（Beardmore、Mair 和 Lewis，2001；Lind 等，2015）
性逆转和繁殖	全雌虹鳟（*Oncorhynchus mykiss*）生长速度更快，肉质更好（Sheehan 等，1999） 三倍体虹鳟（*Oncorhynchus mykiss*）和斑点叉尾鮰（*Ictalurus punctatus*）提高了生长和转化效率；三倍体尼罗罗非鱼（*Oreochromis niloticus*）的生长性能比二倍体提高 66%～90%，并显示出性别二态性降低（Dunham，1995）

（续）

应用选择性育种的长期目标	
染色体操纵	三倍体太平洋牡蛎（*Crassostrea gigas*）的生长比二倍体性能提高了13%～51%，由于性腺减少，其适销性更好（Guo 等，2009） 多倍体化使某些种间杂交产生不育后代（Wilkins 等，1995）
基因转移/转基因	带有红大麻哈鱼（*O. nerka*）的生长激素基因和启动子的银大麻哈鱼（*Oncorhynchus kisuch*）生长速度是非转基因鱼的 11 倍（0～37 范围浮动）（Devlin 等，1994） 含有大鳞大麻哈鱼（*Oncorhynchus tshawytscha*）生长激素编码基因的大西洋鲑（*Salmo salar*）的初始生长速度是选择性育种鱼类的两倍（Tibbetts 等，2013）

插文 10　种内杂交和种间杂交的术语用法

杂交是一个经常会产生混淆的术语。此插文试图引入一定程度的术语标准化。hybrid 和 crossbred 这两个术语通常是同义词，但最准确的定义和区分是分别指种间杂交和种内杂交。两个物种（种间杂交）或同一物种的两个品系（种内杂交）之间的第一代杂种称为 F1（种间杂交或种内杂交）。F1 之间的杂交被称为 F2，F2 之间的杂交称为 F3，以此类推。在 F1、F2 和 F3 中，系内的平均遗传贡献保持在每个原始亲本物种的 50%，但随着种间杂交/种内杂交后代的数量的增加，种间杂交或种内杂交后代的表型变得难以预测，也变得更加多变。此外，种间杂交或种内杂交可以回交或与另一物种或品系杂交，从而改变源种/品系的相对遗传贡献，使表型更不可预测，更具变数。因此，继续将这些后代称为杂种或杂交后代可能会令人困惑，这里建议将 F2 种间杂交或种内杂交后代以外的任何后代称为渗入种或品系。

2.4.1　养殖型的产生和应用

水产养殖者可以获得几种养殖型的水生生物。除了选择性育种的生物外，这些养殖型还包括多倍体（Tiwary、Kirubaran 和 Ray，2004）、杂交种（Wohlfarth，1994；Bartley、Rana 和 Immink，2001）和单性体群（Mair 等，1995）。建议将“养殖型”这一通用术语（粮农组织，2016）作为一个包容性术语，包括可用于水产养殖的转基因和野生型生物的多样性。许多水生养殖型与野生型相似，即在被驯化或驯化过程中，与野生近缘种相比，它们的遗传变化相对较小。据报告，不到10%的水产养殖产量是基于家系选择性育种方案产生的遗传改良品系（Gjedrem和Robinson，2014）。这一说法在一些论坛中被误解为90%的水产养殖是未经改良的野生型物种。

国别报告提供了关于清单中报告的每种物种的养殖型的信息。这些回应表明，事实上，在与物种相关的回应中，约60%的物种在某种程度上支撑着遗传资源，其余40%的物种被报告为野生型（图2-11）。这些数据与Gjedrem等的报告没有直接的可比性。因为前者涉及养殖物种的比例，而后者是基于家族型的选择性育种方案产生的产量比例。尽管如此，国别报告的这一发现似乎表明，在很大一部分水产养殖物种中，正在利用遗传改良或以某种方式管理的养殖型，因此，通过推断，很大一部分的水产养殖产量来自此类养殖型。这一比例可能比以前想象的要高，但遗憾的是，无论是国别报告还是向粮农组织定期报告的数据，都无法分析野生型与遗传改良型的产量，也无法分析遗传方案产生的收益。

选择性育种是一种传统遗传技术，在水产养殖中应用历史最长，也是各国报告的遗传技术应用的最常见形式（图2-11）。选择性育种允许每一代积累遗传增益。因此，对于品系改良和驯化来说，这是一个很好的长期策略，而且通常是一个成本效益很高的策略（Gjedrem和Robinson，2014）。

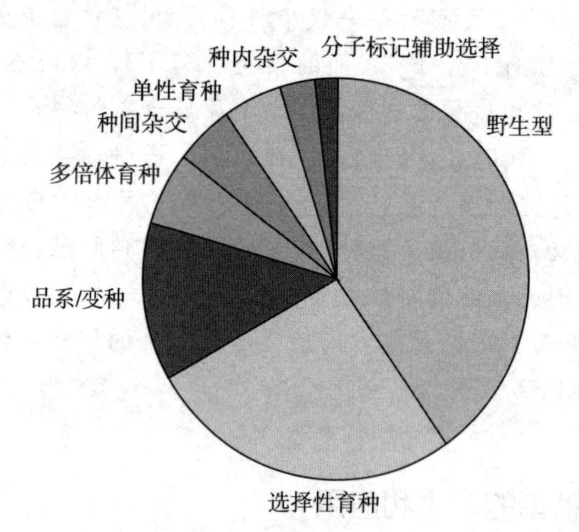

图2-11 各国报告用于水产养殖的所有物种不同养殖型的使用情况

资料来源：为《世界粮食和农业水生遗传资源状况》编写的国别报告：对问题9（$n=92$）的回应。
注：在一个国家内，物种可以被列为一种以上的养殖型，并记录每个物种的所有养殖型。

事实证明，通过应用数量遗传学原理，选择性育种在提高农业植物和动物的性状方面是有效的；选择性养殖也使水产养殖物种受益。例如，大西洋鲑（*Salmo salar*）的选择性育种在实施挑战试验时，每代的生长速度和抗病性的遗传增益都大于 12%（Gjedrem 和 Robinson，2014）。与植物和牲畜相比，水生物种的遗传增益较大的主要原因是它们的繁殖力相对较高，允许更高的选择强度；许多商业上重要的性状具有较高的标准差和较高的遗传变异水平（Gjedrem 和 Baranski，2010；Gjedren，2012）。尽管选择性育种具有既定的收益和诱人的投资回报，但 Gjedrem（2012）对水产养殖中使用遗传改良品系（即选择性育种）的采用率非常低表示遗憾。他估计，1997 年，只有 1%的产量是基于遗传改良品系，到 2002 年，这一估计增加到 5%，到 2010 年，增加到 8.2%。Gjedrem 推测，水生物种选择性育种采用率相对较低的原因包括大多数国家对选择性育种的教育和培训的重视程度较低，关于水产养殖选育的令人印象深刻的回应文件和沟通不足，以及先进的生物技术方法将在短期内带来类似收益的信念，否定了长期育种方案的必要性。然而，许多这些生物技术方法，例如，基因组选择，将需要来自精心设计的选择性育种方案的谱系结构和表型数据，以便有效应用，从而可以最有效地提高选择性育种的效率和附加值。Gjedrem（2012）认为，“传统的选择性育种方案应继续成为未来遗传改良的基础，希望这些新技术能够有效地纳入这些方案，以进一步提高遗传增益”。Misztal（2007）阐述了动物育种中数量遗传学家短缺带来的挑战；毫无疑问，同样的挑战也适用于水产物种选择性育种的发展。由于快速发展的分子生物技术研究领域的吸引力可能会进一步加剧这一现象，因此可能需要特别关注数量遗传学方面的人力资源能力建设，以支持在水产养殖中更多地采用精心设计的选择性育种方案。

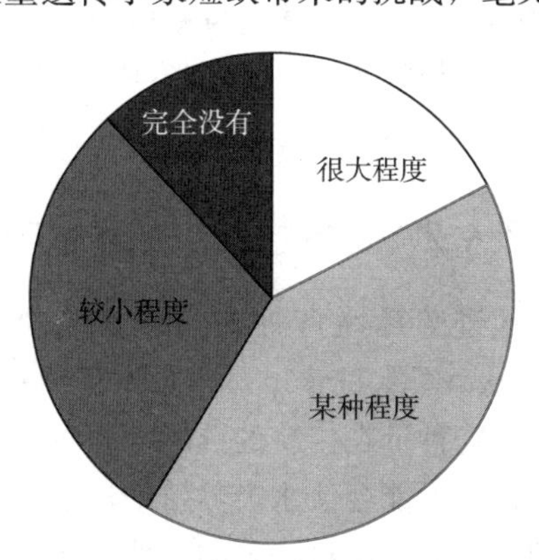

图 2 - 12　各国报告养殖水生生物来源于野生种苗或野生亲本的程度

资料来源：为《世界粮食和农业水生遗传资源状况》编写的国别报告：对问题 5（n=92）的回应。

除了养殖可能无法驯化的野生型物种外，许多水产养殖场或孵化场还依赖野生生物提供种苗、幼鱼和亲本①。在回答另一个关于野生捕获的亲本或种苗的使用程度的问题时，总体而言，89%的国别报告称水产养殖在“某种程度上”依赖于野生采集的水生生物（图 2 - 12）。

按区域进行的分析证实了在所

① 根据 Bilio（2008）的说法，一个生物体在养殖场或孵化场条件下需要三代交配才能被视为“驯化”。

有地区使用野生水生遗传资源的重要性（图 2-13）。按国家经济类别和生产水平进行的分析并未揭示水生遗传资源来源于野生动物的程度存在重大差异（数据未显示）。

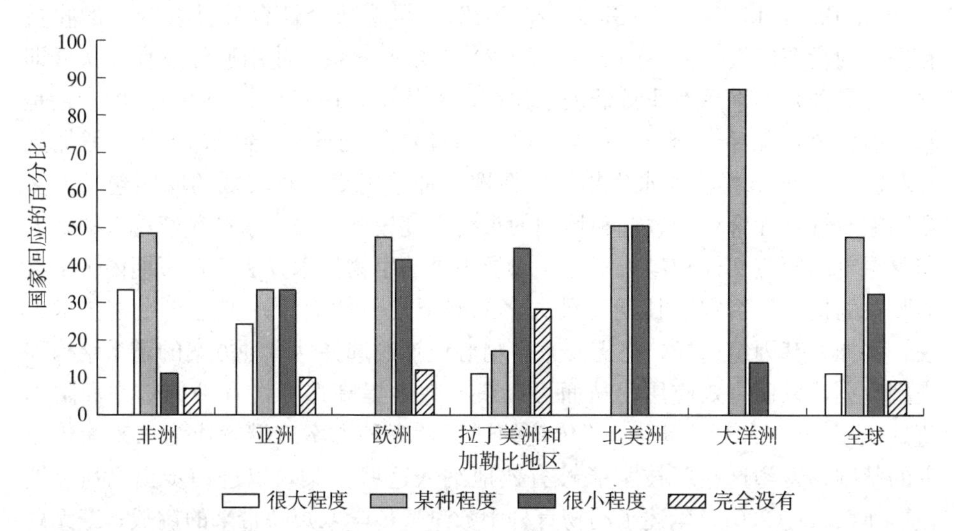

图 2-13　各国报告养殖水生生物来源于野生种苗或野生亲本的程度，按区域划分

资料来源：为《世界粮食和农业水生遗传资源状况》编写的国别报告：对问题 5（$n=92$）的回应。

2.4.2　遗传学在水产养殖中的应用范围

通过选择性育种对性状进行遗传改良，每代产生约 10%的遗传增益（Gjedrem、Robinson 和 Rye，2012）。水产养殖遗传学家表示，如果所有养殖的水生物种都在传统的选择性育种方案中，那么到 2050 年，水产养殖生产效率的提高可能会使水产养殖产量翻一番，从而满足人类对鱼类和鱼类产品需求的预计增长，而对额外的土地、水、饲料或其他投入的比例要求却很低（Gjedrem，1997；Gjedrem、Robinson 和 Rye，2012）。

虽然确实存在通过使用遗传技术增加食物产量的机会，但一些挑战仍然存在，包括能力和资金需求，以及如何处理信息的问题（见第 8 章）。

在回答关于遗传改良对生产的影响的问题时，45%的国家回应称，遗传改良的水生生物对国家水产养殖生产没有贡献，或者只有很小程度的贡献（图 2-14）。尽管发达国家和最不发达国家之间的高水平遗传改良影响相对较小，按区域和经济发展水平进行的分析显示出了相同的总体结果。按水产养殖产量水平进行的分析表明，遗传改良生物对主要生产国的产量贡献更大（图 2-15 至图 2-17）。总体而言，这表明大多数国家都在某种程度上进行了遗传资源管理，但这并没有对许多国家的总体生产产生重大影响。

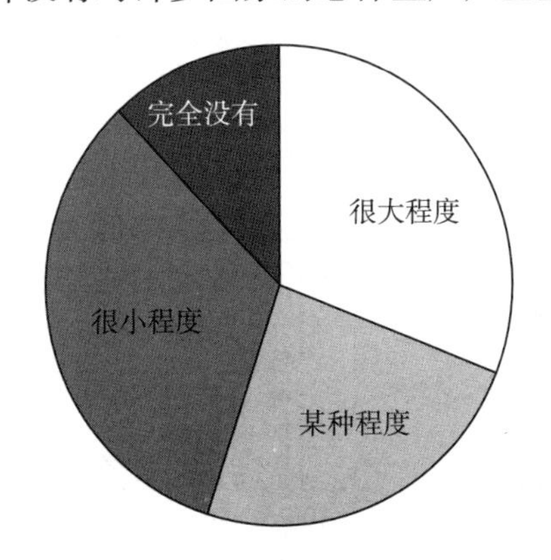

图 2-14　国别报告中关于遗传改良水生生物对国家水产养殖生产的贡献程度的信息摘要

资料来源：为《世界粮食和农业水生遗传资源状况》编写的国别报告：对问题 7（$n=92$）的回应。

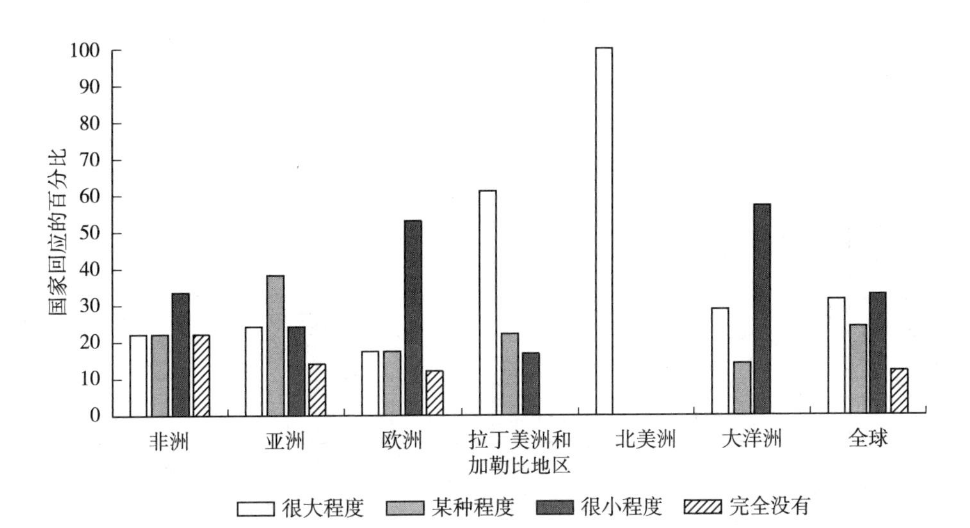

图 2-15　各国报告遗传改良水生生物对国家水产养殖生产的贡献程度，按区域划分

资料来源：为《世界粮食和农业水生遗传资源状况》编写的国别报告：对问题 7（$n=92$）的回应。

遗传数据在技术上要求很高且收集成本很高，因此可能无法经常获得或用于养殖水生物种的管理。然而，在回答关于遗传数据可用性的问题时，各国报告称，一般而言，遗传数据是可用的，并用于水产养殖（图 2-18）。对遗传信息“使用”的分析表明，只有亚洲、拉丁美洲和加勒比地区的少数国家在很

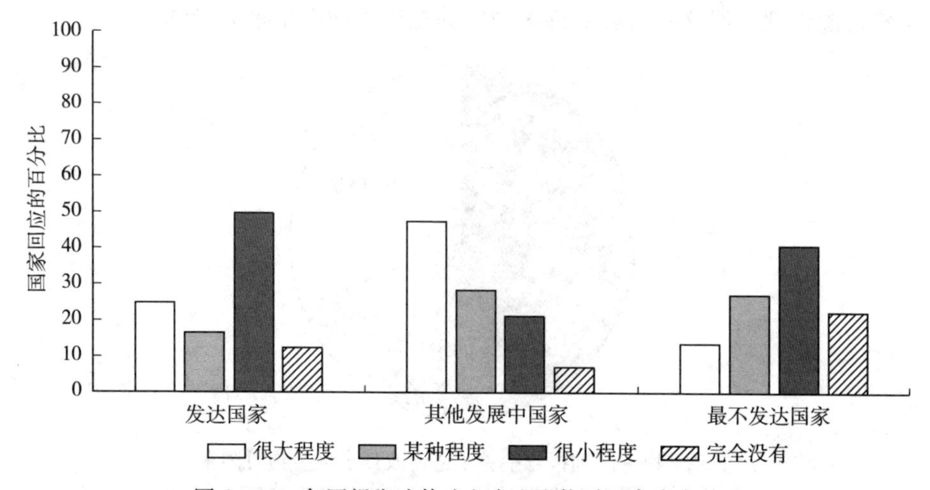

图 2-16　各国报告遗传改良水生生物对国家水产养殖生产的贡献程度，按经济类别划分

资料来源：为《世界粮食和农业水生遗传资源状况》编写的国别报告：对问题 7（$n=92$）的回应。

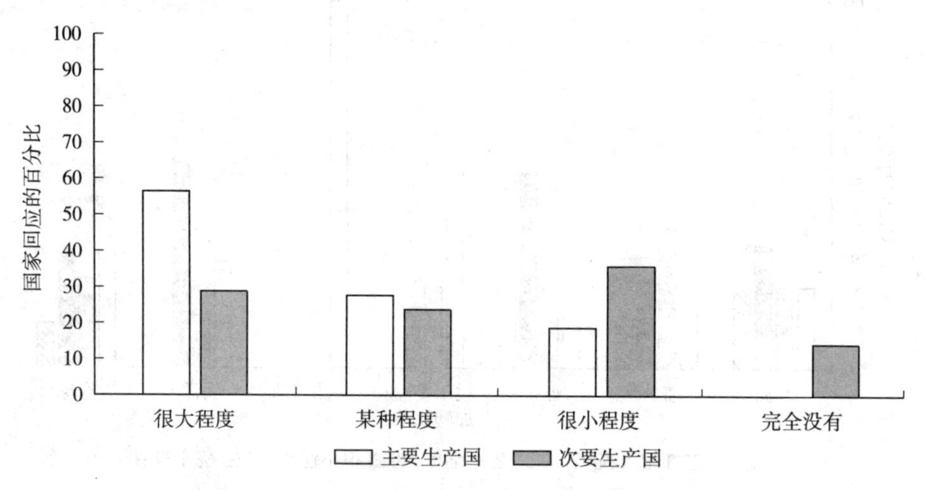

图 2-17　各国报告遗传改良水生生物对国家水产养殖生产的贡献程度，按水产养殖生产水平划分

资料来源：为《世界粮食和农业水生遗传资源状况》编写的国别报告：对问题 7（$n=92$）的回应。

大程度上使用了遗传信息（图 2-19）。主要生产国报告比次要生产国更多地使用此类信息（图 2-20），最不发达国家报告使用此类信息的程度低于其他国家（图 2-21）。

虽然遗传资源管理和育种方案提高了产量和利润，但它们往往难以融资，

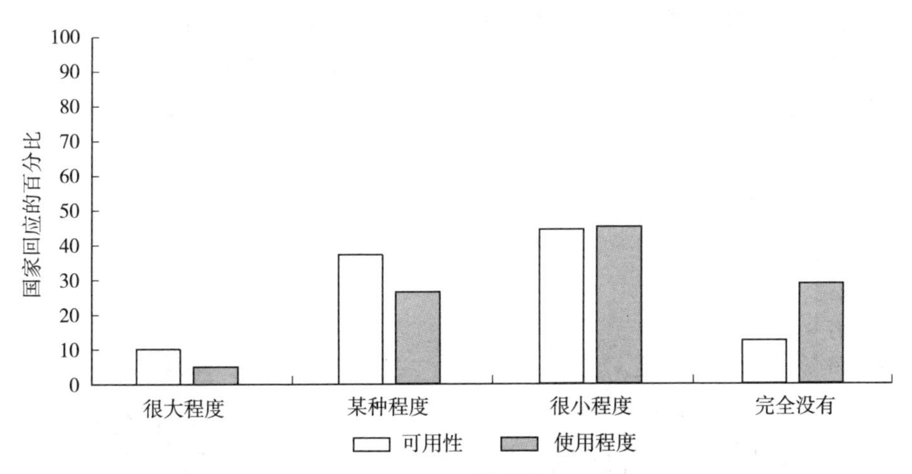

图 2-18　所有报告国养殖型水生遗传资源信息的可用性和使用程度

资料来源：为《世界粮食和农业水生遗传资源状况》编写的国别报告：对问题 4（$n=92$）的回应。

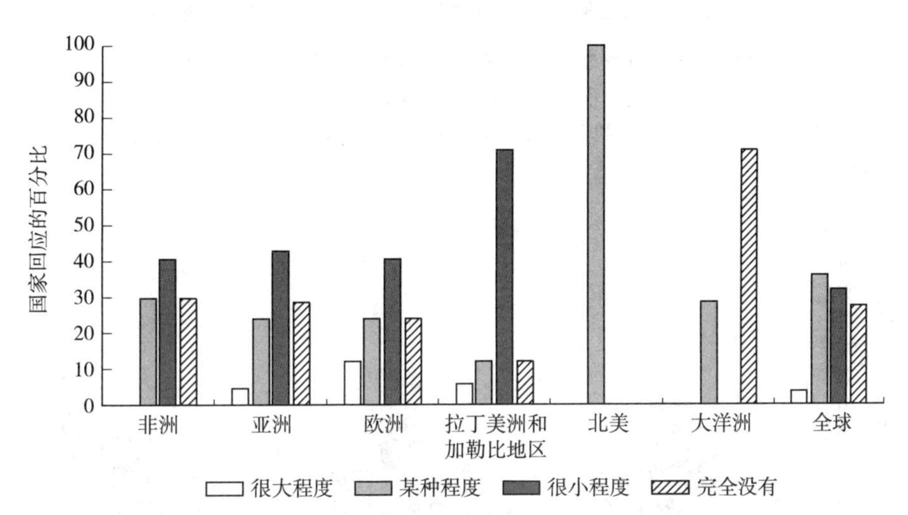

图 2-19　所有报告国养殖型水生遗传资源信息的可用性和使用程度，按区域划分

资料来源：为《世界粮食和农业水生遗传资源状况》编写的国别报告：对问题 4（$n=92$）的回应。

往往需要伙伴关系。国际水生生物资源管理中心（现为世界鱼类中心）开发了遗传改良养殖罗非鱼（GIFT），在多个世代中，每一代的生长性能提高了10%～15%（Ponzoni 等，2011）。GIFT 方案主要由国际发展捐助方通过与亚洲开发银行、菲律宾政府、联合国开发计划署和先进科学机构的伙伴关系提供支持（亚洲开发银行，2005；Ponzoni 等，2011）。挪威大西洋鲑育种方案中，鱼体质量增长率和其他特性的显著提高在很大程度上归功于公私伙伴关系，其中包括政府研究工作组［挪威水产研究所（Akvaforsk），现为挪威食品、渔业和水产养殖研究所（Nofima）］和私营公司（Ingrid Olesen，COFI 水生遗传资源和技术咨询工作组主席兼水生遗传资源特设政府间技术工作组主席，个人通讯，2018）。

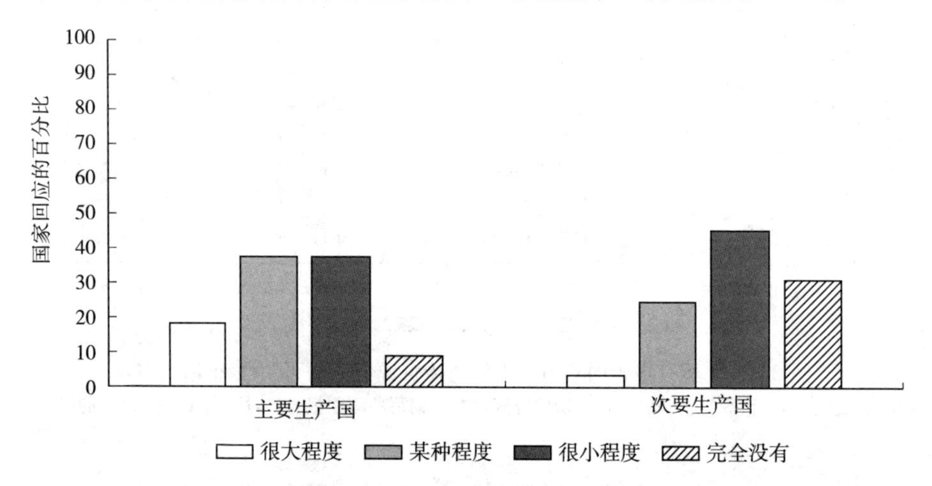

图 2-20　所有报告国养殖型水生遗传资源信息的可用性和使用程度，按水产养殖生产水平划分

资料来源：为《世界粮食和农业水生遗传资源状况》编写的国别报告：对问题 4（$n=92$）的回应。

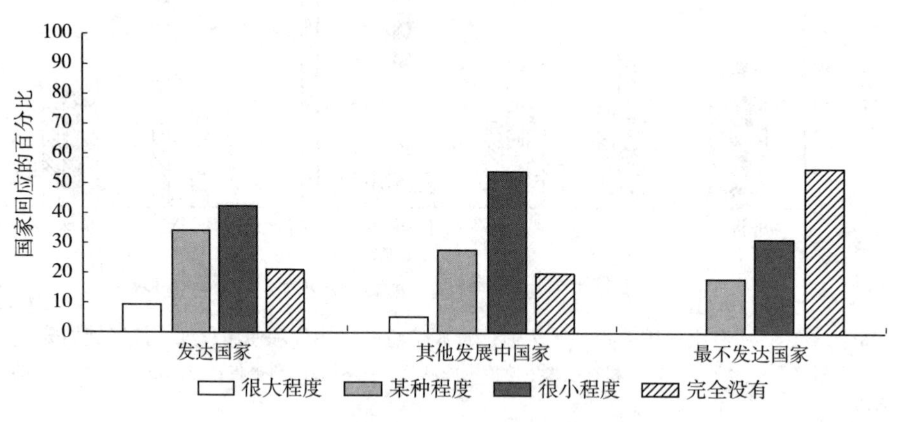

图 2-21　所有报告国养殖型水生遗传资源信息的可用性和使用程度，按经济类别划分

资料来源：为《世界粮食和农业水生遗传资源状况》编写的国别报告：对问题 4（$n=92$）的回应。

在回答关于遗传改良方案管理的问题时，国别报告显示，水产养殖中的大多数品系改良方案都采用了选择性育种，这些育种方案大多由公共部门资助。公共和私人资助的回应数量略有不同，私营部门是选择性育种之外所有其他技术的主要资助者（图2-22）。通过公私合作伙伴关系资助的项目最少。按区域进行的分析表明，不论是相对还是绝对而言，亚洲报告的遗传改良方案的公共资助最多（图2-23）。按生产水平进行的分析表明，在主要生产国，公共支持，即为遗传改良方案提供资金的情况要普遍得多（图2-24）。鉴于55%的遗传改良案例得到了公共部门的支持（图2-24），以及GIFT方案（亚洲开发银行，2005）和挪威大西洋鲑方案的成功，希望遗传改良水生生物资源的国家可以考虑更广泛地利用公共资金和公私伙伴关系。

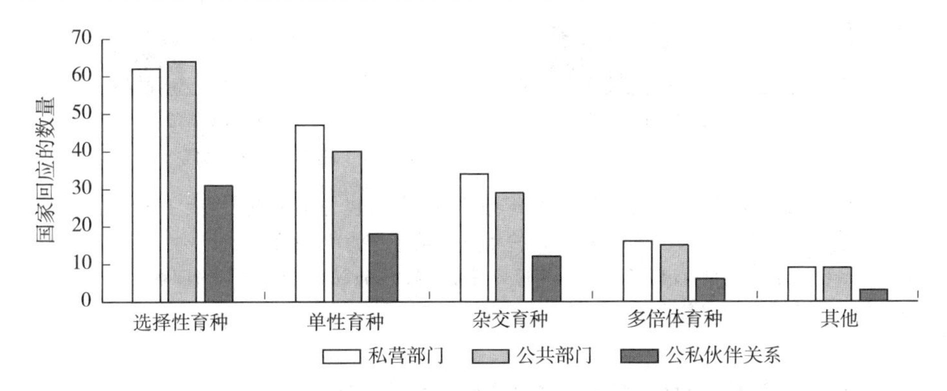

图2-22　各国对重大遗传改良方案资金来源的回应，按遗传改良类型划分

资料来源：为《世界粮食和农业水生遗传资源状况》编写的国别报告：对问题8（$n=92$）的回应（遗传改良类型共出现395次）。

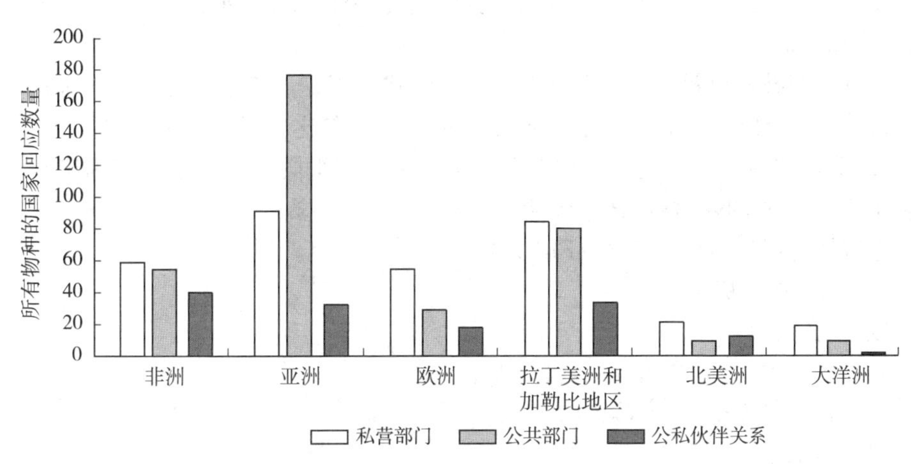

图2-23　各国对所有报告物种所有类型遗传改良方案的重大遗传改良方案资金来源的回应，按区域划分

资料来源：为《世界粮食和农业水生遗传资源状况》编写的国别报告：对问题8（$n=92$）的回应（按物种分列的遗传改良类型共出现839次）。

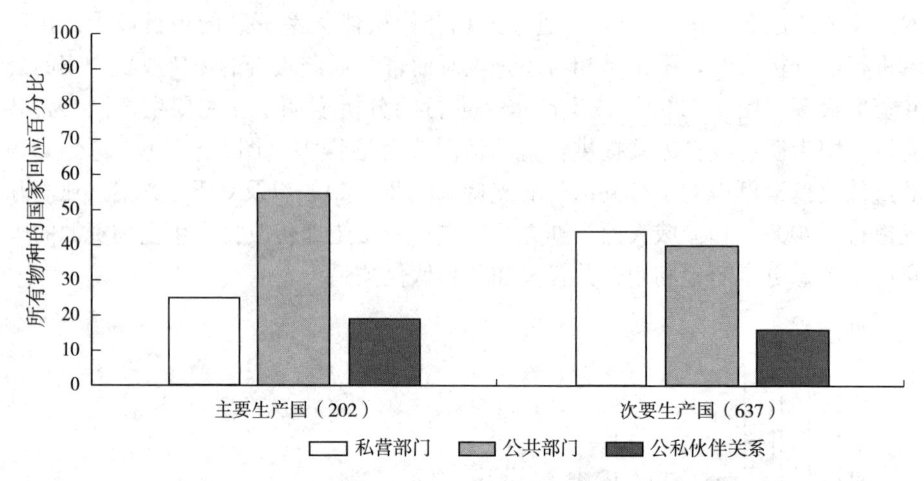

图 2-24　各国对所有报告物种的所有类型遗传改良方案中重大遗传改良方案资金来源的回应比例，按水产养殖生产水平划分

资料来源：为《世界粮食和农业水生遗传资源状况》编写的国别报告：对问题 8（$n=92$）的回应（按物种分列的遗传改良类型共出现 839 次）。

2.4.3　改良水生遗传资源性状的生物技术

生物技术可用于提高养殖条件下的生物性能，但也可用于表征养殖型和野生近缘种的水生遗传资源（Ruane 和 Sonino，2006）①。更好的表征将有助于水生遗传资源的监测和管理，并有必要将遗传多样性纳入国别报告和监测方案（见第 2.4 节）。

基因组技术已被开发用于研究基因组结构、组织、表达和功能，并选择和修改感兴趣的基因组，以增加对人类的益处。在这些基因组技术中，DNA（脱氧核糖核酸）标记技术已被广泛用于绘制基因组图谱，以了解基因组结构和组织。这些 DNA 标记技术包括：

- 限制性片段长度多态性（RFLP）标记；
- 线粒体 DNA 标记；
- DNA 条形码；
- 随机扩增多态性 DNA（RAPD）标记；
- 扩增片段长度多态性（AFLP）标记；
- 微卫星标记；
- 单核苷酸多态性（SNP）标记；

① 除非微生物发生了基因改变，否则此处不考虑发酵和生物修复。因为选择性育种在其他地方都有涉及，因此也被排除在生物技术之外。

• 限制性位点相关 DNA 测序（RAD－seq）标记（SNP 标记本身）。

尽管这些标记系统被用于不同的目的，但微卫星标记和 SNP 标记目前是水生遗传资源表征和监测最重要的标记系统（Liu，2016）。

已经开发了各种基因组绘图技术，包括基因组绘图和物理绘图方法。遗传图谱基于减数分裂期间的重组，而物理图谱基于 DNA 片段的指纹。尽管有多种物理绘图方法可用，例如，辐射混合绘图和光学绘图，但最流行的物理绘图方法是基于细菌人工染色体（BAC）的指纹识别（Liu，2016）。

下一代测序技术尤其强大。第二代和第三代测序技术彻底改变了科学的运作方式。这些技术现在允许对整个基因组进行重新测序，或对群体基因组进行大规模测序。其应用的扩展允许表征基因组的转录组和非编码部分及其功能。这些技术还可用于产品的可追溯性，以及用于与更先进的鱼类和鱼类产品营销相关的溯源。

以下列出了用于改善水生物种特征的技术，按照其应用时间和分辨率的大致顺序排列，即最早的技术和分辨率最低的技术列在第一位①。

• DNA 标记技术：遗传标记有助于识别有用的种群、品系、基因、谱系，甚至个体。这些标记的灵敏度不同，即有些标记可能只在物种级别上起作用，而其他标记可以区分个体谱系。DNA 标记包括以下内容：

　等位酶标记：基于蛋白质分析鉴定物种、品系和种群；

　RFLP：用一种或多种限制性内切酶消化基因组 DNA 后，基于 DNA 片段长度差异的遗传变异分析；

　线粒体 DNA 标记：群体内和群体间遗传差异的研究；

　DNA 条形码：物种识别标准，特别是应用于国际贸易和食品标签中；

　RAPD：基于聚合酶链反应的多点 DNA 指纹技术，用于物种鉴定、杂交鉴定、品系分化，以及在较小程度上的遗传分析，例如，绘图；

　RAD－seq 标记：遗传变异鉴定、系统发育分析、种质评估、群体结构分析、连锁和数量性状位点（QTL）定位以及基于全基因组的选择；

　微卫星标记：微卫星是 1～6 个碱基对的简单序列重复；它们在各种真核生物基因组中高度丰富，包括迄今为止研究的所有水产养殖物种；

　SNP：DNA 链上的碱基替换，揭示了个体和群体水平上丰富的遗传变异，可用于系谱分析、种群/品系鉴定、高密度连锁绘图、精细 QTL 绘图和基因组选择，即基于对给定生物组的完整遗传互补的分析，优化标记基因的选择。

---

① 主要借鉴了专题背景研究《水产养殖中基于基因组的生物技术》的内容（也可参阅 www.fao.org/3/a－bt490e.pdf）。

- 基因组绘图技术：养殖鱼类的基因组从数亿个碱基对到数十亿个碱基对不等。如果不先将如此大的基因组拆分成更小的片段，然后整理它们之间的关系，是很难研究的，这就是基因组图谱的任务。遗传图谱有助于识别序列、标记基因在染色体上的位置，以及它们如何被遗传或操纵。绘图技术包括：
  遗传连锁绘图：识别已知基因或遗传标记在重组频率方面彼此相对的位置；
  物理绘图：根据染色体上的物理距离确定已知基因或遗传标记彼此之间的位置；
  辐射杂交绘图：制作所有染色体上 DNA 标记的高分辨率图谱；
  光学绘图：构建全基因组的高分辨率限制性图谱；
  QTL 定位：允许对水产养殖重要的性能和影响生产性状的基因定位。
- 基因组测序技术：这些技术有助于完整描述 DNA 的分子结构。至少 20 种水产养殖物种的基因组已经测序或正在测序，包括尼罗罗非鱼（*Oreochromis niloticus*）、虹鳟（*Oncorhynchus mykiss*）、大西洋鲑（*Salmo salar*）、斑点叉尾鮰（*Ictalurus punctatus*）、条纹狼鲈（*Morone saxatilis*）、太平洋牡蛎（*Crassostrea gigas*）和对虾（*Penaeus* spp.）。测序技术包括：
  第一代和第二代 DNA 测序：沿 DNA 链潜在感兴趣基因的精确碱基对的鉴定，例如，用于微卫星或 SNP 标记的鉴定和差异表达基因或共诱导基因鉴定的标记开发；
  第三代 DNA 测序：鉴定单分子序列。
- 转录组分析：基因表达分析，用于识别不同环境条件下差异表达的基因和基因表达调控，揭示基因功能。生物体的核糖核酸（RNA）的完整序列或组成可用于基因组水平的表达图谱分析和不同表达基因或共同诱导基因的鉴定。表达序列标签（EST）可用于鉴定基因转录物。可以为水产养殖物种生成表达序列标签，以快速识别哪些基因正在表达以及在何种条件下表达。
- RNA-seq 技术：分析基因表达图谱，识别差异表达基因和基因相关标记。

2.4.4 提高水产养殖性能的生物技术

存在许多遗传生物技术来提高水产养殖的性能，并解决市场上的消费者偏好（图 2-11、表 2-6 和插文 11）。

当涉及基因鉴定和基因作用的研究时，遗传生物技术也常被称为基因组学。实际上，水产养殖基因组学的基本目标是了解性能和生产性状的基因组基础。由于大多数水产养殖性状是可能由多个基因控制的复杂性状，因此 QTL 定位是应用水产养殖基因组学的核心。通过将基因组绘图技术与水产养殖性状评估相结合，QTL 绘图可以识别突出表现生产性状的基因。QTL 定位后，可进行标记辅助选择或基因组选择。随着基因编辑技术的发展，现在可以通过多种方式对基因组进行编辑或修改。这些技术毫无疑问有潜力为改善水产养殖性状做出巨大贡献。

在水产养殖中广泛采用遗传生物技术面临许多挑战，包括生物信息学（即如何收集和管理大量遗传信息），世界某些地区缺乏资源，与个体农民合作困难，以及与应用基因组技术相关的伦理和立法约束。在回答关于特定生物技术用于遗传改良的程度的问题时，回应国指出了一系列用于改善水生遗传资源的生物技术（表 2 - 7 和图 2 - 25）。为了更好地确定生物技术的相对使用情况，粮农组织制定了所列生物技术的总体使用指数，方法是为国别报告中的每项回应分配一个“使用程度”分数，然后乘以百分比，并对每项生物技术求和（表 2 - 7）。

选择性育种是应用最广泛的生物技术，84 个国家报告至少在某种程度上使用了选择性育种（表 2 - 7）。按区域分析国家时，尽管区域内选择性育种的应用不均衡，但这一趋势却很明显（图 2 - 25）。使用指数表明，在选择性育种之后，单性动物生产和杂交是最常用的生物技术（表 2 - 7）。

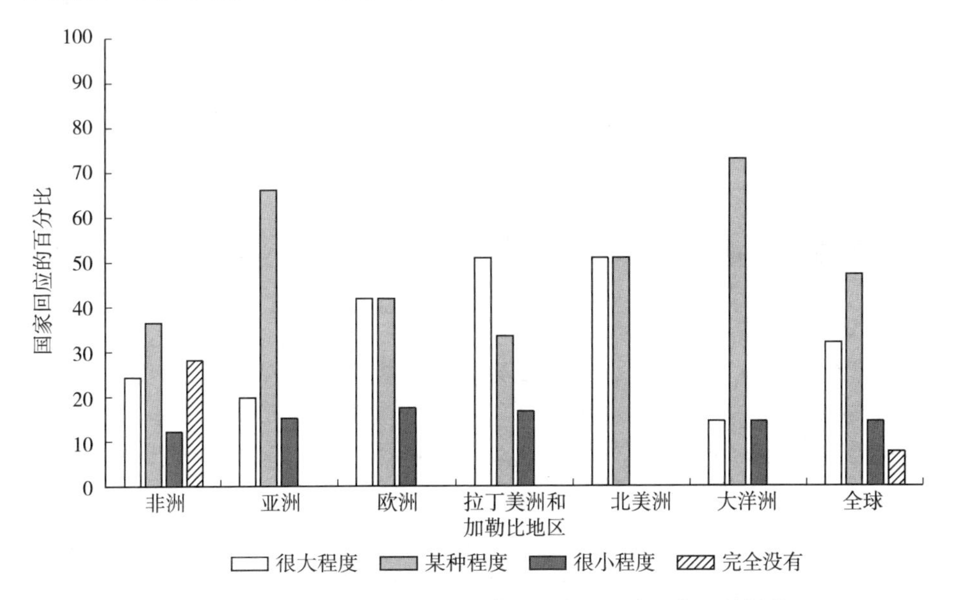

图 2 - 25　各国对选定生物技术使用程度的回应，按区域划分

资料来源：为《世界粮食和农业水生遗传资源状况》编写的国别报告：对问题 18 的回应（n=88～91 个国家对每项技术做出了回应）。

在接受调查的 62 个国家完全没有使用更复杂的标记辅助选择，70 个国家完全没有使用雌核发育或雄核发育技术。

表 2-7　国家对选定生物技术使用程度的回应（回应数量）和总体使用指数

使用范围	选择性育种	杂交	多倍体	单性生产	标记辅助选择	雌核发育/雄核发育
很大程度	30	5	0	22	1	0
某种程度	41	22	4	20	7	1
很小程度	13	27	26	23	19	18
完全没有	7	35	58	26	62	70
使用指数	3.0	1.9	1.3	2.4	1.4	1.2

资料来源：为《世界粮食和农业水生遗传资源状况》编写的国别报告：对问题 18 的回应（$n=$88～91 个国家对每项技术做出了回应）。

注：使用指数的计算方法是采用 1（完全没有）到 4（很大程度）的分数，乘以每个分数的国家回应数，然后对所有报告国的每个生物技术取平均值。

插文 11　水产养殖中的生物技术

本部分简要概述了提高水产养殖性能的最重要的遗传生物技术。确定了除选择性育种以外还可用于提高培养性能的特定技术。

染色体操纵

利用配子和合子的物理和化学冲击，可以在许多水生生物中操纵整组染色体（倍性）。

- **多倍体**。尽管多倍体在哺乳动物和鸟类中是致命的，但它已经促进了许多高产植物品种的发展，例如，驯化小麦。三倍体鳍鱼是可行的，通常是不育的，而四倍体鳍鱼，如果可行，则可以生育。三倍体鳍鱼和软体动物的性能各不相同。三倍体可以影响生长、饲料转化效率、抗病性、生育能力和其他性状。三倍体鱼类和软体动物的生长速度可能比二倍体快或慢，或与二倍体相似。然而，即使是那些生长更快的个体，这种优势在性成熟之前也不是很明显。显然，在许多三倍体中，代谢能量从生殖转移到体细胞生长，从而使动物个体更快地生长。
- **雌核发育**。雌核发育是一种全雌性遗传的形式。在鱼类中，紫外线或伽马射线已用于使精子中的 DNA 变性。这种灭活的精子被用来触发雌核发育，而不会为后代贡献父系基因组。还需要进一步的物理电击来恢复合子的二倍体补体。雌核发育的实际目标之一是克隆系的产生。尽管在大规模水产养殖中应用并不现实，但克隆系已经在水产养殖物种中产生，例如，香鱼（*Plecoglossus altivelis*）和杂交褐牙鲆（*Paralichthys olivaceus*）。雌核发育生产的主要目的是研究。

• 雄核发育。雄核发育是指所有父系遗传。雄激素可以通过照射卵子然后复制父系基因组来产生。雄激素比雌二醇更难产生，大概是因为受辐射的卵子存活率极低。与雌核发育一样，它可以用于生产克隆种群或单性种群，用于育种方案或解释性别决定机制。通过雄核发育产生新的 YY 雄鱼，然后与正常的 XX 雌鱼定期交配，可用于产生全雄种群。

性别控制

生长的性别二态性在鱼类中很常见。在一些物种中，雄性生长更快，而在其他物种中，雌性生长更快。比目鱼、鳗鱼和许多其他物种的雌性比雄性生长快得多。相比之下，罗非鱼和鲇鱼以及其他许多物种的雄性生长速度更快。除了生长速度，性别还影响体型、外观颜色和胴体成分。此外，单性种群的培养可以减少生殖生长和行为方面的能量消耗，有利于体细胞生长。

• **性逆转**。使用类固醇激素的激素治疗可以产生单性种群。尽管基因型性别是在受精时确定的，但在性别分化的关键时期，通过施用雌激素或雄激素可以改变表型性别。例如，17α-甲基睾酮广泛用于鳍鱼，尤其是罗非鱼的性逆转。几种雌激素化合物已被用于生产单雌种群，其中 β-雌二醇是最常用的。性逆转也可以通过手术实现，包括去除或移植甲壳动物的性腺（Aflalo 等，2006）。

• **性逆转和育种**。子代检测和潜在的遗传标记可以用来识别性逆转后的雄性和雌性基因型。然后，可以在育种方案中使用性逆转的表型，以生产能够产生单性后代的新亲本，例如，鲑科和甲壳动物中的 XX 雄性种群，它们能够产生全雌后代，而鳍鱼和甲壳动物分别为 YY 或 ZZ 雄性种群，它们能够产生全雄后代（Beardmore、Mair 和 Lewis，2001）。

基于分子的 DNA 技术

快速推进的分子技术革命为水生生物的遗传改良创造了许多机会。

• **基因转移**。基因转移或转基因是将一个或几个外源基因转移到生物体中的过程。外源基因可以来自其他物种或来自同一物种。已经开发了许多将目标基因转移到鱼类中的技术，包括显微注射和电穿孔。然而，转基因技术有几个主要缺点：①基因转移的剂量无法控制；②整合位点是随机的，并且这些位点可以在功能基因内；③基因的多效性效应无法控制。在金鱼（*Carassius auratus*）、斑点叉尾鮰（*Ictalurus punctatus*）、白斑狗鱼（*Esox lucius*）、大西洋鲑（*Salmo salar*）、虹鳟（*Oncorhynchus mykiss*）、罗非鱼（*Oreochromis* spp.）和鲤（*Cyprinus carpio*）以及许多其他物种中观察到了显著提高的生长速度和其他特征。除了提高水产养殖物种的性状外，鱼类还被认为是生产药物的生物工厂。迄今为止，已知只有一种转基因鱼可以商业化养殖（Intrafish Media，2019）。

- **标记辅助选择（MAS）**。MAS是根据DNA标记的基因型做出选择决定的过程。对于难以测量或致命的性状，表现出遗传力低或在发育后期表达。MAS需要与QTL紧密连锁的DNA标记的信息，以确定其性状。例如，在褐牙鲆（*Paralichthys olivaceus*）中，一个微卫星基因座位于淋巴囊病抗性的主要QTL附近。另一个标志物位于鲑鱼中感染性胰腺坏死抵抗基因附近。在这两种情况下，褐牙鲆和鲑鱼都产生了抗药性种群，并在市场上受到好评。尽管MAS在理论上是合理和有吸引力的，但除了上述表型由单个基因而非多个基因控制的情况外，对MAS在水产养殖物种中获得的经济效益知之甚少。
- **性别连锁标记**。已绘制了鲤鱼、罗非鱼、鲇鱼、栉孔扇贝（*Chlamys farreri*）、半滑舌鳎（*Cynoglossus semilaevi*）、南美白对虾（*Penaeus vannamei*）、日本对虾（*P. japonicus*）和虹鳟（*Oncorhynchus mykiss*）的性别连锁标记。这些标记可以帮助识别繁殖或生长所需的性别，以利用性别二态性。在缺乏表型数据的情况下，性别连锁标记物已用于性别鉴定。
- **基因组选择**使用了整个基因组中许多基因座的估计效应（通常基于全基因组关联研究或GWAS），而不仅仅是MAS中的少量连锁基因座。基因组选择已成功应用于奶牛、肉牛和其他牲畜物种。直到最近，一些价值较高的水产养殖物种才开始应用这项技术。
- **基因组编辑技术**是指在目标基因组位点进行特定改变的能力。锌指核酸酶（ZFN）、转录激活因子样效应物核酸酶（TALEN）或簇状规则间隔短回文重复序列（CRISPR）技术允许在任何鳍鱼或贝类物种中引入或禁用任何基因，而不会有太大困难。改变后的基因组能够将遗传变化传递给后代。虽然很明显，基因组编辑技术与基因转移技术不同，但目前尚不清楚政府机构将如何监管使用基因编辑技术生产的任何商业产品，以及此类监管将如何影响其应用。这些技术提供了希望，例如，在大西洋鲑、鲤鱼、海虾、罗非鱼和斑马鱼（*Danio rerio*）的实验研究中，TALEN和CRISPR的使用超过了ZFN。

CRISPR和CRISPR关联系统（CRISPR/Cas；细菌DNA可以切割DNA，以帮助抵抗入侵病毒或质粒。Cas9是一种切割DNA的酶；CRISPR是一组DNA序列，指示Cas9在何处切割）。

TALEN是一种限制性内切酶，可以被改造用来切割特定的DNA序列。

遗传生物技术的一个优点是，它们可以组合使用，以提高在水产养殖中的效率。例如，有人建议将三倍体化用于选择性育种和基因转移，以减少后代逃脱繁殖的机会，从而减少遗传污染的风险。

2.5　野生近缘种的水生遗传资源

养殖物种的野生近缘种在这里被定义为养殖物种在野外生活的同一物种，即它们是同种（见插文 12）。还有其他生活在野外的物种与养殖物种（即同一属或同一科）密切相关，其中一些已被确定为具有水产养殖潜力或在捕捞渔业中很重要。野生近缘种除了在水产养殖中有用外，也是许多水生生态系统的重要组成部分，既有利于捕捞渔业，同时也能提供有益的生态系统服务。

在国别报告中，野生近缘种存在于许多栖息地中（图 2－26 和图 2－27）。据报告，河流和沿海栖息地的野生近缘种最多，分类群多样性也最高（图 2－26）。例如，据报告，187 种不同的野生近缘种生活在专属经济区内的沿海水域，267 种野生近缘种来自沿海地区。报告的大多数野生近缘种是本地物种（83.4%，即 560 例报告）。据报告，有几个野生近缘种是跨境和跨界种群（图 2－27）。

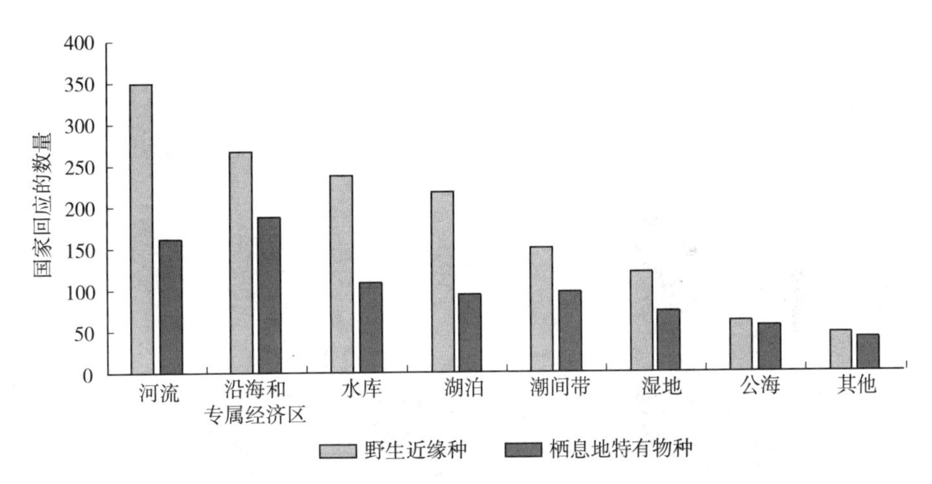

图 2－26　各国报告的国家辖区内养殖水生物种的所有野生近缘种的栖息地

资料来源：为《世界粮食和农业水生遗传资源状况》编写的国别报告：对问题 14（$n=92$）的回应。

注：各国提供了关于栖息地的信息，共有 2 263 种物种被报告为养殖水生物种的野生近缘种，其中有多个国家在多个栖息地报告了许多物种。

2.5.1　野生近缘种在渔业中的利用

绝大多数国家回应表明，野生近缘种有助于捕捞渔业生产（728 例中有 622 例），并制定了渔业管理计划（730 例中有 550 例）（图 2－28）。许多未捕

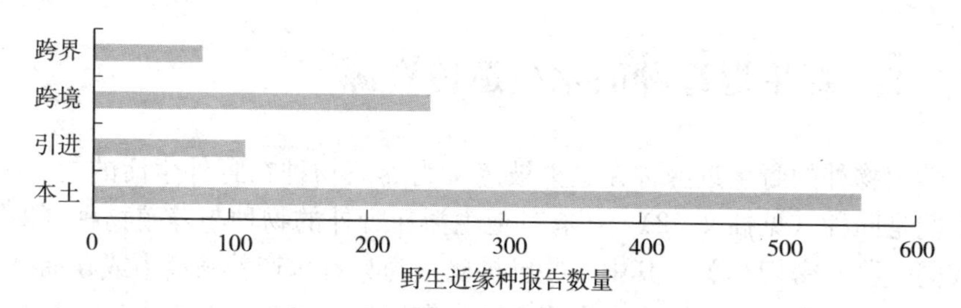

图 2－27　各国报告的养殖水生物种野生近缘种地理范围类别

资料来源：为《世界粮食和农业水生遗传资源状况》编写的国别报告：对问题 14（$n=92$）的回应。

注：野生近缘种可能是本地的、跨界的或跨境的。跨界种群分布在专属经济区内外，跨境种群是跨越国际边界迁移的种群。提供了所有报告的野生近缘种物种的地理信息。

捞的野生近缘种都是为水产养殖目的引入的物种。未捕捞的野生近缘种还包括捕捞渔业受到严格监管的物种，例如，鲟鱼，它们被列入《濒危野生动植物种国际贸易公约》（CITES）附录。尽管存在如此多的渔业管理计划令人鼓舞，但许多野生近缘种的数量正在下降这一事实（见第 2.5.1 节）让人对管理计划的有效性和执行计划的能力提出了质疑。

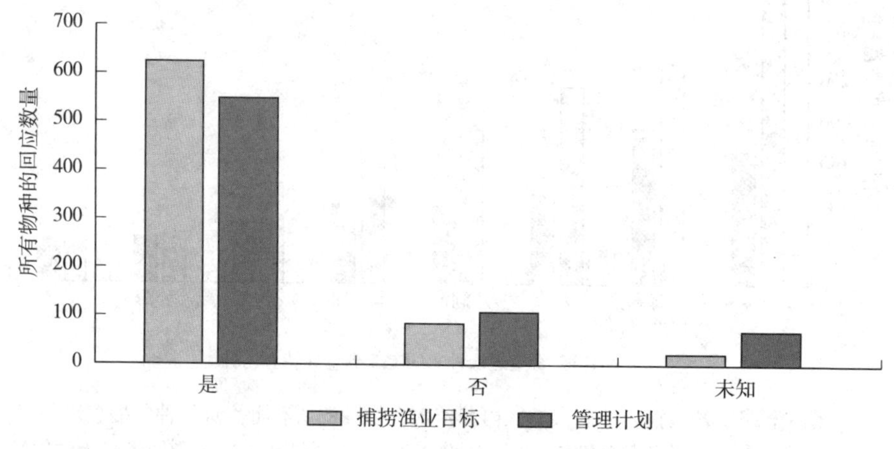

图 2－28　养殖水生物种野生近缘种的捕捞渔业目标和管理计划的覆盖范围

资料来源：为《世界粮食和农业水生遗传资源状况》编写的国别报告：对问题 14（$n=92$）的回应。

插文 12　养殖水生物种的野生近缘种及其术语解释

本书将养殖物种的野生近缘种定义为一个国家内的野生物种，即世界上任何地方（包括该国本身）养殖的物种的同种。它不包括亲缘关系密切的物种，只包括同种。粮农组织水产养殖生产统计数据库（FishStatJ）包括世界各地养殖的近 600 种物种，这表明了各国可以向粮农组织报告所存在的野生近缘种的数量，无论野生养殖物种在何处养殖，这一宽泛的定义都有助于建立野生养殖物种的遗传资源图景。

构成国别报告基础的问卷[①]中的 3 个问题直接涉及野生近缘种，包括该国养殖物种和其他地方养殖物种的野生近缘种清单，以及关于野生近缘种水生遗传资源交换的信息。

问卷没有明确和全面地界定野生近缘种；很明显，这一定义有歧义，因此各国对这一术语的解释也有差异。更明显的是，在大多数国别报告中，野生近缘种的数量报告不足。当被要求列出除本国养殖物种外的其他养殖物种的野生近缘种时，三分之一的报告国没有列出此类野生近缘种。当被要求填写一份所有野生近缘种的表格，并详细说明其管理和利用情况时，近 90%的国家确实报告了物种，但数量很少（所有国家共报告了 746 种物种，平均每个国家只有 8.1 种），近 40%的国家只报告了本国养殖物种的野生近缘种。因此，野生近缘种报告的准确性存在一些问题，本书在解释与相关问题有关的数据时已考虑到这一事实。

①www. fao. org/3/a－bp506e. pdf

2.5.2　野生近缘种数量趋势

图 2－12 和图 2－13 显示了水产养殖对自然生态系统中发现的水生物种的依赖程度。国别报告在提供野生近缘种存在的详细情况时，还注意到了捕捞量的趋势。各国报告了许多野生近缘种数量目前正在下降的案例，预计未来还会继续下降（图 2－29）。据报告，捕捞量呈下降趋势的前 5 个物种是尼罗罗非鱼（*Oreochromis niloticus*）、欧洲鳗鲡（*Anguilla anguilla*）、鲤（*Cyprinus carpio*）、罗氏沼虾（*Macrobrachium rosenbergii*）和褐鳟（*Salmo trutta*）。在一个国家，最常被报告为枯竭的野生近缘种是俄罗斯鲟（*Acipenser gueldenstaedtii*）、多瑙哲罗鱼（*Hucho hucho*）、欧洲鳇（*Huso Huso*）、大西洋鲑（*S. salar*）和褐鳟（*S. trutta*）。据报告，在捕捞量有所增长的报告中，捕捞量呈增长趋势的前 5 个物种是尼罗罗非鱼（*O. niloticus*）、尖齿胡鲇（*Clarias gariepinus*）、紫贻贝（*Mytilus gallo－provincialis*）、遮目鱼（*Chanos chanos*）和太平洋牡蛎（*Crassostrea gigas*）。有趣的是，尼罗罗非鱼的种群在某些地区增长，而在其他地区下降。

各国报告称，栖息地的变化是野生近缘种数量变化的最常见原因

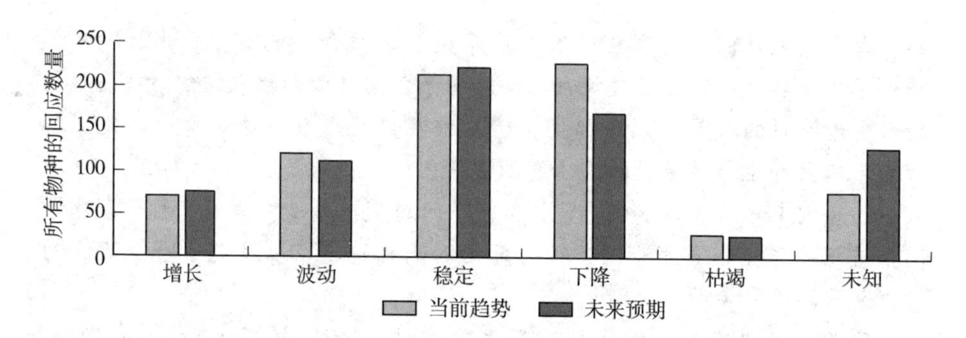

图 2-29　各国报告的野生近缘种渔获量的当前和预期趋势

资料来源：为《世界粮食和农业水生遗传资源状况》编写的国别报告：对问题 14（$n=92$）的回应。

注：当前趋势反映了国别报告之前的十年；未来趋势涵盖未来十年。

(图 2-30)，只有少数情况下，栖息地的数量在增长（图 2-31）。按区域进行的分析表明，亚洲是响应率最高的地区，将栖息地作为野生近缘种数量变化的决定因素。按经济类别进行的分析表明，最不发达国家的此类回应比例最高(图 2-32)。这些发现加强了保护水生遗传资源自然种群的必要性，并表明保护栖息地将是一项有效的策略。

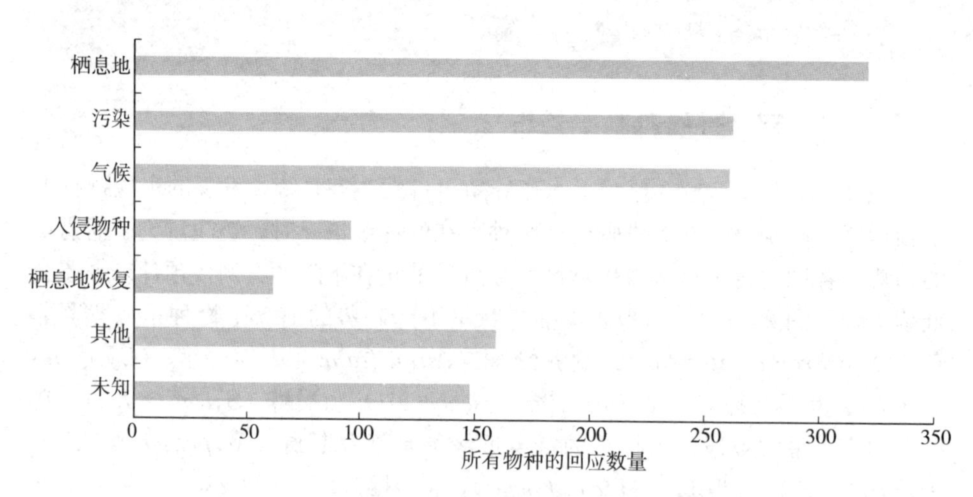

图 2-30　野生近缘种数量趋势的报告原因

资料来源：为《世界粮食和农业水生遗传资源状况》编写的国别报告：对问题 14（$n=92$）的回应。

发达国家约有三分之一的回应将栖息地变化列为野生近缘种数量变化的原因（图 2-32，右图)。

按国家经济类别来比较栖息地变化的重要性可能会产生误导。在许多发达

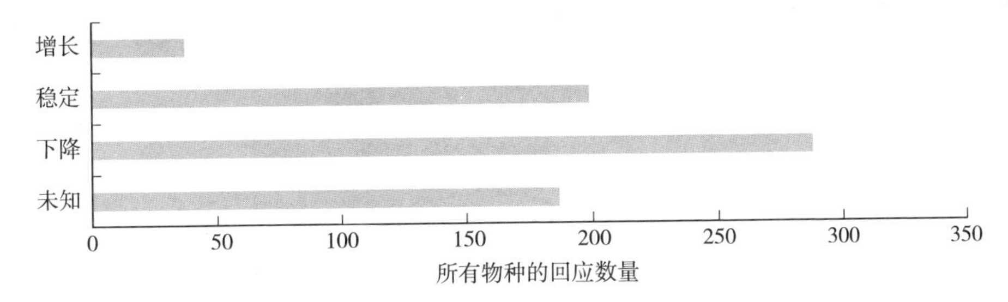

图 2-31　野生近缘种栖息地的变化趋势

资料来源：为《世界粮食和农业水生遗传资源状况》编写的国别报告：对问题 14（$n=92$）的回应。

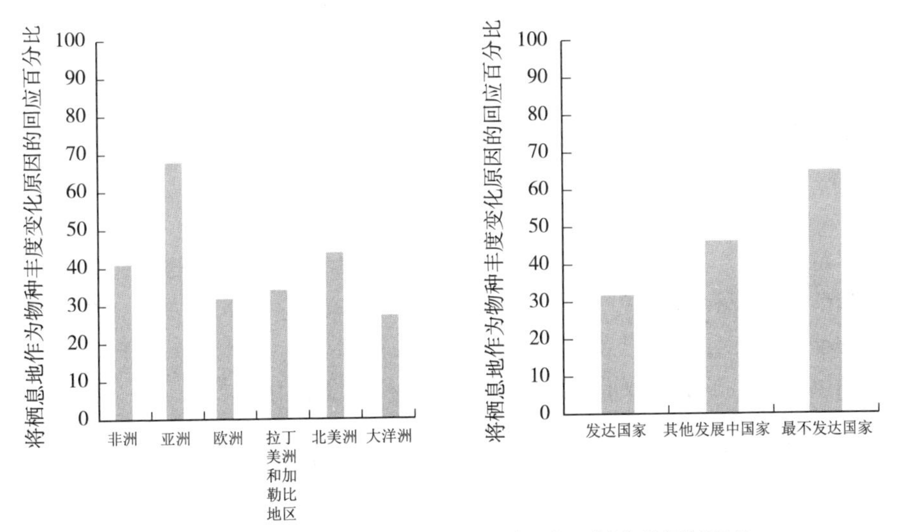

图 2-32　按区域（左）和经济类别（右）划分的因栖息地变化而报告的野生近缘种丰度变化比例

资料来源：为《世界粮食和农业水生遗传资源状况》编写的国别报告：对问题 14（$n=92$）的回应。

注：百分比是根据报告栖息地的国家数量计算的，这是所有野生近缘种报告中丰度变化的原因。

国家，由于经济发展，野生近缘种的水生栖息地在几个世纪前就已经消失或退化，人类社区已经习惯于渔业资源的缺乏。这一现象被称为“基线转移”（Pauly，1995），用于解释人们对自然资源管理的短期看法。也就是说，人们往往会忘记过去的情况，因为他们接受并熟悉了当前的情况。因此，在发达国家，前几个世纪栖息地的丧失可能是野生近缘种数量下降的主要原因，但当代人只是不承认这是一个原因。

在回答关于野生近缘种种群管理使用遗传数据程度的问题时，国别报告指

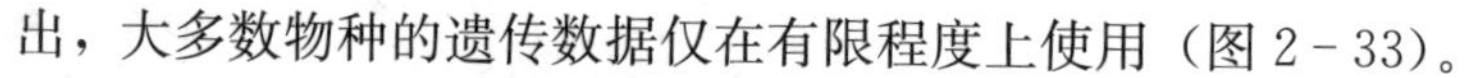

出，大多数物种的遗传数据仅在有限程度上使用（图 2－33）。

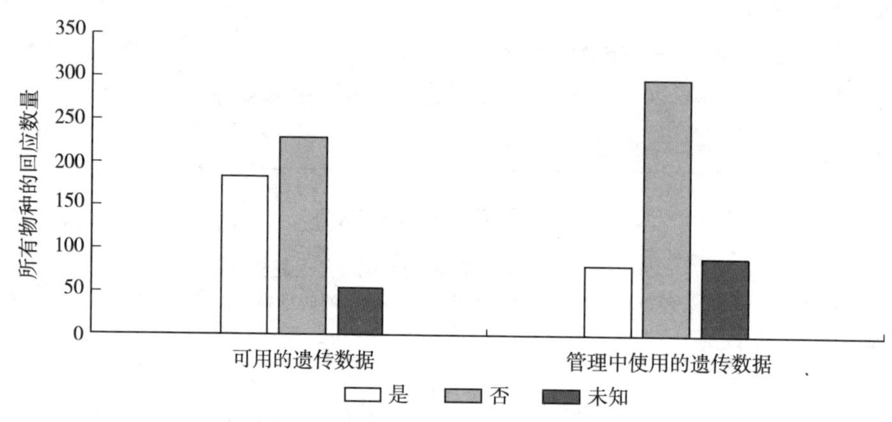

图 2－33　各国对遗传信息是否用于野生近缘种渔业管理的回应

资料来源：为《世界粮食和农业水生遗传资源状况》编写的国别报告：对问题 14（$n=92$）的回应。

确实存在将遗传数据用于管理高价值物种或标志性物种的例子，例如，大西洋鳕（*Gadus morhua*）、太平洋鲑（*Oncorhynchus* spp.）和大西洋鲑（*Salmo salar*）（Ruane 和 Sonino，2006；Bernatchez 等，2017）。例如，遗传种群鉴定（GSI）有助于根据渔业的遗传概况，为欧洲和北美的商业重要物种设定季节、面积和渔获量限制（Beacham 等，2006）。GSI 取决于对渔业潜在种群的准确遗传分析，以及对渔业的实时采样和分析。因此，基于 GSI 的渔业管理可能超出了许多政府资源机构的财政和技术能力。

2.6　渔业和水产养殖中非本地物种的利用

与陆地农业一样，非本地水生物种（也称为引进、外来物种）对渔业和水产养殖的生产和价值有着重要贡献（Bartley 和 Casal，1998；Bartley 和 Halwart，2006；Gozlan，2008）。尽管国别报告没有包含生产数据，但据报告，渔业中野生物种和水产养殖中养殖物种的非本地物种生产趋势正在增加（图 2－34）。据报告，在次要生产国，非本地物种的产量在持续增长，但没有一个主要生产国表明非本地物种产量的增长趋势（图 2－35）。这一结果与各国通过定期报告向粮农组织提供的生产数据信息相反；例如，中国和越南报告了非本地物种的产量增加（X. Zhou，粮农组织水产养殖信息官，个人通讯，2018 年 3 月）。

粮农组织维护着水生物种引进数据库（DIAS），该数据库包含跨越国界的引进记录。

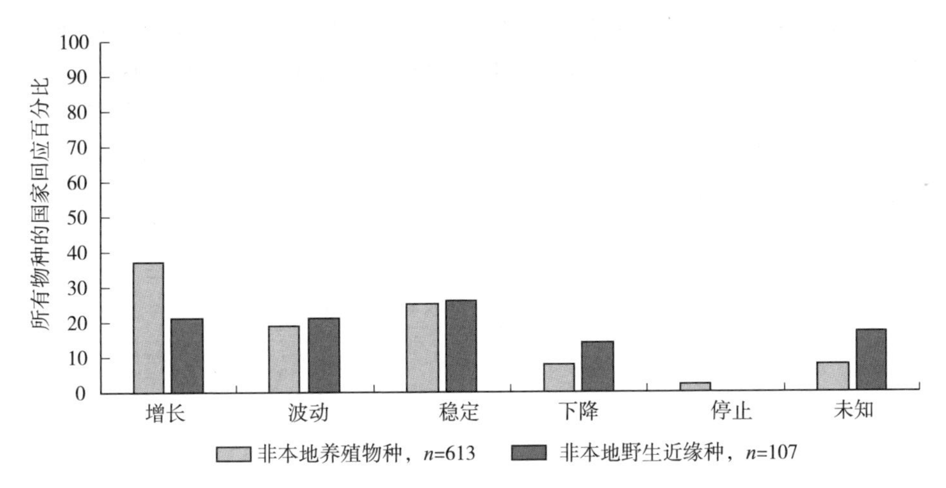

图 2 - 34　各国报告的渔业和水产养殖非本地物种的总体生产趋势

资料来源：为《世界粮食和农业水生遗传资源状况》编写的国别报告：对问题 14（$n=92$）的回应。

注：图例中的 n 是指所有国家报告为非本地物种（无论是水产养殖还是野生近缘种）的总数量。

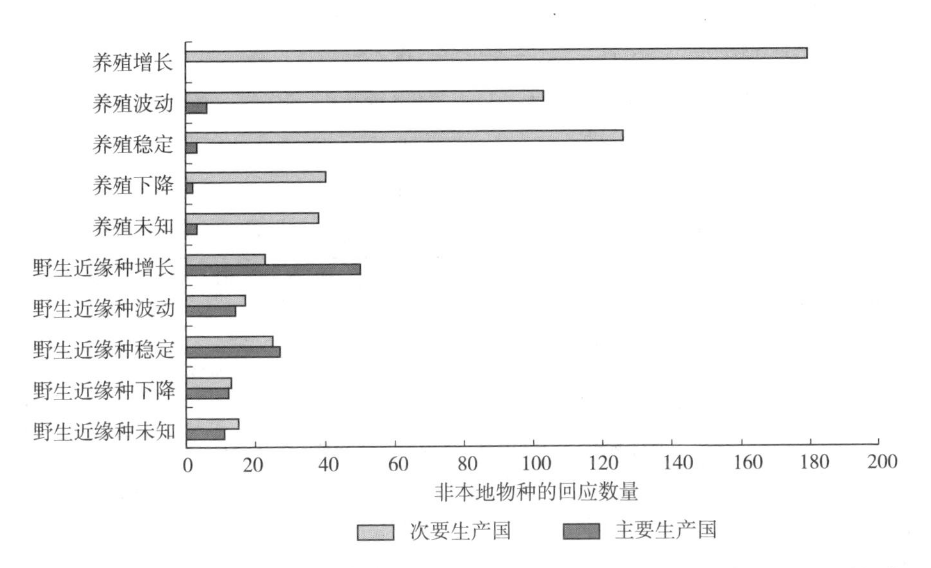

图 2 - 35　渔业和水产养殖非本地物种的当前生产趋势，按国家水产养殖生产水平划分

资料来源：为《世界粮食和农业水生遗传资源状况》编写的国别报告：对问题 9 和问题 14（$n=92$）的回应。

物种引进数据库可在线访问①，并与粮农组织的生产数据和物种概况表相

① www.fao.org/fishery/introsp/search/en

链接[①]。DIAS分析显示，鲤鱼、鳟鱼、罗非鱼和牡蛎是最广泛引进的水生物种。针对与其他国家转移或交易的养殖和野生近缘种名单，国别报告普遍证实了这一分析，最常交易的物种（进口和出口）是尼罗罗非鱼（*Oreochromis niloticus*），其次是尖齿胡鲇（*Clarias gariepinus*）（表 2－8）。各国报告称，已经有 200 多种物种进行了跨越国际边界的交易（数据未显示）。

表 2－8　各国交易的前 12 种野生近缘种或物种类别（包括进口和出口）

物种名称	英文通用名	交易
尼罗罗非鱼（*Oreochromis niloticus*）	Nile tilapia	39
尖齿胡鲇（*Clarias gariepinus*）	North African catfish	25
短盖肥脂鲤（*Piaractus brachypomus*）	Red－belliedpacu	9
大盖巨脂鲤（*Colossoma macropomum*）	Cachama（black pacu）	8
麒麟菜（*Eucheuma* spp.）	Red algae	8
太平洋牡蛎（*Crassostrea gigas*）	Pacific oyster	7
大西洋鲑（*Salmo salar*）	Atlantic salmon	7
紫贻贝（*Mytilus edulis*）	Blue mussel	6
斑节对虾（*Penaeus monodon*）	Asian tiger shrimp	6
草鱼（*Ctenopharyngodon idellus*）	Grass carp	5
鲤（*Cyprinus carpio*）	Common carp	5
欧洲鳗鲡（*Anguilla Anguilla*）	European eel	5

资料来源：为《世界粮食和农业水生遗传资源状况》编写的国别报告：对问题 11 和问题 13（$n=92$）的回应。

拉丁美洲和加勒比地区平均每个国家有 16 次交易，是过去十年中水生遗传资源交易最多的地区（图 2－36），其次是亚洲（6 次）和非洲（3 次）。从经济状况来看，发展中国家报告的每个国家的交易数量最多，过去十年平均为 9 次（图 2－37）。次要生产国（图 2－38）报告了每个国家的大多数交易，很难从结果中得出结论。主要生产国和发达国家的低交易率水平可能表明，这些国家不需要进口或出口水生遗传资源，但这一假设不能解释非洲的低交易率。

不出所料，最常见的遗传物质交易形式是活体样本。在报告的近 300 次交易中，约 77％涉及活体样本，约 7％涉及胚胎，只有少数涉及其他遗传物质（图 2－39）。“其他”类别包括各种未指明的项目。

① www.fao.org/fishery/factsheets/en

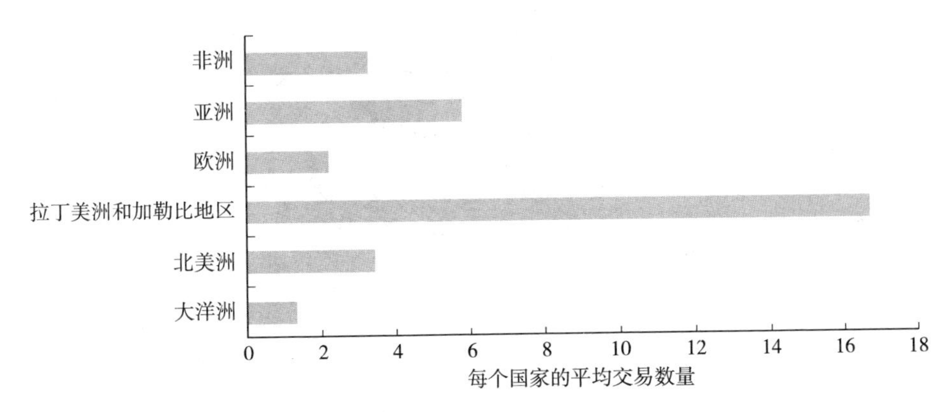

图 2-36　每个国家水生遗传资源物种交易/转移（进口和出口）的平均数量，按区域划分

资料来源：为《世界粮食和农业水生遗传资源状况》编写的国别报告：对问题 11 和问题 13（$n=92$）的回应。

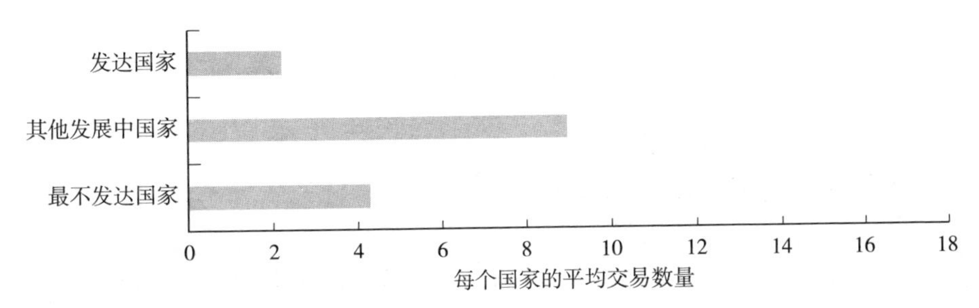

图 2-37　水生遗传资源物种交易/转移（进口和出口）的平均数量，按经济类别划分

资料来源：为《世界粮食和农业水生遗传资源状况》编写的国别报告：对问题 11 和问题 13（$n=92$）的回应。

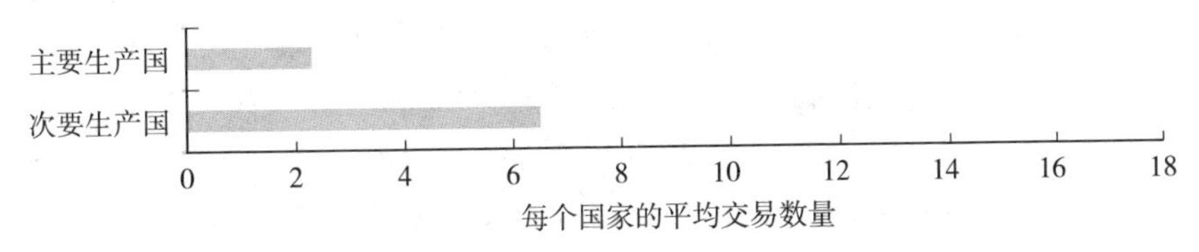

图 2-38　水生遗传资源物种交易/转移（进口和出口）的平均数量，按水产养殖生产水平划分

资料来源：为《世界粮食和农业水生遗传资源状况》编写的国别报告：对问题 11 和问题 13（$n=92$）的回应。

国别报告没有说明引进对水生遗传资源的影响是正面还是负面，如果将问题扩展到要求各国对引进的相对负面和正面影响进行反馈，特别是对非本地物种的影响，这些信息对研究未来的此类活动可能会更加有益。通过对水生物种

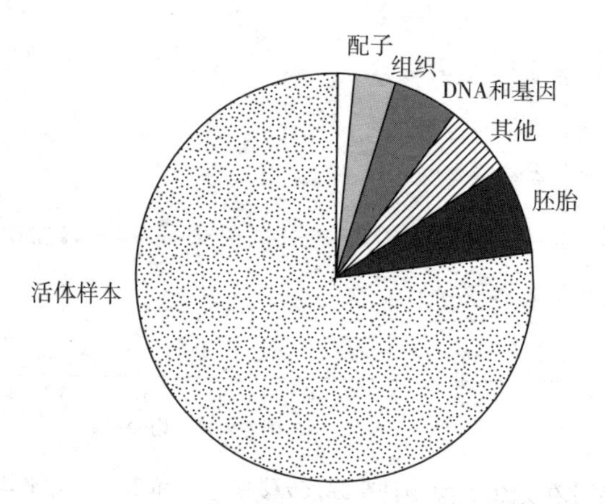

图 2-39　所有国家和物种的进出口遗传物质交易类型

资料来源：为《世界粮食和农业水生遗传资源状况》编写的国别报告：对问题 11 和问题 13（n=92）的回应。

引进数据库输入数据的分析，可以对引进的效果做出一些解释（见插文 13）。

插文 13　非本地物种的影响

先前对水生物种引进数据库信息的分析（Bartley 和 Casal，1998；Gozlan，2008）表明，大多数水生物种的引入对生物多样性或生态系统的影响微乎其微。然而，最近对更新的水生物种引进数据库进行的分析显示，各国报告的水生物种引入对社会和经济的不利影响多于有益影响。引入非本地物种的显著不利影响包括福寿螺（*Pomacea canaliculata*），它摧毁了菲律宾的稻田（Halwart，1994），以及欧洲的螯虾瘟疫真菌［变形丝囊霉菌（*Aphanomyces astaci*）］，它与从北美引进的小龙虾一起抵达（Holdich 等，2009）。其他的引入既有不利的影响，也有有益的影响，因此很难归类，例如，将尼罗尖吻鲈（*Lates niloticus*）引入维多利亚湖，这创造了数百万美元产值的渔业，但也大大减少了该湖本地鱼类的生物多样性（Oguto-Ohwayo，2001）。

很明显，非本地物种可能会成为入侵物种，并已被认定为世界各地生物多样性的威胁。包括粮农组织在内的国际社会倡导在将非本地物种引入新地区之前应用实践守则和风险分析（国际海洋考察理事会，2005；第 7 章）。风险分析还应包括对引入的预期社会、经济和环境效益的分析。关于包括水生物种引进数据库在内的非本地物种的文献和国际准则，请参见 Bartley 和 Halwart（2006）。

参考文献

线上资源

- FAO Aquatic Sciences and Fishery Information System (www. fao. org/fishery/collection/asfis/en)
- FAO Database on Introductions of Aquatic Species (DIAS) (www. fao. org/fishery/topic/14 786/en and http://www. fao. org/fishery/dias/en)
- FishStatJ (2018) (www. fao. org/fishery/statistics/ software/fishstatj/en)
- FAOSTAT (2016) (http://faostat3. fao. org/home/E)
- FAO Commission on Genetic Resources for Food and Agriculture (www. fao. org/nr/cgrfa/cgrfa - home/ en)
- International Union for Nature Conservation (IUCN) Red List of Threatened Species (www. iucnredlist. org)
- Global Invasive Species Database: (www. iucngisd. org/gisd)
- Baltic Sea Alien Species Database (www. corpi. ku. lt/ nemo)
- USDA Invasive Species (www. invasivespeciesinfo. gov/aquatics/databases. shtml)

Asian Development Bank (ADB). 2005. *An impact evaluation of the development of genetically improved farmed tilapia and their dissemination in selected countries*. Bangkok, ADB, 124 pp.

Aflalo, E. D., Hoang, T. T. T., Nguyen, V. H., Lam, Q., Nguyen, D. M., Trinh, Q. S., Raviv, S. & Sagi, A. 2006. A novel two - step procedure for mass production of all - male populations of the giant freshwater prawn *Macrobrachium rosenbergii*. *Aquaculture*, 256 (1 - 4): 468 - 478.

Bakos, J. & Gorda, S. 2001. *Geneticresources of common carp at the Fish Culture Research Institute, Szarvas, Hungary*. FAO Fisheries Technical Paper No. 417. Rome, FAO. (also available athttp://agris. fao. org/agris - search/search. do? recordID=XF2003410409)

Bartley, D. & Casal, C. V. 1998. Impacts of introductions on the conservation and sustainable use of aquatic biodiversity. *FAO Aquaculture Newsletter*, 20: 15 - 19. (also available at www. fao. org/docrep/005/x1227e/x1227e15. htm).

Bartley, D. M., Rana, K. & Immink, A. J. 2001. The use of inter - specific hybrids in aquaculture and fisheries. *Reviews in Fish Biology and Fisheries*, 10: 325 - 337.

Bartley, D. M. & Halwart, M. 2006. *Responsible use and control of introduced species in fisheries and aquaculture* [CD - ROM]. Rome, FAO.

Bartley, D. M. & Halwart, M. 2017. Aquatic Genetic Resources. *In* Hunter, D., Guarino, L., Spillane, C., & McKeown, P. C., eds. *Rutledge handbook of agricultural biodi-*

versity, Chapter 5. Earthscan Publications.

Beacham, T.D., Candy, J.R., Jonsen, K.L., Supernault, J., Wetklo, M., Deng, L., Miller, K.M., Withler, R.E. & Varnavskaya, N. 2006. Estimation of stock composition and individual identification of Chinook salmon across the Pacific Rim by use of microsatellite variation. *Trans. Am. Fish. Soc.*, 135: 861-888.

Beardmore, J.A., Mair, G.C. & Lewis, R.I. 2001. Monosex male production in finfish as exemplified by tilapia: applications, problems, and prospects. *Aquaculture*, 197: 283-301.

Bernatchez, L., Wellenreuther, M., Araneda, C., Ashton, D.T., Barth, J.M., Beacham, T.D., Maes, G.E., *et al.* 2017. Harnessing the power of genomics to secure the future of seafood. *Trends in Ecology & Evolution*, 32 (9): 665-680.

Bilio, M. 2008. *Controlled reproduction and domestication in aquaculture*. European Aquaculture Society.

Colihueque, N. & Araneda, C. 2014. Appearance traits in fish farming: progress from classical genetics to genomics, providing insight into current and potential genetic improvement. *Frontiers in genetics*, 5: 251.

Devlin, B.H., Yesakl, T.Y., Blagl, E.A. & Donaldson, E.M. 1994. Extraordinary salmon growth. *Nature*, 371: 209-210.

Dunham, R.A. 1995. *The contribution of genetically improved aquatic organisms to global food security*. Thematic paper presented to the Japan/ FAO International Conference on Sustainable Contribution of Fisheries to Food Security, 4-9 December. Kyoto, Japan.

Dunham, R.A. 2011. *Aquaculture and fisheries biotechnology: genetic approaches*. Second Edition. CABI Publishing. 495 pp.

FAO. 1997. *The State of the World's Plant Genetic Resources for Food and Agriculture*. Rome. (also available at www.fao.org/tempref/docrep/fao/ meeting/015/w7324e.pdf).

FAO. 2010. *The Second Report on the State of the World's Plant Genetic Resources for Food and Agriculture*. Rome (also available at http://www.fao.org/3/i1500e/i1500e00.htm).

FAO. 2015. *The Second Report on the State of the World's Animal Genetic Resources for Food and Agriculture*. Commission on Genetic Resources for Food and Agriculture Assessments. Rome, FAO. (also available at www.fao.org/3/a-i4787e.pdf).

FAO. 2016. *Report of the expert workshop on incorporating genetic diversity and indicators into statistics and monitoring of farmed aquatic species and their wild relatives*. FAO Fisheries and Aquaculture Report No. 1173. Rome. (also available at www.fao.org/3/a-i6 373e.pdf).

FAO. 2018a. Fishery and Aquaculture Statistics. Global Production by Production Source 1950—2016 (FishstatJ). In: *FAO Fisheries and Aquaculture Department* [online]. Rome. Updated 2018. www.fao.org/fishery/statistics/software/fishstatj/en

FAO. 2018b. *The State of World Fisheries and Aquaculture* 2018. Rome. (also available at http：// www. fao. org/3/I9540EN/i9540en. pdf).

Fjalestad, K. T., Gjedrem, T., Carr, W. H. & Sweeney, J. N. 1997. *Final report: the shrimp breeding program. Selective breeding of* Penaeus vannamei. Akvaforsk Report No. 17/97.

Gjedrem, T. 1997. *Selective breeding to improve aquaculture production.* World Aquaculture Society. pp 33－35, Sorrento, USA.

Gjedrem, T. 2012. Genetic improvement for the development of efficient global aquaculture: a personal opinion review. *Aquaculture*, 344: 12－22.

Gjedrem, T. & Baranski, M. 2010. *Selective breeding in aquaculture: an introduction.* Vol. 10. Springer Science & Business Media. 220 pp.

Gjedrem T., Robinson, N. & Rye, M. 2012. The importance of selective breeding in aquaculture to meet future demands for animal protein: a review. *Aquaculture*, 350: 117－129.

Gjedrem, T. & Robinson, N. 2014. Advances by selective breeding for aquatic species: a review. *Agricultural Sciences*, 5: 1152 － 1158. (also available at http: //dx. doi. org/10. 4236/as. 2014. 512125).

Gozlan, R. E. 2008. Introduction of non－native freshwater fish: is it all bad? *Fish and Fisheries*, 9: 106－115.

Guo, X., Wang, Y., Xu, Z. & Yang, H. 2009. Chromosome set manipulation in shellfish. In G. Burnell & G. Allan, eds. *New technologies in aquaculture*, pp. 165 － 194. CRC Press. 1191 pp.

Halwart, M. 1994. The golden apple snail *Pomacea canaliculata* in Asian rice farming systems: present impact and future threat. *International Journal of Pest Management*, 40 (2): 199－206.

Harvey, B., Soto, D., Carolsfeld, J., Beveridge, M. & Bartley, D. M., eds. 2017. *Planning for aquaculture diversification: the importance of climate change and other drivers.* FAO Technical Workshop, 23 － 25 June 2016. FAO, Rome. FAO Fisheries and Aquaculture Proceedings No. 47. 166 pp. (also available at http: //www. fao. org/3/a－i7358e. pdf).

Holdich, D. M., Reynolds, J. D., Souty－Grosset, C. & Sibley, P. J. 2009. A review of the ever increasing threat to European crayfish from non－indigenous crayfish species. *Knowledge and Management of Aquatic Ecosystems*, 11: 394－395.

Hulata, G. 1995. The history and current status of aquaculture genetics in Israel. *Isr. J. Aquacult. Bamidgeh*, 47: 142－154.

International Council for the Exploration of the Sea (ICES). 2005. *ICES code of practice on the introductions and transfers of marine organisms.* International Council for the Exploration of the Sea. Copenhagen. 30 pp.

Intrafish Media. 2019. US Officials OK Aquabounty GM Salmon. *IntraFish Aquaculture*, Q2, 2019.

Kirpichnikov, V. S. 1981. *Genetic basis of fish selection*. Berlin, Springer - Verlag.

Lind, C. E, Safari, A., Agyakwah, S. K., Attipoe, F. Y. K, El - Naggar, G. O., Hamzah, A. & Hulata, G., *et al*. 2015. Differences in sexual size dimorphism among farmed tilapia species and strains undergoing genetic improvement for body weight. *Aquaculture Reports*, 1: 20 - 27.

Liu, Z. 2016. *Genome - based biotechnologies in aquaculture*. (also available at http: //www. fao. org/aquatic - genetic - resources/background/sow/background - studies/en/).

Lourdes, M., Cuvin - Aralar, A. & Aralar, E. V. 1995. Resistance to heavy metal mixture in *Oreochromis niloticus* progenies of parents chronically exposed to the same metals. *Aquaculture*, 137: 271 - 284.

Mair, G. C., Abucay, J. S., Beardmore, J. A. & Skibinski, D. O. 1995. Growth performance of genetically male tilapia (GMT) derived from YY - males in *Oreochromis niloticus L.*: on station comparisons with mixed sex and sex reversed male populations. *Aquaculture*, 137: 313 - 323.

Misztal, I. 2007. Shortage of quantitative geneticists in animal breeding. *Journal of Animal Breeding and Genetics*, 124 (5): 255 - 256.

Moen, T., Baranski, M., Sonesson, A. K. & Kjoglum, S. 2009. Confirmation and fine — mapping of a major QTL for resistance to infectious pancreatic necrosis in Atlantic salmon (*Salmo salar*): population - level associations between markers and trait. *BMC Genomics*, 10: 368. (also available at https: //doi. org/10. 1186/1471 - 2164 - 10 - 368).

Nash, C. E. 2011. *History of aquaculture*. Wiley - Blackwell, Iowa, USA.

Ogutu - Ohwayo, R. 2001. *Nile perch in Lake Victoria: balancing the costs and benefits of aliens. Invasive species and biodiversity management*, pp. 47 - 63. Dordrecht, the Netherlands, Kluwer Academic Publishers.

Overli, O., Pottinger, T. G., Carrick, T. R., Overli, E. & Winberg, S. 2002. Differences in behaviour between rainbow trout selected for high - and low - stress responsiveness. *Journal of Experimental Biology*, 205: 391 - 395.

Pauly, D. 1995. Anecdotes and the shifting baseline syndrome of fisheries. *Trends in Ecology & Evolution*, 10 (10): 430.

Pongthana, N., Nguyen, N. H. & Ponzoni, R. W. 2010. Comparative performance of four red tilapia strains and their crosses in fresh - and saline water environments. *Aquaculture*, 308, Suppl. 1: S109 - S114.

Ponzoni, R. W., Nguyen, N. H., Khaw, H. L., Hamzah, A., Bakar, K. R. A. & Yee, H. Y. 2011. Genetic improvement of Nile tilapia (*Oreochromis niloticus*) with special reference to the work conducted by the WorldFish Center with the GIFT strain. *Reviews in Aquaculture*, 3: 27 - 41.

Pullin, R. S. V. 2017. Diversification in aquaculture: species, farmed types and culture systems. *In*

B. Harvey, D. Soto, J. Carolsfeld, M. Beveridge & D. M. Bartley, eds. *Planning for aquaculture diversification: the importance of climate change and other drivers*, 15 - 36. FAO Technical Workshop, 23 - 25 June 2016. Rome, FAO. FAO Fisheries and Aquaculture Proceedings No. 47. (also available at: http: //www. fao. org/3/a - i7358e. pdf).

Robinson, N. A., Gjedrem, T. & Quillet, E. 2017. Improvement of disease resistance by genetic methods. In *Fish Diseases - 1st Edition. Prevention and Control Strategies*, 21 - 50. Academic Press.

Rosenstein, S. & Hulata, G. 1993. Sex reversal in the genus *Oreochromis*: optimization of feminization protocol. *Aquacult. Fish. Manage.*, 25: 329 - 339.

Ruane, J. & Sonnino, A. 2006. *The role of biotechnology in exploring and protecting agricultural genetic resources*. Rome, FAO. (also available at http: //www. fao. org/3/a0399e/A0399E00. htm).

Sahrhage, D. & Lundbeck, J. 1992. *History of fishing*. Berlin, Springer - Verlag.

Sheehan, R. J., Shasteen, S. P., Suresh, A. V., Kapuscinski, A. R. & Seeb, J. 1999. Better growth in all - female diploid and triploid rainbow trout. *Transactions of the American Fisheries Society*, 128: 491 - 498.

Smith, T. I. J. 1988. Aquaculture of striped bass and its hybrids in North America. *Aquacult. Mag.*, 14: 40 - 49.

Tave, D. 1989. The Domesea selective breeding program with coho salmon. *Aquacult. Mag.*, Sept/Oct: 63 - 67.

Tave, D. 1995. *Selective breeding programmes in medium - sized fish farms*. FAO Fisheries Technical Paper No. 352. Rome, FAO. pp 122.

Thodesen, J., Grisdale - Helland, B., Helland, S. J. & Gjerde, B. 1999. Feed intake and feed utilization of offspring from wild and selected Atlantic salmon (*Salmo salar*). *Aquaculture*, 180 (3): 237 - 246.

Tibbetts, S. M., Wall, C. L., Barbosa - Solomieu, V., Bryenton, M. D., Plouffe, D. A., Buchanan, J. T. & Lall, S. P. 2013. Effects of combined 'all - fish' growth hormone transgenics and triploidy on growth and nutrient utilization of Atlantic salmon (*Salmo salar* L.) fed a practical grower diet of known composition. *Aquaculture*, 406: 141 - 152.

Tiwary, B. K., Kirubagran, R. & Ray, A. K. 2004. The biology of triploid fish. *Reviews in Fish Biology and Fisheries*, 14: 391 - 402.

Toro, J. E., Aguila, P. & Vergara, A. M. 1996. Spatial variation in response to selection for live weight and shell length from data on individually tagged Chilean native oysters (*Ostrea chilensis Philippi*, 1845). *Aquaculture*, 146: 27 - 36.

Wargelius, A., Leininger, S., Kleppe, L., Andersson, E., Lasse Taranger, G., Schutz, R. W. & Edvardsen, R. B. 2016. Dnd knockout ablates germ cells and demonstrates germ cell independent sex differentiation in Atlantic salmon. *Scientific Reports*, 6. doi:

10.1038/srep21284.

Wilkins, N.P., Gosling, E., Curatolo, A., Linnane, A., Jordan, C. & Courtney, H.P. 1995. Fluctuating asymmetry in Atlantic salmon, European trout and their hybrids, including triploids. *Aquaculture*, 137: 77-85.

Wohlfarth, G.W. 1994. The unexploited potential of tilapia hybrids in aquaculture. *Aquacult. Fish. Manage*, 25: 781-788.

第3章

水产养殖驱动因素和发展趋势：对国家辖区内水生遗传资源的影响

目的： 本章探讨了不同驱动因素对养殖水生遗传资源（AqGR）及其野生近缘种的影响。这些驱动因素包括人口增长、资源竞争、治理力度、财富增加和对鱼类的需求、消费者的食物偏好和道德伦理的考量，以及气候变化的直接影响。本章还考虑了影响生态系统的驱动因素，这些因素对野生近缘种和养殖型都存在影响。这些驱动因素包括栖息地丧失和退化、水域污染、气候变化的间接影响、有目的的增殖放流和水产养殖逃逸、入侵物种的建立、病原体和寄生虫的引入以及捕捞渔业。

关键信息：

- 随着捕捞渔业资源日益受限，人口增长将继续推动对鱼类和鱼类产品，特别是水产养殖产品的需求。
- 对鱼类和鱼类产品的需求增加，将推动用于养殖生产物种的增产和多样化，从而使水产养殖中使用的水生遗传资源也随之多样化，这必然对用作种苗资源或直接用作食物的野生近缘种造成压力。
- 水产养殖生产的很大一部分来自淡水。农业、城市供应、能源生产和其他用途对淡水的需求将对水产养殖形成挑战，使水产养殖业必须更有效地利用资源，减少排放量，并将生产扩展到半咸水和海洋系统。这将对水生遗传资源适应此类系统提出新要求。
- 野生近缘种将受到过度捕捞（包括水产养殖种苗和饲料的捕获）、当地用水优先次序的变化，以及引进物种的竞争（包括水产养殖业的逃逸）的威胁。
- 由于发展中经济体财富的增加，区域内和区域间贸易的增加以及城市化、工业化，鱼类和鱼类产品的整合和商品化的增加将推动和改变对水生遗传资源的物种需求和偏好。
- 随着人口统计的变化，消费者对鱼类的态度（包括对健康益处及不可持续的捕捞和水产养殖做法的态度）也在发生变化，影响了不同水生遗传资源的可接受性和需求。
- 将不断探索新的水生遗传资源物种，以满足新商品的需求并填补利基市场。
- 在某些市场上，转基因生物的开发和利用仍令人担忧，这会引发消费者的抵制。
- 对观赏物种的需求将增加，并推动养殖型的发展以及对野生近缘种的需求。
- 生态环境良好的治理对养殖型和野生近缘种的水生遗传资源整体都会产生有益影响。
- 土地、水、沿海地区、湿地和流域用途的变化都会影响水生遗传资源栖息地的数量和质量。

- 入侵水生物种的建立可能通过竞争或捕食对水生遗传资源产生直接影响，通常是负面影响，也可能对支撑野生近缘种的食物网和生态系统产生间接影响。
- 水污染具有强烈的负面影响，特别是在淡水中，并影响野生近缘种和养殖型的水生遗传资源。
- 气候变化可能会对影响淡水资源的可用性，并意味着环境温度的变化，这将对养殖和野生水生遗传资源产生直接和间接影响，特别是在热带地区。
- 气候变化也可能会产生积极影响，例如，对管理中的养殖型选择或对气候耐受养殖型的自然选择。
- 气候变化对野生近缘种的保护和可持续利用既有积极影响，也有消极影响。

3.1 影响水产养殖及其野生近缘种水生遗传资源的驱动因素

许多驱动因素将影响水生遗传资源和依赖它们的人类。预计未来几十年最重要的驱动因素将是人口增长、资源竞争、实现良好治理的能力、财富增加，以及对鱼类和鱼类产品的需求、消费者态度（即食物偏好和道德考量）、栖息地管理和气候变化（粮农组织，2014a，2018a）。水产养殖业的增长本身将取决于许多这些驱动因素，并将对粮食生产产生重大影响（见粮农组织《展望》部分，2014a）。在考虑影响整个水生遗传资源的驱动因素时，有必要审议水产养殖生产发展的趋势。在本章中，粮农组织水产养殖统计数据用于说明涉及分类学分组、栖息地和饲养水平的总体趋势，这种趋势在两年期报告之间没有显著差异。本章还介绍和评述了国别报告对上述驱动因素及其对水生遗传资源影响的回应，这些主要是涉及对养殖的水生遗传资源的影响，同时也考虑对养殖物种的野生近缘种的影响。

3.1.1 人口增长

如第1.7节所述，全球人口增长（表1－1）是预测未来鱼类和鱼类产品需求大幅增加的主要驱动因素。这些预测表明，到2030年，62%的食用鱼将由水产养殖生产，2030年以后，水产养殖将可能主导全球鱼类供应（世界银行，2013）。

超过一半（54%）的国家在人口增长对水生遗传资源影响的回应中表明，

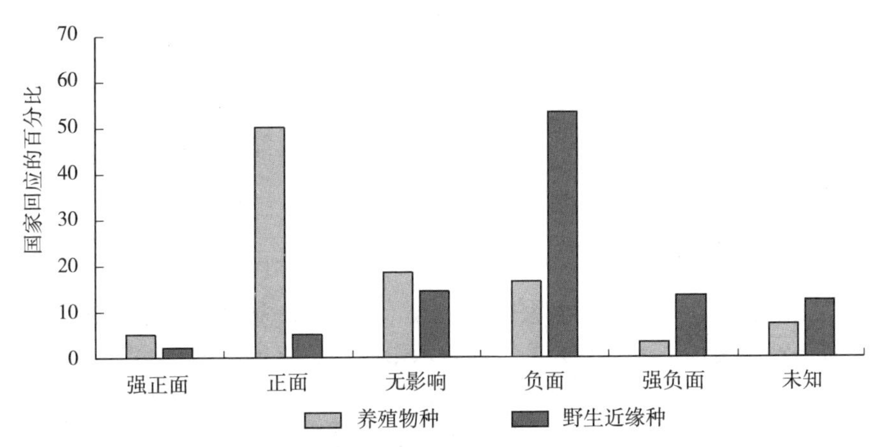

图3-1　各国针对人口增长对养殖物种及其野生近缘种水生遗传资源影响的回应

资料来源：为《世界粮食和农业水生遗传资源状况》编写的国别报告：对问题15和问题16（$n=90$）的回应。

人口增长对养殖型遗传资源的影响可能是积极的（图3-1）。这似乎与随着人口增长对水产养殖产品的需求随之增加有关。我们注意到，一些发达国家预计其人口在可预见的未来不会大幅增长，因此对鱼类和鱼类产品的需求也不会大幅增加。预计随着水产养殖业的发展，养殖型遗传资源多样性将增加，包括开发具有耐高密度生产、提高抗病性等特性的改良养殖型，以及改善产品质量的性状，例如，颜色、形状、出成率、头尾比和藻胶特性（Gjedrem、Robinson和Rye，2012）。预计还将继续寻找新的养殖物种，这也称为多样化（见插文3）。

19%的回应国认为人口增长可能对农业遗传资源产生负面或强烈负面影响，这在很大程度上与资源压力有关。水资源的压力限制了广泛的水产养殖系统及其使用的相关物种。集约化和工业化可能会缩小作为商品养殖的物种范围。这与畜牧业的趋势类似，因为高性能繁育种取代了当地适应的繁育种（粮农组织，2007）。非本地物种在水产养殖中日益重要，与之相关的水生物种流动的加剧和全球化（图2-34和图2-35）将增加疾病传播的风险，这可能对水生遗传资源产生不利影响。

人口增长对野生近缘种的影响通常被认为是负面的（65%的受访者），只有7%的国别报告表明这会产生积极影响。受访者认为，不断增加的人口和随之而来的鱼类需求将导致野生近缘种的过度捕捞，并对支持野生近缘种的淡水生态系统产生负面影响。缺乏有效管理可能会对最脆弱的物种产生深远的负面影响，这些物种通常具有特定的生活史性状，例如，性成熟晚、繁殖力低和复杂的繁殖或迁徙特性。这些特性也意味着这些物种在圈养条件下驯化和繁殖

（例如，蓝鳍金枪鱼、鳗鱼和龙虾）具有挑战性或成本高昂。这给野生近缘种带来了额外的压力，因为水产养殖的种苗来源通常是通过捕获野生幼鱼来实现的。

尽管规模尚未量化，捕捞压力和渔具的选择也可能通过对野生种群的选择而对野生近缘种产生影响（Hard 等，2008）。

3.1.2 资源竞争

总体而言，超过一半的国家回应（54%）表示，资源竞争将对养殖的水生遗传资源产生负面影响；19%的国家表示影响是积极的（图 3-2）。这些回应过分关注淡水的供应情况，以及农业、娱乐用途和饮用水供应等其他行业对淡水的竞争。各区域和各社会经济国家类别的回应分布相似。

用水优先级的变化迫使水产养殖以更低的成本生产更多的产品。在许多国家，人们越来越重视内陆水域的恢复、栖息地的恢复和生物多样性的保护。这反过来可能会限制场地的可用性，并限制取水和污水排放，从而限制水产养殖扩张的前景。

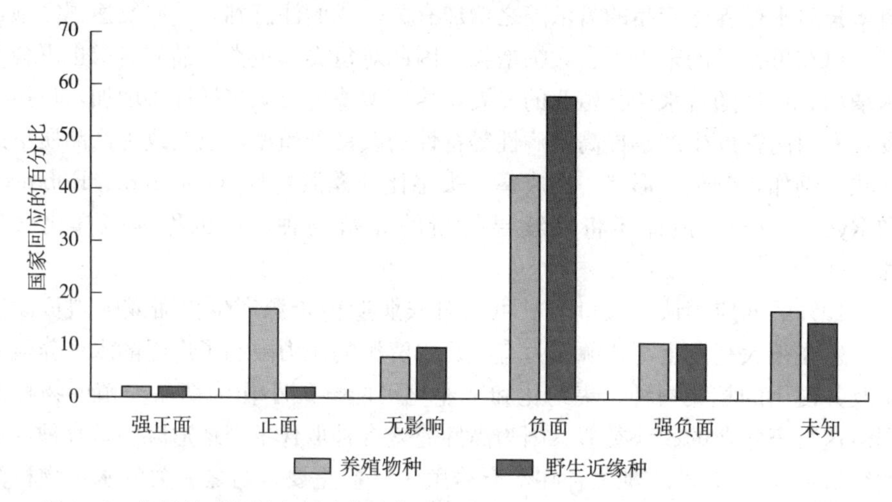

图 3-2　各国针对资源竞争对养殖物种及其野生近缘种水生遗传资源影响的回应

资料来源：为《世界粮食和农业水生遗传资源状况》编写的国别报告：对问题 15 和问题 16（$n=90$）的回应。

在许多国家，有必要通过提升饲料、水和空间的利用率来提高水产养殖产量。这对水产养殖物种的驯化和选择性育种过程有一定影响，因为养殖种群需要适应集约化养殖系统。此外，各国还将有兴趣为目前尚未养殖的物种开发水产养殖系统。一些作出回应的国家指出，资源竞争将对发展更有效的生产系统产生积极影响，减少营养物质排放足迹。

普遍认为，通过粮农组织每两年更新一次的统计收集的数据与国别报告中提供的数据之间存在一些差异。第2章讨论了这些差异的原因和影响（图2-10和表2-2）。

2016年水产养殖生产数据（粮农组织，2018b）显示，共有554种水生物种和物种类别正在被养殖（表1-9）。其中约56%为海洋物种，36%为淡水物种，8%为溯河性产卵物种。

水产养殖的扩张将不可避免地导致淡水和土地资源的竞争。通过在半咸水和咸水中开发养殖系统和物种，该行业仍有扩张的空间（从而拓展养殖型的水生遗传资源）。

在海洋和半咸水环境中养殖的物种数量最多，这表明了这些系统的养殖生物的多样性。值得注意的一个优势是，咸水环境是少数几个不与牲畜和作物生产直接竞争空间和水资源的区域，这意味着未来有相当大的潜力增加这些环境中的养殖食品产量。

水产养殖关键饲料成分（尤其是鱼粉和鱼油）的价格上涨已经推动水产养殖行业探索成本更低的替代品（Rana、Siriwardena和Hasan，2009）。创新饲料的开发是一个结果，但为改善这些饲料的性能（生长系数、饲料转化率），选择品种应是一个平行的发展。通过对一些物种的选择性育种，例如，大西洋鲑（*Salmo salar*）、斑点叉尾鮰（*Ictalurus punctatus*）和尼罗罗非鱼（*Oreochromis niloticus*），品种性状得到了显著改善。

尽管水产养殖饲料的供应是今后水产养殖发展的一个重要问题，但世界上50%的水产养殖生产是在不需要添加饲料的系统中进行的。这主要是通过生产海藻和微藻（27%）、滤食性鳍鱼（8%）和滤食性软体动物（15%）物种来实现（粮农组织，2014b）。2014年，非投喂水生动物的产量为2 300万吨，占世界所有养殖鱼类产量的23%（粮农组织，2016），在过去十年中，这一比例相对稳定，趋势相当一致。然而，在过去十年中，肉食性物种的产量略有增加（占水产养殖总产量的8%～9%），尽管非肉食性物种的生产大大超过了这一产量水平（表3-1）。

最重要的非投喂水生动物物种包括：

- 两种淡水鳍鱼，鲢（*Hypophthalmichthys molitrix*）和鳙（*Hypophthalmichthys nobilis*）（开放系统中的罗非鱼也可滤食天然饵料，但此处不包括在内）；
- 双壳类软体动物（蛤、牡蛎、贻贝等）；
- 海洋和沿海区域的其他滤食性动物（例如，海鞘）。

虽然，有许多与资源竞争相关的压力可能会对养殖水生遗传资源产生积极影响，但对水和土地的限制以及养殖系统合理化的趋势可能会降低某些地区养殖水产动物的多样性。

对野生近缘种来说，争夺水资源的情况更加清晰。69%的回应国认为资源竞争总体上是消极的，而只有4%的回应国认为会产生积极影响。

表 3-1 2004—2014 年投喂和非投喂水产养殖产量比较（吨）

项目	物种	2004年	2009年	2014年	占2014年总量的百分比（%）
非投喂	藻类	10 382 167	14 823 908	26 839 288	27
	双壳软体动物	10 622 252	12 214 046	14 516 676	15
	滤食性鲤科鱼	5 381 150	6 568 469	8 220 882	8
	其他滤食性物种	87 702	171 392	275 568	0
投喂	植食性物种	3 980 855	5 138 466	6 722 240	7
	杂食性物种	17 991 921	26 541 037	33 347 307	34
	肉食性物种	4 754 449	6 597 555	8 942 613	9
未知	其他未知物种	4 992 202	5 258 884	4 897 668	5
合计	非投喂合计	26 473 271	33 777 815	49 852 414	50
	投喂合计	26 727 225	38 277 058	49 012 160	50
	非投喂动物合计	16 091 104	18 953 907	23 013 126	23
	所有物种合计	58 192 698	77 313 757	103 762 242	n/a
占年度总量的百分比（%）	非投喂	50	47	50	n/a
	投喂	50	53	50	n/a

资料来源：粮农组织，2016。

注：百分比计算的年度总量不包括未知物种的产量。n/a=不适用。

对野生近缘种造成消极影响的因素包括淡水供应减少、栖息地丧失以及对陆地和在海水养殖国家海洋空间的竞争。流域的变化是影响水生系统的主要因素之一，包括河流筑坝、排水、防洪、水电开发、灌溉、湿地分区和道路建设等人类活动对流域产生的人为改变。野生近缘种也可能受到土地用途变化、土壤退化、农业径流以及无管制的城市和工业排放到水体中造成的水质变化的影响。

尽管水产养殖饲料（例如，鱼粉、低价值/劣质鱼）的目标物种通常不是水产养殖物种的野生近缘种，但来源于捕捞渔业的水产养殖饲料需求产生了额外的具体影响（表 3-2）。

表 3-2 资源竞争对野生近缘种的影响汇总

栖息地丧失和退化的典型影响	土地利用、流域开发和淡水湿地排水的变化导致河流、湿地和其他水体的变化，致使野生栖息地和水流的丧失。这减少了维持物种种群的可用栖息地，并影响了关键季节栖息地的功能（例如，越冬、旱季避难所） 物理障碍和不断变化的水流状况，影响河流物种上下游迁徙和繁殖。这是由于河流筑坝和水道连通性丧失（例如，低水位控制结构、拦河坝、灌溉结构）造成的

（续）

栖息地丧失和退化的典型影响	不断变化的生态系统质量（由土地管理、流域管理驱动）导致水体土壤侵蚀和泥沙负荷增加。这直接影响到对不良水质敏感的物种，并可能影响产卵场或育苗场的质量
污染对水的影响	未经处理的工业排放物中的毒素和重金属的直接影响 城市化污水的间接影响导致富营养化，并改变水质和食物链 通过雌性化效应（污水中的雌激素类似物）对鱼类产生直接影响 农业径流中的营养物质导致水体富营养化 农业产生的农药径流直接影响鱼类或通过对猎物和食物链的生态系统影响间接影响鱼类
种苗或亲本需求的影响	一些水产养殖系统仍然依赖野生近缘种作为种苗的来源。这可能是完全良性的，例如，在软体动物生产中捕获自然产卵（例如，蛤蜊、牡蛎、贻贝、乌蛤） 如果在采集过程中已经出现了物种大量死亡，那么积极捕捞用于放养的种苗可能会产生更大的影响。在这种情况下，可能会对野生种群产生直接影响（例如，加强采集幼龙虾或石斑鱼）。在其他系统中，用于放养的幼鱼的采集似乎对野生种群影响很小或没有影响，例如，日本采集黄条鰤（*Seriola lalandi*）的种苗
饲料需求的影响	专门为生产鱼粉的鱼类而管理的捕捞渔业通常不包括水产养殖物种的野生近缘种。使用拖网副渔获物作为鱼粉更为复杂，因为目标物种可能高度多样。尽管对水产养殖物种的野生近缘种的影响尚未量化，但这些渔业中存在影响种群组成的生态系统效应

3.1.3 治理

治理因素被认为对养殖水生遗传资源有积极影响（76%）。各区域和国家经济类别的回应分布相似。总体来说，各国的回应表明，将更有效的行业监管与加强水产养殖生产者的组织和赋权相结合是一个可取的目标。在所示之处，各国报告称，有效的治理是有助于水生遗传资源管理的积极因素。被确定为主要的因素包括：制定管理物种进口的具体法规和养殖场一级的水生遗传资源规章制度，以及对饲料行业的管理。国别报告确定了政府对育种方案投资和水产养殖发展规划制定（以及促进此项工作的机构）的积极成果。这些成果使得生产者和监管者之间能够进行更有效的对话，并增进了对水产养殖生产相关问题的理解。在一些报告中，提到了与民间社会、民间社会组织和环保组织的接触和相互理解。

同样重要的是，需要鼓励各方就水产养殖及其对水生遗传资源的利用，以及对野生近缘种的潜在影响或威胁问题进行更好的对话。已确认改善治理对养殖水生遗传资源的潜在积极影响如下：

- 强化对养殖型的规章和管理，包括对孵化场的许可（这有助于对养殖水生遗传资源进行更系统和有效的控制）；
- 有效的生物安全系统，以评估和管理迁移风险、养殖和野生物种的引入，以及病原体和寄生虫的带入；
- 水产养殖的专业化，包括更好地了解和评估优质遗传品系；
- 培养养殖型的特定病原体抗性；
- 制定有效措施，使各国之间能够交流生物材料（目前，这一点越来越受到有关遗传资源和生物安全的国家立法的制约；见第7章）。

只有9%的回应国家认为治理会对水生遗传资源产生负面影响。这些回应与监管环境不佳和研究有限有关。有人表示担心，由于缺乏政府对水生遗传资源的领导，私营部门掌握了太多的影响力，这对不受管制的进口和流动产生了影响。

对于野生近缘种，治理的积极影响（70%）也有类似的数据，回应（如有提供）侧重于有效渔业管理对保护野生近缘种的重要性。各区域和国家经济类别的反应分布相似。有人认为，有效的渔业评估方案是一个重要因素。一些例子强调了保护特定栖息地，发展保护区和庇护所以保护野生种群（孟加拉国和贝宁）。对于海洋种群问题，各国提到了渔业管理措施，包括季节性禁渔。一些国别报告还注意到淡水资源（包括栖息地）的恢复。一些报告指出了政府监管机构与渔民以及渔场经营者之间建立有效关系的重要性，有助于实现环境保护的积极成果（图3-3）。

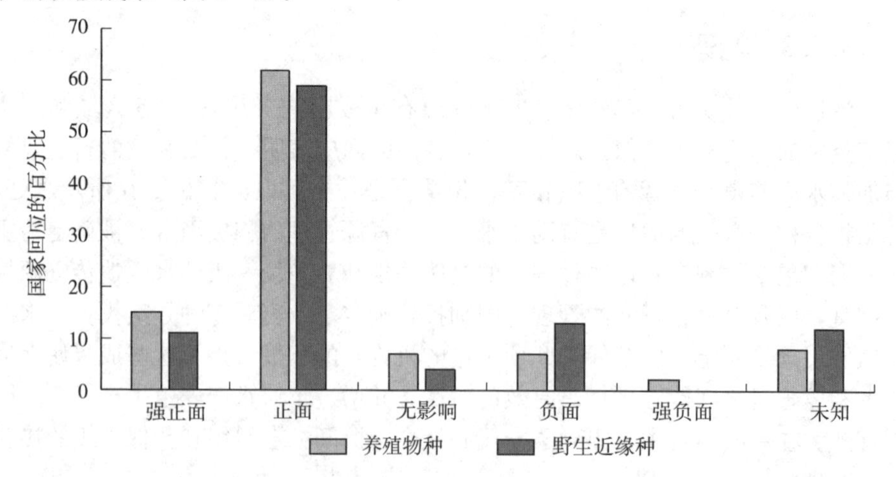

图3-3 各国针对治理因素对养殖物种及其野生近缘种水生遗传资源影响的回应

资料来源：为《世界粮食和农业水生遗传资源状况》编写的国别报告：对问题15和问题16（n=90）的回应。

养殖型水生遗传资源管理中的一些问题与治理结构以及监管控制、研究和沟通的程度有关。人们仍然担心养殖型的逃逸问题，尤其是未来可能用于水产养殖的任何遗传改良生物（GMO），可能会对野生近缘种造成影响。这突出表明需要制定更严格的措施来防止或减少可能的伤害。

防止有害影响取决于有效的行业法规和管理。表 3－3 总结了这些问题。

表 3－3　影响水生遗传资源的水产养殖行业治理和管理问题

原始种群的遗传多样性有限	确定采用养殖技术时，研究中心使用的种鱼数量有限。成功的大规模生产可以将后备亲鱼传播到其他孵化场进行大规模繁殖，而无需获得大量新的鱼种。这可能是一个特殊的问题，因为亲本是非本地的
小型私人孵化场数量有限	在许多发展中国家，小型私人或国有孵化场可能拥有数量极少的亲本。可能在很多年都不会补充亲本，在某些情况下，亲本从未补充过。这会导致近亲繁殖和性状下降。这一问题可以通过国家关于亲本管理和传播的举措加以纠正
全球传播的物种资源数量相对有限	特定养殖型可在引种中心保存，获取这些养殖型可能受到法律或财政限制。改善准入可能需要合作或分享协议以及更多的国家财政支持
更新野生遗传资源的限制	从野生近缘种那里补充亲本可能受到许多方面的限制。最大的威胁之一是对野生近缘种栖息地和种群的管理不力，这可能会导致它们在野外的数量减少，从而损失一个未来潜在的亲本来源
私营部门不遵守法规	很明显，在一些国家的回应中甚至指出，私营部门有能力绕过政府对水生动物进口和转移的控制
对意外或故意将养殖鱼类放归野外的控制不力	意外或故意（在开放水域放养的情况下）释放驯化物种，孵化场培育和遗传改良生物材料可能会对野生近缘种造成影响

以加强对生物安全的控制和限制养殖场逃逸等措施来改善治理，也有利于野生近缘种保护，这些措施可以降低包括遗传污染在内的潜在影响。改善环境和生物多样性的管理可能是一个额外的积极影响，有助于更有效地保护野生近缘种。可以支持水生遗传资源的治理措施包括：

- 建立管理良好的保育孵化场，以增加或维持野生近缘种的遗传多样性；
- 通过实施有效的生物安全法规，特别是在引进方面，降低寄生虫和病原体向野生近缘种传播的风险；
- 实施基于风险评估的法规，防止入侵物种建立；
- 实施减少养殖鱼类和野生鱼类相互作用风险的法规。

在治理对水生遗传资源的影响方面，几乎没有收到多少负面回应，养殖型的负面回应为 9%，野生近缘种的负面回应为 13%。在一些回应中，将执行权下放给私营部门和依赖自愿遵守被视为弱点。发展中国家普遍存在的一个问题是，缺乏对水生物种引进和迁移风险的有效评估。这样就有可能直接违背了生物多样性和生物多样性保护政策，或影响现有的生产系统和经济发展政策，以及与生计和粮食安全相关的政策。

一些国家的回应表明，治理能力薄弱的一个普遍方面是水和环境方面的管理政策分散或管理机构协调能力薄弱。这种情况在许多国家很常见，因为水资源管理和开发的职能及管辖权分布在多个政府机构和私营部门，通常包括灌溉、饮用水供应、水电、生物多样性和环境管理、渔业和水产养殖、沿海区管理、保护区保护部门。在水资源领域，治理能力薄弱的影响可能包括无法协调水域和水体的多用途管理和使用（例如，水产养殖、渔业、娱乐、保护、饮用水供应、灌溉），也可能是产生直接的政策冲突（例如，发电与生物多样性保护和食品/生计安全的冲突）。

法律制度现代化和机构改革有助于纠正这些负面影响，特别是在水资源管理、水产养殖分区和生物安全领域（见第 7 章）方面的影响。

3.1.4 财富增加和对鱼类的需求

80%的受访国家认为，财富增加将对养殖水生遗传资源产生积极影响（图 3-4）。

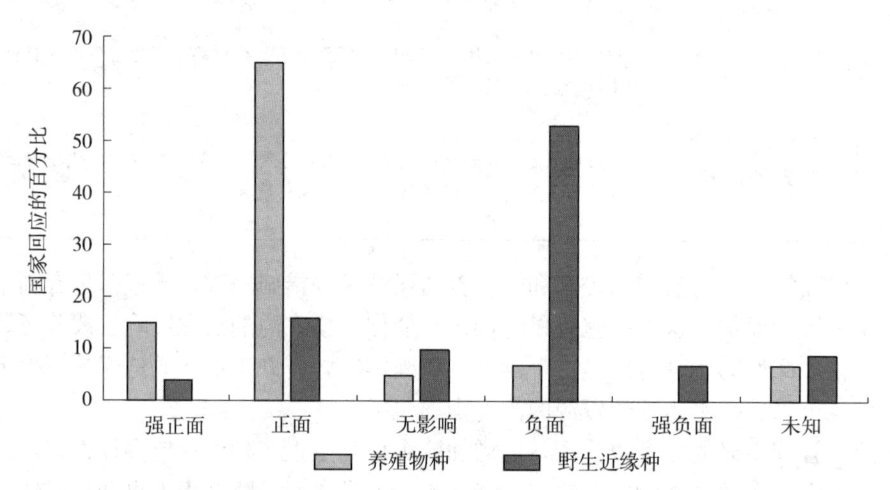

图 3-4 各国针对财富增加对养殖物种及其野生近缘种水生遗传资源影响的回应

资料来源：为《世界粮食和农业水生遗传资源状况》编写的国别报告：对问题 15 和问题 16（$n=90$）的回应。

经济的扩张和财富的增加推动了对鱼类和鱼类产品的需求，水产养殖产品是这一需求的一部分。有一些证据表明，城市化的加剧导致鱼类消费量相对于其他肉类略有减少，但随着经济发展，由于购买力的增强，随着经济的发展，总消费量会有所增长（Delgado 等，2003）。长期预测表明，全球人均鱼类消费量普遍下降，但由于人口增加，总体需求也会随之增加，这将大大弥补人均消费量下降的损失（Delgado 等，2003；世界银行，2013）。国别报告显示，财富的增加和国民经济的发展被视为推动了对鱼类的需求，在许多国家，鱼类通常是一种更昂贵的食物。在中国和刚果民主共和国等不同国家日益富裕的城市人口中，可以观察到这种趋势。

一些作出回应的国家认为，财富的增加和对健康饮食的兴趣增加，推动了居民对鱼类和鱼类产品需求的增加，还促进了对鱼作为健康食品需求的增加，特别是在中等收入家庭。一些国家指出，收入低和经济条件差是其人口获取鱼类能力的限制因素。

通过水产养殖降低鱼类价格，减轻对野生鱼类的负担能力，被视为可产生积极影响。需求的增长被视为水产养殖发展的积极商业刺激。结果是商业水产养殖物种的引进或开发，包括外来和本地物种，以满足新的市场需求。

负面影响的例子有限，只有7%的国家报告了这种结果。水产养殖产品和标准化程度的提高也可能对养殖物种的范围产生一些负面影响。这是因为城市消费者购买的加工水产品（例如，冷冻白鲑和三文鱼鱼片、虾、鱼糜制品）或方便食品（例如，鱼条）数量增加，多样化的需求可能需要更复杂的货品准备，因此对物种多样性的需求减少。人们从对传统淡水物种（例如，鲤鱼）的偏好，转变为对进口海鲜的偏好，也是财富增加和国际价值链改善的体现。

一些国家（例如，摩洛哥）发现对优质鱼类的需求有所增加。随着城市化和经济发展的不断加快，价值链不断延长，超市大量涌现，产品加工和标准化程度不断提高。水产养殖非常适合满足超市的特定需求，包括始终如一的质量、可靠的供应、标准的产品形式和可靠的食品安全。

据报告的另一趋势是，人们对水产养殖中的本土物种越来越感兴趣，特别是当它们变得更难获得或更昂贵时。日益增长的财富创造了对奢侈产品的需求，水产养殖也满足了这一需求。鲑鱼、鳟鱼、虾和鲟鱼（用于制作鱼子酱）水产养殖的兴起是一个典型的例子，展现了水产养殖如何将以前无法获得的昂贵食材带入全球可购的商品链。

正如《世界渔业和水产养殖状况》（SOFIA）报告（粮农组织，2014a，2016）所述，在过去20年（1995—2015年）中，基于低价值和高价值物种的许多水产养殖产品的贸易大幅增加。发达国家、转型国家和发展中国家出现了新的市场。水产养殖现在是渔业商品国际贸易的重要贡献者。这些市场主要涉及高价值物种，例如，鲑鱼、海鲈、鲷鱼、虾和双壳类及其他软体动物，但也包括低价值物种，例如，罗非鱼、鲇鱼（包括巴沙鱼）和鲤科鱼。这类低价值物种在两个主要区域（亚洲、拉丁美洲和加勒比地区）的国家内部和国家之间大量交易，并越来越多地在其他区域找到市场（粮农组织，2014a）。

财富的增加也与人们对高价值观赏鱼的兴趣增加有关，这些观赏鱼主要分布在城市和经济发达地区。活鱼贸易包括观赏鱼，观赏鱼具有很高的经济价值，但就交易数量而言几乎可以忽略不计（粮农组织，2014a）。虽然可能有870多种淡水和海洋物种被养殖用于观赏贸易，但在大多数情况下，国家和粮农组织并未正式报告这些物种[①]。

财富的增加导致对利基产品的需求增加。水产养殖行业为满足这一需求，更加重视改进品系、增加多样性和试验养殖新物种。

关于财富增加对野生近缘种的影响，各国的反应好坏参半。60％的人认为会产生总体负面影响。各国的回应表明，需求增加将推动捕捞努力，对捕捞渔业产生负面影响。

财富的增加可能会推动对某些物种的野生近缘种（例如，蓝鳍金枪鱼、用于制作鱼子酱的鲟鱼、活珊瑚鱼、海参）和观赏鱼（例如，龙鱼、海洋水族馆物种）的需求。人们还认为，这一需求将推动对某些物种，尤其是那些受到威胁或保护的非法、未报告和无管制的捕捞。

20％的受访国家认为财富增加的影响可能是积极的。他们认为，财富的增加将促进捕捞渔业鱼类的消费，但消费者财富的增加会使人们更加意识到有必要对野生捕获鱼类进行负责任和可持续的开发。一些人认为，水产养殖能够提供相当数量的鱼类，完全可以弥补目前从面临压力的野生种群中获得的等量鱼类。

3.1.5 消费者食物偏好和伦理道德考量

65％的回应国家认为，消费者食物偏好和伦理道德考量将对养殖型水生遗传资源产生积极影响（图3-5）。

人们对鱼作为健康食品的兴趣不断增强，促使人们对鱼的需求不断增加。当与人口增长挂钩时，这成为全球鱼类需求的重要驱动因素。消费者食物偏好和伦理道德考量将对购买的物种和养殖型产生额外的影响，消费者可以决定商品的哪些特性成为市场上的最高优先选项。根据一系列社会文化因素分析，这些消费者的偏好将非常多样，并将影响特定养殖型的需求，包括表3-4中列出的偏好。

鱼的价格是消费者在野生近缘种和养殖物种生产产品之间选择以及在特定物种之间选择的一个强有力的驱动因素。由于消费者的最终价格取决于生产成本，因此它极大可能受到所生产的养殖型的遗传特性所决定的生产成本影响。

---

① 基于95％的淡水物种（>850种）和5％的海洋物种（约1 400种）被养殖的假设。

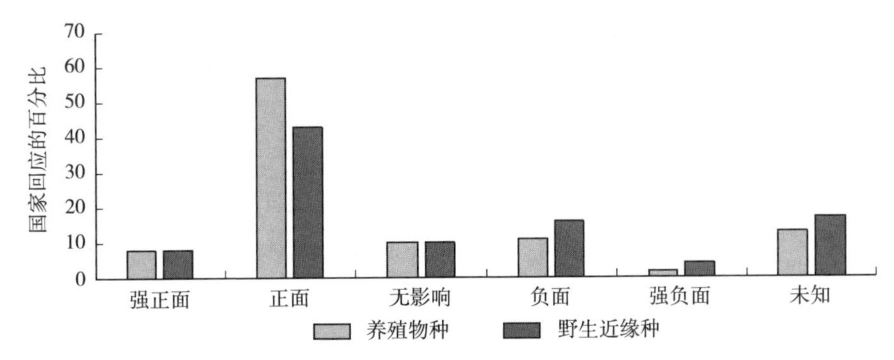

图 3-5　各国针对消费者偏好和伦理道德考量对养殖物种及其野生近缘种水生遗传资源的影响的回应

资料来源：为《世界粮食和农业水生遗传资源状况》编写的国别报告：对问题 15 和问题 16（$n=90$）的回应。

表 3-4　消费者对鱼类和鱼类产品的偏好特征及其与养殖型水生遗传资源遗传特征的相关性

偏好	特征	遗传或养殖特征
外观和味道	体色	比起近黑色的自然颜色，更喜欢红色罗非鱼品系。这在观赏行业中是一个强大（基本）特征
	肉色	偏爱白鱼，避免黄/灰肉（注意，这一特点可能会受到饮食管理的影响） 鲑和虾的红色程度有所不同
	体型	这通常是为了使鱼片最大化或提高出成率（或虾的头尾比） 在某些情况下，人们偏爱较大的鱼头（鳙，*Hypophthalmichthys nobilis*）或更圆更深壳的牡蛎 体型是观赏行业中选择鱼类的主要因素
	味道和口感	取决于物种（肉质） 渗透耐受性——盐度会影响鱼的咸度；比如虾，较低的盐度可以使肉的味道更甜，因为用于维持渗透平衡的氨基酸也会影响味道 养殖方法和使用的饲料会影响肉中的脂肪含量
	加工	对特定养殖型生的、熏制和干制品的兴趣增加
价格	高值	高价值野生近缘种（金枪鱼、石斑鱼、比目鱼、龙虾、虾、鲑鱼等）的养殖型。这些种类的养殖型可能比野生近缘种价格更便宜
	低值	价格合理且可在单位生产成本较低的系统中生产的低价值物种（例如，罗非鱼、巴沙鱼和其他鲇鱼、鲤鱼、印度和中国主要鲤科鱼）

（续）

偏好	特征	遗传或养殖特征
鱼类福利	驯化	生产方式，适合更高强度的生产 养殖系统中的攻击/竞争程度 在养殖系统中对动物的应激感知。降低驯化养殖型的应激
其他环境问题	本土与外来	对本土物种的偏好，以避免引进或外来物种的威胁 有机认证生产可能需要使用本地物种
基因操纵	转基因方法	一些国别报告表达了避免遗传改良生物的普遍偏好
	单性/性逆转	对基因操纵的单性/不育动物的偏好与对使用激素的担忧

12%的受访国家认为，人类的消费偏好和伦理道德考量会对养殖鱼类产生负面影响。消费者对养殖鱼类的福利存在一些担忧。这伴随着一些法规（例如，欧洲联盟法规）和世界动物卫生组织（WOAH）为动物健康（包括福利、屠宰和运输）制定的卫生标准①。这里的一个间接影响因素是捕获种群的成功繁殖经过一个驯化过程，从而使人工繁殖鱼类比其野生近缘种更能耐受欠佳水质条件、种群密度和养殖系统中可能出现的其他应激因素（Bilio，2007）。

开发改良水产养殖品种的一个主要挑战是消费者对现代水产养殖的可持续性和伦理基础的看法及道德关切。这与鱼类福利、感知的环境影响以及养殖逃逸者对野生种群影响的可能性有关。另一个新出现的问题是遗传改良生物的使用，包括转基因生物。目前尚不清楚消费者的认知会对该领域的发展产生多大影响。目前只有一种转基因养殖型（大西洋鲑，*Salmo salar*）进行商业养殖；消费者的担忧对该鱼的审批过程产生了重大影响。

尽管人们普遍担心遗传改良和转基因技术在水产养殖中的应用与伦理、食品安全和环境影响有关，但迄今为止，只有少数转基因生物在研究机构进行研究，只有一种商业应用（见插文 11）。实例包括提高生长率和在低温条件下改进生产性能。有些物种已经完成，例如，大西洋鲑（*Salmo salar*）、大鳞大麻哈鱼（*Oncorhynchus tshawytscha*）、虹鳟（*O. mykiss*）、克拉克大麻哈鱼（*O. clarkii*）、罗非鱼、条纹狼鲈（*Morone saxatilis*）、泥鳅（*Misgurnus anguillicaudatus*）、斑点叉尾鮰（*Ictalurus punctatus*）、鲤（*Cyprinus carpio*）、印度主要鲤科鱼、金鱼（*Carassius auratus*）、青鳉（*Oryzias latipes*）、白斑狗鱼（*Esox lucius*）、红鲷、银鲷、大眼狮鲈（*Sander vitreus*）、海藻、海胆

① 世界动物卫生组织《水生动物卫生法典》（《水生法典》）规定了改善世界各地养殖鱼类的水生动物健康和福利以及水生动物（两栖动物、甲壳动物、鱼类和软体动物）及其产品的安全国际贸易的标准。参见 www. oie. int/en/ standard - setting/aquatic - code/access - online

和卤虫（*Artemia* spp.）（Beardmore 和 Porter，2003；Rasmussen 和 Morrissey，2007）。通过改变荧光或颜色，用于水族贸易的转基因鱼已被商业化生产。消费者也担忧科学家可能通过基因编辑开发新的养殖型。

51%的回应国家表示消费者对不可持续地从野生动物中获取物种的担忧有关，对可持续管理和采购政策改善的呼声越来越高，对野生近缘种的保护产生了积极影响。人们认为，公众态度的改变推动了对野生近缘种种群保护或维持的努力增加。从另一方面而言，治理的改善也提升了渔业管理。同时，捕捞渔业生态标签和认证的兴起也导致了公众态度的变化。

20%的回应国家认为消费者的担忧对野生近缘种的水生遗传资源产生了负面影响。人们关注的主要问题是对野生动物的需求或消费偏好以及对食物的无管制捕捞的影响。

一些国家认为，保留从休闲渔业中捕获的野生近缘种渔获物是一个消极因素，但人们相信，改变态度最终将以一种积极的方式，即以“捕获并释放”的休闲渔业形式，解决这一问题。

3.1.6 气候变化

气候变化对水产养殖有影响，特别是在温暖的热带地区，可能已经在物种温度耐受范围的上限进行养殖。

90 个回应国家中的 50%表示，气候变化将对养殖型遗传资源产生负面或强烈负面影响（图 3－6）。其潜在影响包括：

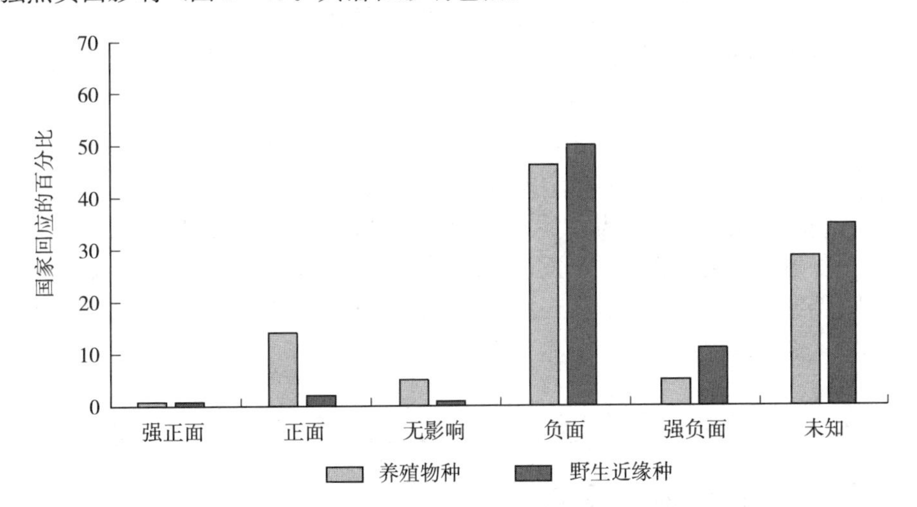

图 3－6 各国针对气候变化对养殖物种及其野生近缘种水生遗传资源影响的回应

资料来源：为《世界粮食和农业水生遗传资源状况》编写的国别报告：对问题 15 和问题 16（n=90）的回应。

• 海水温度升高影响生长（例如，芬兰的养殖物种，澳大利亚和智利的双壳类）；
• 水的压力和疾病的发病率增加，主要是由于气温升高，但也有水的供应和水质的变化的因素（如孟加拉国、加拿大、危地马拉、洪都拉斯、马来西亚、摩洛哥、菲律宾）；
• 池塘或水库缺水，影响下一茬作物的生产或亲本选择（如哥伦比亚、马拉维、尼日利亚、斯里兰卡、乌干达、赞比亚）；
• 由于水质问题和温度升高，水库水位降至缺氧“死亡区”（古巴、加纳）；
• 降雨延迟和季节变化影响生长季节，水质恶化和疾病暴发增加（委内瑞拉玻利瓦尔共和国）；
• 高温和盐度升高对半咸水养殖的影响（哥斯达黎加）；
• 温度和季节对再生产能力的影响，以及对孵化场生产的影响（贝宁、老挝人民民主共和国）；
• 入侵物种在以往较冷的区域建立［例如，瑞典的草鱼（*Ctenopharyngodon idella*）和鲤（*Cyprinus carpio*）；危地马拉的下口鲇（*Hypostomus plecostomus*）］；
• 影响水产养殖设施的极端天气事件增多（越南）；
• 影响水质（伯利兹、贝宁、斯里兰卡）或影响生产设施（坦桑尼亚联合共和国）的洪水事件增多；
• 因生产力低下而放弃水产养殖（塞内加尔）。

气候变化对养殖型的影响也存在相当高的不确定性（28%）。各国的回应表明，这些不确定性主要是由于缺乏科学信息，以及气候驱动因素（特别是温度上升）的变化将如何影响水产养殖物种的不确定性。

只有15%的受访国家认为气候变化对养殖型会产生积极或强烈的积极影响。匈牙利提到，温带水产养殖水体温度略微升高，有助于提高养殖型的生长率，从而使气候变化产生了积极影响。伊朗伊斯兰共和国认为，盐度的增加为潟湖和沿海地区的海洋物种的养殖提供了机会。

可能还有其他机会将温水养殖系统扩展到迄今对某些物种来说较冷的地区。一些耐冷、温水物种的开发已经确立（例如，罗非鱼杂交种），耐盐性的选择（例如，存在咸水物种入侵威胁的地方）和转基因方法大大提高了一些冷水物种（如转基因三文鱼）的生长率。

3.2 影响水生生态系统和野生近缘种的驱动因素

3.2.1 栖息地丧失和退化

回应国家几乎普遍认为栖息地的丧失和退化会产生负面影响（84%）。少数几个国家积极考虑了对栖息地丧失的回应，并描述了他们国家如何积极应对其影响。因此，所有国家似乎都认为栖息地丧失具有负面影响（图3-7）。

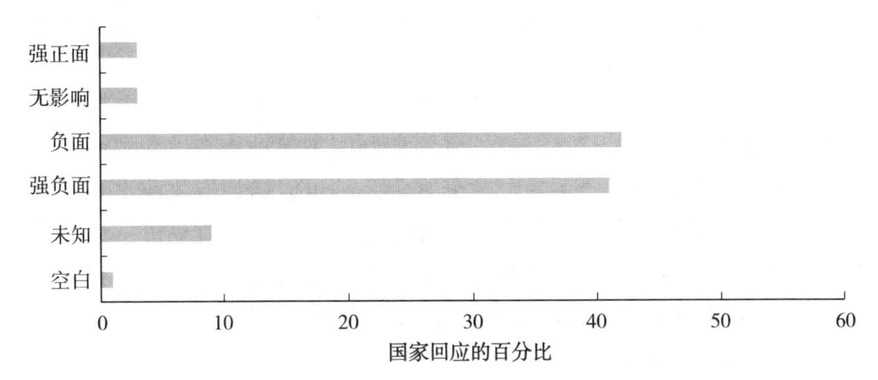

图3-7　各国针对栖息地丧失和退化对水生生态系统的影响的回应，这些生态系统支持着养殖水生物种的野生近缘种

资料来源：为《世界粮食和农业水生遗传资源状况》编写的国别报告：对问题19（$n=92$）的回应。

不同国家的栖息地丧失类型各不相同，通常涉及对自然环境和野生近缘种的影响有关，而不涉及对养殖型的影响。这大概是因为水产养殖环境得到了有效的管理，从而避免或减轻了对其影响。

各国指出，需要解决因各种干预措施（例如，修建堤坝以防止洪水、设置阻碍以调节水流、修建水坝以开发电力等）而导致的河道水力地貌退化问题。这种退化主要是由于水资源管理（灌溉、筑坝、防洪、水力发电）的影响。各国认识到，为了确保水的连通性和维持接近自然的水流，需要促进制定监管措施，以确保接近自然的条件并提高水体的通行性（例如，欧盟水框架指令2000/60/EC）。

还注意到，需要改进包括水库在内的大型水体的水资源管理，以确保鱼类洄游。这是缓解大型水坝对水流和连通性影响的一种特别重要的方法。在产卵期间调整水库水位，并通过功能性鱼梯支撑纵向渗透性，被认为是良好的管理策略。

国别报告中还将缓解洪泛区、河流和其他水生系统栖息地连通性丧失的影响确定为一项对策。这些影响是由水资源管理活动（例如，灌溉）造成的，也是土地用途变化、洪泛区开发以及城市和工业发展的结果。农业变化也可能对洪泛区和水体连通性产生强烈影响。建议采取补救措施，通过水文工程和为其他水生动物提供鱼道和通道，改善隔离区域和栖息地之间的连通性。

一些国家确定了若干策略，作为缓解因环境退化、水资源管理和土地用途变化而引起的自然栖息地丧失的手段。其中包括：

- 制定以关键繁殖和孵育栖息地为重点的养护和保护方案；

- 划定和保护湖泊和河流中的繁殖区，并沿较大河流发展产卵区网络；
- 在洪泛区建立鱼类保护区和旱季庇护所；
- 恢复淡水中的栖息地，并寻求恢复产卵场和育幼场的环境质量和栖息地；
- 保护河岸植被、高地森林和其他影响流域的陆地生境。

一些国别报告强调，缓解过度捕捞的影响应侧重于亲本的恢复和保护，特别是通过建立保护区和禁渔区及实施禁渔期制度来保护孵育地和亲本。

各国通常将在退化生态系统的放养视为一种可以增加退化淡水和海洋生态系统潜在产量的活动。然而，需要负责任地进行放养，以避免进一步退化或负面影响。这包括负责任的物种选择和放养策略，这需要有效的规划和适当的监测与评估。有些放养方案往往监控不力，其结果有时令人怀疑（Cowx、Funge Smith 和 Lymer，2015）。

减少源于陆地的影响，特别是农业和林业的侵蚀、污染和其他影响，对淡水、河口、红树林和三角洲系统的健康至关重要。可通过类似建梯田、再造林、保护性农业等改进农业实践来减少土壤侵蚀。积极推广减少土壤侵蚀的农业耕作方法，从而改善溪流和河流的水质，可能对水生生态系统的健康产生重大影响。限制废水排放和调整土地管理可以进一步减少水体中的外部养分和固体物质负荷。

降低污染水平，特别是城市和工业污染水平，将对水生生态系统和栖息地产生积极影响。同样，减少农业中的农药和养分径流也是一项重要成果。这可以通过改善监管和相关的经济激励措施来促进。

在海洋区域，养护主要侧重于建立海洋保护区和保护珊瑚礁及海草生境。保护这些环境之外的关键栖息地和繁殖地（例如，海洋渔业产卵场和孵育区）也是至关重要的。人工珊瑚礁的开发有可能保护栖息地免受人类干扰，如使用一些渔具导致的进一步退化，并有助于恢复栖息地。

一些国家指出，为了实现这些成果，必须建立加强监管的制度。步骤包括：

- 对可能影响水生生态系统的所有重大基础设施项目进行有效的环境影响评估；
- 在水电项目规划中为保护水生遗传资源提供有效的法律支持；
- 建立保护区；
- 关于防止生物逃逸的规章制度；
- 旨在保护和恢复栖息地的一般措施；
- 实施基于社区的管理；
- 水产养殖的空间规划和分区；
- 更有效的水资源管理，以平衡农业、饮用水和可持续水生生态系统的需求。

休闲渔业可能对水生遗传资源产生积极和消极影响。休闲渔民可以通过保护野生近缘种的栖息地和种群来支持野生近缘种的保护。在减少捕捞对野生近缘种的影响方面，大多数休闲渔业都制定了旨在保护种群的法规。

3.2.2　水体污染

49％的报告国认识到污染对生态系统的负面影响及其对水生遗传资源的影响。另有 39％的国别报告称这种影响是未知的（图 3－8）。人口增长、城市发展和工业化将加剧对水生生态系统的污染威胁。淡水和沿海水域都在不同程度上受到污染的影响，污染会直接影响水生生物，包括水生生物因急性毒性或慢性亚致死效应，即导致基因突变、畸形和生物累积，因而出现繁殖能力下降。

各国提供的详细信息确定了进入开放水域的实际和潜在污染源，包括：

- 城市污水排放；
- 工业和采矿排放，包括常规和意外泄漏，以及空气污染，导致一些毒素，如重金属、有机卤素化合物等进入水循环系统；
- 农业、伐木和土地开发产生的淡水径流，造成土壤侵蚀、沉积、浑浊和水质下降；
- 农业径流，导致富营养化和农药污染；
- 核电站事故（例如，切尔诺贝利、福岛）泄漏时的辐射污染。

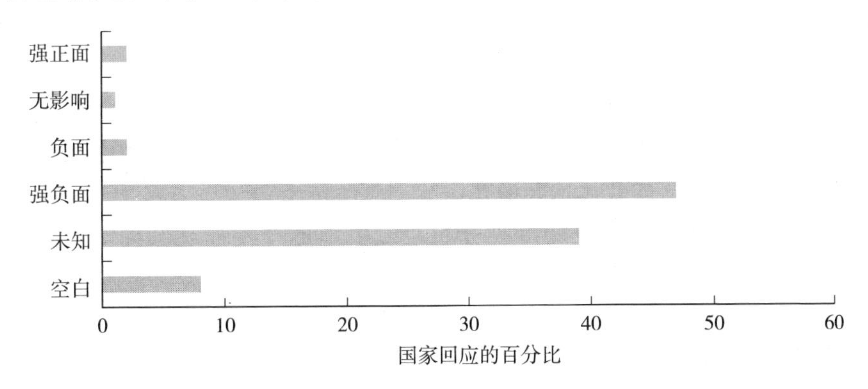

图 3－8　各国针对污染对水生生态系统的影响的回应，这些生态系统支持着养殖水生物种的野生近缘种

资料来源：为《世界粮食和农业水生遗传资源状况》编写的国别报告：对问题 19（n=92）的回应。

海洋环境例子相对较少。污染的直接影响集中在野生近缘种身上，但通过水和沉积物的污染可能对养殖型产生间接影响。只有 3％的国家认为这一驱动因素对与养殖水生物种的野生近缘种相关的水生生态系统有积极影响，只有不到 2％的国家报告没有影响。

通常情况下，水产养殖作业地点不在可能导致鱼类损失的有毒污染水平的地方。然而，水产养殖容易受到意外释放的污染物（例如，水中的溢出物/排放物）的影响，也容易受到未经监测或检测的沉积物和水中的亚致死或慢性污染（例如，重金属或其他有机污染物）的影响。在未建立或实施全面环境监测的国家，污染对水产养殖构成重大风险。

对水生遗传资源的具体负面影响因污染形式、生态系统动植物的敏感性以及污染程度（例如，急性或慢性/亚致死浓度）而异。养殖的水生生物和野生近缘种都直接面临中毒和污染造成的水质影响的风险。食物链中较高的物种和滤食性生物的风险更大，因为它们可以将毒素富集在组织中。反过来，消费者也面临长期食用受污染的水生生物的风险。表 3－5 显示了污染物影响水生遗传资源的各种类型（养殖型或野生近缘种）。

提供回应说明其问题解决方案的国家通常指建立有效的监管制度，以解决污染及其环境影响。这些措施从立法到建立水资源监测系统和环境管理机构。城市和工业排放会造成水质污染，水质净化被认为是一个重要步骤，一些国家也注意到生物修复技术的应用。

3.2.3 气候变化

就野生近缘种而言，水温升高可能会扩大大型大陆河流和沿岸的本地物种范围。水温的极端升高可能导致生物大量死亡，如插文 14 所述，澳大利亚发生的海洋热浪事件。

在回答关于气候变化直接影响的问题时，许多国家（60％）认为气候变化将对野生近缘种水生遗传资源产生负面影响（图 3－6），这通常由生态系统影响来驱动。以下是气候变化当前潜在影响的具体例子：

- 由于温度或盐度变化而改变物种分布，或由于地理特征（例如，港湾、潟湖、海湾）而无法改变物种分布导致种群损失（澳大利亚、中国、哥斯达黎加、多米尼加共和国）；在淡水中观察到温度对分布的类似影响（德国）；
- 对繁殖能力的生理影响（墨西哥）；
- 物种损失（布基纳法索、佛得角、喀麦隆、多哥）；
- 迁徙、繁殖和产卵的环境线索变化造成的影响（巴西、哥伦比亚、马拉维）；
- 应激增高导致疾病问题（赞比亚）；
- 酸化对河口和海洋贝类的影响（加拿大、洪都拉斯、美国）；
- 旱季庇护所和繁殖区变干（马拉维、尼日利亚、乌干达）。

34％的回应国家报告称，气候变化的影响是未知的。这与对气候变化如何影响生态系统、野生近缘种及其捕食者/猎物之间的复杂相互作用以及繁殖和其他物理机制的理解不足有关。这种不确定性水平表明，需要更好地理解气候对野生近缘种的影响。

据报告，气候变化对野生近亲产生了积极影响，因为开发野生捕捞的物种数量减少，导致人们不得不发展养殖业。在另一种情况下，气候变化被认为是扩大三角洲地区半咸水物种范围的机会，或者是扩大更喜欢温暖水域的物种的机会。

表 3-5　污染类型及其对水生遗传资源野生近缘种的潜在影响

污染源	污染类型	对水生遗传资源的影响
未经处理或处理不当的生活污水	有机和无机氮、磷	水体富营养化和水质损失（对野生近缘种的生态系统影响） 有害藻华
	某些重金属和有机化合物	亚致死剂量对生物性能的影响 雌激素类似物导致雌性化并扰乱生殖
	未经处理的生活污水中有机物和细菌含量高，包括潜在的鱼类和人类病原体	这可能会直接感染水生遗传资源或通过影响水质间接对水生遗传资源造成压力。从这些水域收获的水生遗传资源可能对人类健康构成威胁
固体废物储存不当	垃圾填埋场渗滤液	来自城市和生活垃圾的大量污染物对水生生物有直接毒性
工业有机和无机废物	采矿废弃物（重金属和悬浮固体）	直接毒性 亚致死剂量对生物性能的影响 鳃堵塞、水质影响、产卵区污染
	工业废水排放和沉积物中的重金属、有机化合物	急性病例的直接毒性 重金属积累可能对野生近缘种的繁殖性能产生影响（Pyle、Rajotte 和 Couture，2005） 通过在捕食生物中积累产生的间接毒性
农业径流和废弃物	农业肥料的养分径流	河流和水体的富营养化和水质损失（生态系统变化），栖息地的丧失影响野生近缘种 有害藻华
	农药径流	对野生近缘种的直接毒性；对捕食生物的间接影响
土壤侵蚀和沉积	悬浮固体/沉积物	鳃堵塞、水质影响、产卵区污染
	酸化	直接酸化影响
石油/天然气勘探	油和油分散剂	对野生近缘种的直接毒性
	钻井泥浆和岩屑中的重金属和有机化合物油	通过对猎物生物的毒性产生间接影响（特别是在海洋环境中）

（续）

污染源	污染类型	对水生遗传资源的影响
发电	余热（来自工业和发电）	温水入侵物种建立 野生近缘种的流离失所
气溶胶与大气污染	酸雨、酸化的土地和水径流会集中重金属	活化金属和酸度的直接毒性
	工业/垃圾焚烧产生的二噁英	在食物链中的积累对野生近缘种的繁殖和性能造成影响 用于鱼粉的鱼类中的累积
放射性废物	再处理或不负责任的处置释放放射性核素。通常是点源影响，但在长期或大规模释放的情况下，可能通过食物链传播	放射性核素在野生近缘种中的积累；放射性核素在捕食生物中的积累

插文 14　气候变化对野生近缘种的潜在影响：澳大利亚鲍鱼

2011 年 2—3 月，西澳大利亚州西南海岸发生了一场灾难性的“海洋热浪”事件。当时的海面温度比长期月平均值上升了 3℃以上，在某些地区峰值温度上升超过了 5℃。热浪与强烈的拉尼娜事件和创纪录的局部洋流同时出现。专家们认为这是一个叠加了长期海洋变暖趋势的主要温度异常。随着全球变暖的发展，此类事件可能会变得更加普遍（Pearce 等，2011）。热浪期间，一些重要的海鲜物种的种群数量发生了显著变化（Caputi 等，2015），但最引人注目的可能是罗氏鲍（*Haliotis roei*），因为罗氏鲍有重要的商业和休闲渔业（每年 120～150 吨）价值。该物种在北部渔区的死亡率高达 99.8%，这代表了该物种分布的北部极限。

由于海洋热浪的影响，西澳大利亚州受灾最严重的物种的渔场被关闭，这些物种未来是否能够在这些地区恢复存在争议（Hart，2015）。现已制定计划，通过转移幸存种群来促进恢复，但在发起此类行动之前，有必要先描述和了解一下种群的遗传结构。下一代基因测序用于开发该物种的 30 000 多个单核苷酸多态性（SNP）标记（Sandoval - Castillo 等，2015）。该资源可用于一系列应用，相关研究包括鉴别支持水产养殖和放养性能的特征，了解种群对温度变化的适应，并确定自然选择和驯化选择如何影响种群保持遗传多样性和应对变化条件的能力。从野外采集的样本中的变异筛选表明，“中性”SNP（即不受自然选择影响的DNA标记）提供了证据，证明在整个采样范围内存在单一的、高度关联的群体。然而，当对自然选择下的SNP标记（即非中性标记）进行采样时，确定了3组遗传上不同的群体。对剩余种群中遗传变异水平的分析并未显示出遗传变异的显著损失，但由于严重的遗传瓶颈效应（Sandoval - Castillo等，2015），从长远来看，这些问题似乎很可能会发生。

在该渔场受影响最严重的部分，剩余种群要么不太可能恢复，要么可能恢复缓慢。来自遗传研究的信息可以揭示转移或重新放养（即从孵化场生产的种群）的可能遗传影响，并有助于确定合适的种群来源。这些标记物还可能用于识别对未来热浪事件更具抵抗力的基因型。如果没有这种干预，最有可能的未来情况是该物种的生产向东转移（Hart，2015）。

另一个问题是，极端天气事件频率增加的影响以及长期气候变化对水生生态系统的影响，间接影响了野生近缘种的水生遗传资源。60%的回应国家认为，气候变化通过对生态系统的影响产生的间接影响是负面的（图3-9）。影响的不确定性相对较高（33%）。值得注意的是，需要评估影响水生生态系统的人为因素和环境因素。为应对气候变化对渔业和水产养殖的影响所作的努力，应在制定有效和适应的管理制度时，大力强调渔业和水产养殖业的生态和经济复原力。

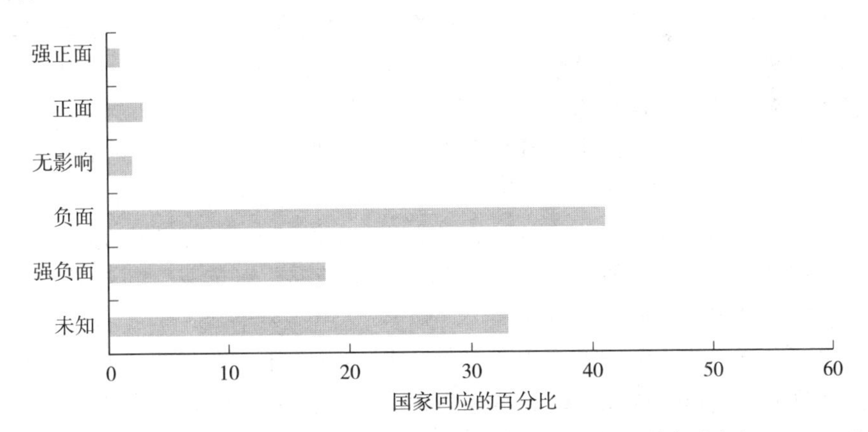

图3-9　各国针对气候变化通过对水生生态系统的影响对水生遗传资源野生近缘种的间接影响的回应

资料来源：为《世界粮食和农业水生遗传资源状况》编写的国别报告：对问题19（$n=92$）的回应。

许多已查明的影响涉及陆地和淡水生态系统以及沿海环境，与海洋系统有关的影响相对较少。这些影响通常与对野生近缘种的影响有关，但在某些情况下还包括养殖系统（养殖型）。一般生态系统水平的变化会影响水的可用性、水文状况和栖息地。这对水生遗传资源有各种连锁影响（孟加拉国、贝宁、巴西、智利、刚果民主共和国、厄瓜多尔、埃及、洪都拉斯、哈萨克斯坦、肯尼亚、巴拿马），特别是对野生近缘种。对森林和牧场等生态系统的影响导致了侵蚀、土壤退化以及随之而来的对水的影响（乍得）。

最常见的威胁与非季节性或极端天气条件有关。导致山洪暴发的强降雨是一个已确定的威胁。过多的雨水会导致养殖的鱼类被冲到野外，增加逃逸的风险。回应国所确定的应对措施关注的是提高易受洪水影响的水产养殖（池塘和网箱）的生物安全。古巴、尼日利亚、斯里兰卡、坦桑尼亚联合共和国的季节性降雨和洪水经常会导致山洪暴发，破坏基础设施，也会影响水质。一些国家表示，恢复森林和河岸植被是减少山洪暴发和侵蚀的重要策略。

与洪水相反的是干旱期延长和水体非季节性干涸。伯利兹、哥斯达黎加、多米尼加共和国、匈牙利、肯尼亚河流的水资源减少影响到野生近缘种的生存和水产养殖用水。水域或栖息地的丧失可能会对野生近缘种以及以水体为基础或依靠河流取水的水产养殖作业造成严重后果。极端或不可预测的环境将促使水产养殖作业环境更加自给自足，例如，循环、充氧和补给系统的完善，使之与环境的接触减少。

除了选择适应温度的物种，建议调整放养和捕获周期，以解决与不断变化和不太可靠的季节性天气有关的问题。据报告，作为适应气候变化的进一步措施，更有效的生产系统可以保护淡水资源。保护淡水的更高效生产系统是适应气候变化的进一步措施。为减少种群补充损失的放养方案也被视为针对一些大型水体的另一项适应性措施。

海平面上升和河流淡水流量减少导致三角洲地区海水入侵，例如，越南湄公河三角洲（Vu、Yamada和Ishidaira，2018）。尽管这被视为一种负面影响，但它将推动人们对发展耐盐养殖型的兴趣。这也将扩大三角洲地区咸水物种的范围。在沿海地区，红树林重造被认为是一项策略，可能是为了改善沿岸保护，但也有助于恢复沿海生境。

水温升高将使物种能够在温带地区扩展活动范围，并促进入侵物种的建立。变暖的温度也会增加一些非本地物种的生存范围，并支持其建立。例如，瑞典报告称，由于气候变化的直接结果，鲤鱼和草鱼（*Ctenopharyngodon idella*）已在野外建立。变暖也会导致当地物种之间的竞争，例如，匈牙利报告的被鲤科鱼类取代的褐鳟（*Salmo trutta*）。

气候变化对水生遗传资源的主要影响是栖息地的改变或丧失（韩国），特别是在漫滩和湿地系统（布基纳法索、喀麦隆、乍得、罗马尼亚）以及红树林和泥滩（加纳、塞内加尔）。气候变化导致的栖息地丧失或变化也可能包括水覆盖率下降，甚至湿地干涸。

气候变化会影响温带和热带海洋环境。这些影响包括珊瑚白化、大规模死亡和物种分布的变化。温度变化也会增加入侵物种的可能性（例如，来自船舶压载水）。

3.2.4　有目的放养和水产养殖逃逸的影响

有近一半的国家（47%）的回应表明，由于有目的放养和水产养殖逃逸对生态系统的影响，野生近缘种受到了负面影响（图 3－10）。这些反应主要与①与管理不善的放养计划相关的遗传影响以及②水产养殖种群与野生近缘种的负面互动有关。后者包括遗传（例如，逃逸的养殖型与野生近缘种的杂交）和生态系统类型影响（例如，捕食、资源和空间的竞争、疾病的传播），如下文关于入侵物种的章节所述。

27%的国家回应称，有目的放养和水产养殖逃逸因素对与养殖水生物种的野生近缘种相关的水生生态系统的影响尚不清楚。这引起了我们对科学评估方面存在的知识差距的关注，这些评估主要针对在自然水生环境中有目的放养和水产养殖逃逸产生的负面或正面影响，包括与病原体相关、社会经济、环境、生态和遗传相关的影响。鉴于在开放水域的放养被认为是减轻渔业影响的一种手段，或者是一些国家的渔业增殖策略，因此进一步的研究是很重要的。Bert 等（2007）讨论了基于孵化场的种群增殖的有效遗传管理问题。

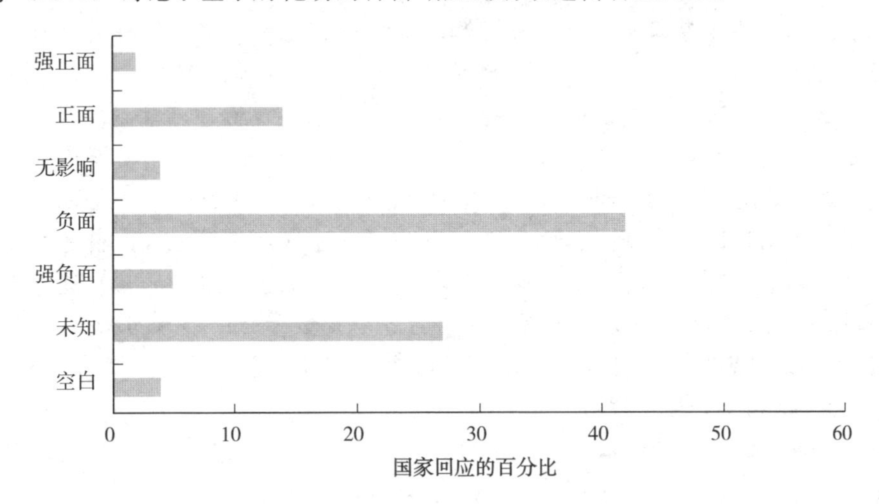

图 3－10　各国针对有目的放养和水产养殖逃逸对养殖水生物种野生近缘种影响的回应

资料来源：为《世界粮食和农业水生遗传资源状况》编写的国别报告：对问题 19（n=92）的回应。

16%的国家承认，有目的放养和逃逸对野生近缘种有积极影响；这些回应主要认为基于养殖的渔业和放养对建立捕捞渔业和物种恢复方案具有积极影响。放养方案很少得到客观评估（Cowx、Funge Smith 和 Lymer，2015）。认为没有影响的国家很少（4%）。

国家回应中存在变数的部分归因于有目的地引进和水产养殖逃逸（通常是意外事件）的结合。这不可避免地导致了一些国家的回应，这些国家认为基于养殖的渔业和渔业增殖在很大程度上是积极的（或没有总体影响），而那些经历过水产养殖逃逸的国家则认为水产养殖逃逸具有负面影响。这两个问题不可能明确区分开来。未来的问卷设计需要分别处理这两个问题。

水生物种在国家和地区之间流动的程度没有很好的记录。粮农组织开发了一个水生物种引进数据库（DIAS），目前需要更新该数据库，以支持加强对引进物种的范围和影响的了解（见插文 15）。

插文 15　粮农组织水生物种引进数据库中的有用信息

粮农组织水生物种引进数据库（DIAS）于 20 世纪 80 年代初启动。最初，该数据库主要考虑淡水物种，并为粮农组织渔业技术文件（Welcome，1988）奠定了基础。如今，粮农组织水生物种引进数据库已扩展到包括其他分类群，例如，软体动物、甲壳动物和海洋物种。20 世纪 90 年代中期，粮农组织向各国专家发送了一份问卷，以收集有关本国水生物种引进和转移的更多信息。

虽然包括从一个国家引进或转移到另一个国家的物种记录，但粮农组织水生物种引进数据库不考虑物种在同一国家内的迁移。该数据库包含 5 500 多条水生物种引进记录，其中包括引进物种的通用名称和学名以及原产国和目的地国等信息。其他信息，例如，引进日期、引进人、引进原因和详细的引进特征（野生引进物种的状况、建立策略、水产养殖用途、繁殖特征、生态和社会经济影响等）也可用于一定数量的记录。DIAS 可根据引进的目的提供已知引进列表，包括：意外引进、水产养殖、观赏物种、钓鱼/休闲捕捞和生物控制。

粮农组织水生物种引进数据库可用于比较出于不同目的（包括意外引进）和通过不同途径引进的结果（积极和消极）。

随着世界各地水产养殖的蓬勃发展和养殖物种多样性的日益增加，该数据库现在需要大量更新，因为物种迁移速度和范围已经加快扩大。尽管这可能在亚洲最为显著，但跨越大陆的迁移也在增加。

3.2.4.1　有目的放养的影响类型

最近，人们越来越担心鱼类放养和引进带来的潜在风险，特别是在生态系统功能、群落结构变化，以及种群和群体遗传结构污染方面（Lorenzen、Leber 和 Blankenship，2010）。

尽管放养和引进鱼种可能有明显的好处，但它们并非没有代价，引进鱼种的问题可能会引起高度争议。

有意和无意的放养活动通过捕食、竞争、引入病原体和生态系统动态变化对当地鱼类群落和其他动物群产生了负面影响。还应考虑杂交、遗传污染和生物多样性减少的影响。

特别令人关注的是生态系统食物网结构和营养状况的潜在变化，以及这些变化可能对当地动植物群产生的影响。此外，放养或引进可能导致与当地生物种群的竞争或捕食（Hickley 和 Chare，2004；van Zyll de Jong、Gibson 和 Coux，2004；Lorenzen，2014）。这可能对水体及其生态系统产生严重影响。表 3－6 总结了有目的放养的潜在影响。

表 3－6　从特定物种到整个生态系统，与放养活动相关的潜在不利影响

影响	导致影响的放养活动
种内竞争加剧	通过增加孵化场培育的鱼类增加了物种的丰度
猎物数量的变化	放养导致鱼类捕食者数量增加，从而导致猎物物种数量的变化
野生捕食者猎物切换	野生食肉动物目标猎物的变化，由于大量释放，通常集中在孵化场培育的鱼类
饥饿/食物限制	过度放养
超过生态系统的承载能力（不堪重负）	种群恢复后继续放养
物种相对丰度的变化	孵化场培育的鱼类和其他具有类似生态要求的物种之间的竞争。可能导致竞争物种和猎物物种的数量减少
野生种群置换	由孵化场培育的同种动物造成的种群置换，虽然没有很好记录的例子
疾病和寄生虫引入	因孵化场管理不善，导致待放养的鱼类饲养不善
遗传结构的改变或丧失	放养时对野生种群的遗传结构缺乏了解或重视，可能导致这些种群遗传结构的变化，甚至种群结构的崩溃，从而影响种群的适应性
遗传多样性和适应性的丧失	在待放养鱼类的水产养殖生产系统中，普遍缺乏对种鱼遗传管理的重视。在设计不当的放养方案中，野生鱼类的某些等位基因可能会变得罕见或丢失，这是因为孵化场饲养的鱼类遗传多样性低。在放养之前，野生种群减少到较低水平时，这种情况更可能发生。这种情况会导致遗传瓶颈效应和适应能力的丧失

（续）

影响	导致影响的放养活动
物种灭绝	由于放养鱼类数量增加和生态系统变化导致的物种损失
生态系统变化	放养行动后物种生物量分布的变化，可能导致生态系统服务的损失

资料来源：改编自粮农组织，2015。

许多放养方案的主要弱点是未能充分评估行动的结果，或限制了对其效益和不利影响的评估（粮农组织，2015）。插文16列出了这方面的良好实践示例。

插文16　有效评估国家水生遗传资源为放养方案提供信息的价值案例

必须充分了解特定的遗传特性和特征，以保护遗传独立的种群免受放养和移居措施的有害影响。在这方面，德国联邦食品和农业部（BMEL）目前正在进行一个试点项目，对小龙虾、褐鳟（*Salmo trutta*）、湖红点鲑（*Salvelinus namaycush*）、鲃（*Barbus barbus*）、江鳕（*Lota lota*）、茴鱼（*Thymallus thymallus*）和丁鱥（*Tinca tinca*）的遗传管理单元进行分子遗传学记录。在该项目中获得的知识将被纳入这些物种的种群管理的实用建议中。三重目标是在种群水平上尊重物种整个分布区的遗传多样性，将这些物种作为具有区域遗传和表型特征的"进化实体"加以保护，并确保其种群的长期安全。[①]这不仅有助于物种保护，而且还促进了鱼类种群在区域内很好地适应当前的条件。这些信息也将存于德国水生遗传资源（AGRDEU）数据库[②]中，并提供给那些积极从事与鱼类有关的水体管理工作的人使用。

①https：//www. genres. de/en/sector－specific－portals/fish－and－other－aquatic－organisms/
②https：//agrdeu. genres. de/agrdeu

3.2.4.2　水产养殖逃逸的影响

水产养殖的逃逸对水产养殖水域存在一系列潜在影响，特别是对水域内野生近缘种的影响，尽管养殖型也面临威胁。养殖型可以通过多种方式逃离水产养殖作业区，以下这些方式直接关系逃逸生物的数量及其在野外的影响。逃逸的途径包括：

• 水产养殖池塘泛滥，将鱼类排入附近水道（这可能导致大量排放，例如，在沿海虾类养殖场泛滥的情况下）；

- 收获作业期间养殖型的逃逸（这部分通常数量相对较少，因为养殖场采取了预防措施，不会过多损失）；
- 在紧急收捕或“倾倒”患病生物期间损失数量较大；
- 风暴/气旋对海洋或淡水水体中的网箱造成的损害（如果网箱是手工制作的、构造不良且密度较大，则损失可能相当严重）；
- 养殖网箱损坏；
- 故意将鱼类（包括水族馆物种）倾倒入水道；
- 少量动物可被捕食性鸟类转移，一些水生物种能够穿越陆地。这种转移仅限于少量，但却是农场间横向疾病传播的一个因素。

逃逸并建立起来的水产养殖物种可能会减少和扰乱自然生物多样性和本地水生遗传资源（Diana，2009；Krishnakumar 等，2011；Nunes 等，2015），这可能会影响生态系统功能和完整性。表 3－7 总结了这些逃逸造成的威胁范围。

表 3－7　水产养殖逃逸生物对野生近缘种和养殖型水生遗传资源的威胁范围

受影响的资源	影响的性质
野生近缘种	由于遗传变异的养殖型与野生近缘种进行繁殖而导致的遗传渗入 注意，这已经在大规模有目的放养的案例中得到了证明，例如，泰国的野生银高体鲃（*Barbonymus gonionotus*）（Kamonrat，1996），以及所谓的大西洋鲑鱼（*Salmo salar*）的逃逸案例，但很少有其他明确证据证明这是由养殖场逃逸造成的
	向野生近缘种传播疾病/寄生虫
	野外建立（入侵）。已建立的逃逸养殖型可能会与当地动植物竞争
	适应不良的养殖型与野生近缘种一起繁殖。养殖型的典型适应不良包括选择早熟繁殖或反季节繁殖（选择早产卵或晚迁徙）。野生近缘种不太明显的适应不良可能包括攻击性在减弱的行为。其中一些不适应性可能会限制逃逸者与野生近缘种间的成功繁殖
养殖型	在水产养殖场之间疾病或寄生虫的传播
	建立与市场上养殖型竞争的移殖渔业

3.2.4.3　水族贸易中的逃逸

虽然水族贸易中的逃逸通常仅限于个体生物，因此它们建立起种群的风险相对较低，但水族贸易中水生遗传资源的广泛流动意味着物种的迁移远远超出了其自然范围。重大威胁往往与育种和暂养操作中的逃逸有关。这强调了对此类行为进行有效监管和监测的重要性，并确保它们有适当的生物安全控制措施。观赏鱼迁移的管理和监测通常与用于食品类型的水产养殖分开进行。城市养殖设施的风险相对较低，但城市周边或农村地区的开放式池塘养殖系统或河岸作业可能容易受到洪水或其他原因的影响；正是通过这种方式，逃逸生物更有可能在开放水域建立起来。

水族贸易逃逸的一个重大影响的例子是翱翔蓑鲉（*Pterois volitans*）和斑鳍蓑鲉（*P. miles*），它们已经在西大西洋和加勒比海建立种群。据信，这些物种在20世纪80年代末至90年代期间从水族馆或相关设施中逃脱，这被认为是该地区本地鱼类数量减少的原因（Green等，2012；Ballew等，2016）。

3.2.5 入侵物种的建立

存在着许多非本地物种的例子，它们是偶然或故意在其自然范围之外建立起来的。其中一些引入对环境和经济产生了不利影响，即这些物种成为入侵物种或带入病原体（Hilsdorf和Hallerman，2017）。说明入侵物种潜在负面影响的著名案例包括：非洲维多利亚湖的尼罗尖吻鲈（*Lates niloticus*）（Ogutu-Ohwayo，2001）、智利的鲑鱼（Consuegra等，2011）、美国密西西比河的尼罗罗非鱼（*Oreochromis niloticus*）（Peterson、Slack和Woodley，2005）和澳大利亚默累河中的鲤（*Cyprinus carpio*）（Koehn，2004）。然而，一些引进物种带来了重要的商业性食用鱼养殖业的建立，特别是在人造水体中的养殖，例如，斯里兰卡的罗非鱼（De Silva，1985）和非洲基伍湖和卡里巴湖的小齿湖鲱（*Limnothrissa miodon*）（Splethoff、De Longh和Frank，1983；Marshall，1991）。

尽管上述物种入侵对生态系统产生了负面影响，但之前认为，水生物种引进数据库中所记录的大多数引入物种对社会和经济的积极影响比负面环境影响更大（Bartley和Casal，1998）。然而，最近的数据表明，非本地物种的负面影响正在日益显现（见插文13）。

全球入侵物种数据库（GISD）（全球入侵物种数据库，2016）显示了淡水、海洋和半咸水生态系统的131种入侵物种（表3-8）。并非所有的引入都会导致入侵物种的建立。

美国地质调查局（USGS）（美国地质调查局，2016）维护的美国759种鱼类的列表，可用来评估一个国家内引入或迁移到其自然范围以外的物种数量。

表3-8 全球入侵物种数据库列出了淡水、半咸水和海洋生态系统入侵物种的分类群

分类	物种数量	分类	物种数量
鳍鱼	51	栉孔虫	3
水生植物	17	腕足类动物	2
双壳软体动物	17	棘皮动物	2

（续）

分类	物种数量	分类	物种数量
腹足软体动物	12	水蚤	1
十足类甲壳动物	6	两栖动物	1
海鞘	6	海绵	1
外肛动物	4	黏孢子虫［脑碘泡虫（*Myxobolus cerebralis*）］	1
多毛纲蠕虫	3	真菌［变形丝囊霉菌（*Aphanomyces astaci*）］	1
刺胞动物	3		

资料来源：全球入侵物种数据库，2016。

非本地物种对生态系统的影响可能是无法察觉的，也可能是重大的。主要影响包括影响本地物种的生态系统变化或食物链关系的变化。有时这种影响并不直接明显，而且这种物种被简单地视为一种不需要的物种，比类似的本地物种更不受欢迎。表3-9列出了影响类型的示例。

表3-9　非本地物种对野生近缘种和养殖型的生态系统和水生遗传资源的影响示例

影响类型	原因和示例
疾病的引入	• 由引入物种携带的病原体/寄生虫引起的本地和非本地物种疾病
对食物网的影响	• 直接捕食本地物种，包括卵和幼虫 • 寄生虫/疾病向野生和养殖型的传播 • 对本地鱼类猎物物种的捕食（例如，昆虫、浮游动物）
竞争	• 较高的繁殖力有助于一个物种超越一个相似但繁殖力较低的本土物种 • 引入的物种对不利环境条件的耐受性更强 • 将本地物种排除在繁殖区外或破坏繁殖区 • 争夺配偶或交配场所 • 排挤本地物种
生态系统工程、不良行为或特征	• 钻入河岸，影响河岸稳定性等 • 导致水体浑浊度增加，例如，底栖摄食的引入物种 • 植被清除 • 水生栖息地堵塞，影响水流，例如，漂浮的水葫芦［凤眼莲（*Eichhornia crassipes*）］或底栖污染的斑马贻贝（*Dreissena polymorpha*）

73%的国家认为，入侵物种的建立对水生遗传资源产生了负面影响，只有2%的国家报告了正面影响（图3-11）。这与47%的国家报告的结果相呼应，即作为入侵物种的来源有目的地放养和水产养殖逃逸产生的主要影响是负面的，只有16%的国家报告了正面影响（图3-10）。在野外建立入侵物种的过程也是如此。在许多发展中国家，人们对入侵物种对野生水生遗传资源的威胁以及水生病原体通过物种移动和引入而转移的认识不足。

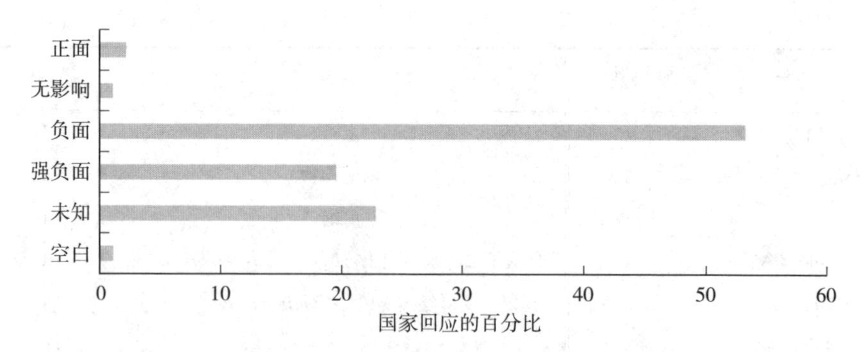

图 3-11 各国针对入侵物种建立对养殖水生物种野生近缘种的影响的回应

资料来源：为《世界粮食和农业水生遗传资源状况》编写的国别报告：对问题 19（n=92）的回应。

由于根除外来入侵物种即使不是不可能，但也是极其困难的，因此，最好的保护措施就是预防。预防措施可包括更有效的生物安全措施和转运监管（见插文 17）。一旦一个物种建立起来，也需要限制或防止其在一个国家内的进一步迁移。因此，显然需要更有效和全面地监测水生遗传资源，特别是监测入侵物种所进入的领域的充分理由（德国、韩国）。

插文 17 入侵贻贝对当地遗传多样性的影响

海洋贻贝是入侵海洋物种中较为成功的群体之一，有许多记录表明，非本地物种成功地在沿海地区定居，甚至跨越大陆。许多研究评估了这些入侵对入侵物种和地方物种遗传多样性的影响。

入侵物种的影响之一可能是与当地物种的渗入，正如在美国加利福尼亚州记录的那样。在这里，地中海贻贝，即，紫贻贝（*Mytilus galloprovincialis*）是通过人类活动引入的，已经存在了至少几十年，在野外建立了广泛的种群。在一些地方，该物种种群已经取代了当地的海湾贻贝（*M. trossulus*）。贻贝（*Mytilus*）物种之间存在不完全的生殖隔离。Saarman 和 Pogson（2015）使用下一代 DNA 测序（双消化限制性位点相关 DNA 测序，或 ddRAD-seq）研究了两种物种在几个杂交区的渗入，这两种物种都出现在该区域。他们发现，尽管存在已知的生殖隔离，但这些杂交区的物种之间正在发生渗入。跨越这些区域的异质渗入模式与紫贻贝的入侵历史一致。在杂交区观察到的早期和晚期回交个体相对较少，这证实了杂交存在很强的生殖隔离。作者得出的结论是，考虑到加州中部和南部大部分地区的原生海湾贻贝（*M. trossulus*）的替代，入侵紫贻贝所造成的威胁更具生态性，而非遗传性。

遗传技术可以用来了解入侵的性质和程度。南非有许多贻贝入侵物种，尽管紫贻贝是唯一在南非海岸部分地区广泛定居的入侵者。Micklem 等（2016）使用线粒体 DNA 分析来鉴定德班港入侵亚洲绿贻贝（*Perna viridis*）的单个种群，系统发育技术能够将其与表型相似的本地绿贻贝 *P. perna* 区分开来。Zeeman（2016）使用相同的技术分析了南非西海岸入侵贻贝的起源，确认了海洋贻贝 *Semimytilus algosus* 的存在，并表明传入贻贝的间接来源是智利，通过纳米比亚的引入而自然传播。

各国还指出了一些非鱼类物种对生态系统的影响或直接捕食鱼类的影响。案例包括捕食鱼类，以及对野生水生遗传资源产生影响的入侵鸟类物种［例如，捷克的鸬鹚（*Phalacrocorax carbo sinensis*）］。缓解措施包括控制这些入侵性鱼类捕食者。另外，水葫芦［风眼莲（*Eichhornia crassipes*）］是水道和水体的主要危害物种（加纳）。

在几份国别报告中，如肯尼亚、泰国、越南，有个一致的主题，即需要制定关于转移和引进水生遗传资源的国家准则，并为潜在入侵物种和健康威胁建立更有效的进口风险分析，包括风险评估、风险管理和风险沟通策略。有关使用非本地物种的风险评估的国际准则和报告确实存在，表明了各国对此缺乏认识。例如，粮农组织内陆区域渔业机构原则上通过了国际海洋考察理事会（国际海洋考察理事会，2005）关于引进的实践守则（Bartley 和 Halwart，2006）。

现有法规包括欧洲联盟理事会（EC）第 708/2007 号法规，该法规涉及在水产养殖中使用外来和本地不存在的物种。法规附有相对严格的条文规定，避免在水产养殖中使用外来物种带来的风险，例如，生态后果及疾病和寄生虫的引入。

各国已作出各种努力以开发已引进物种的经济用途。这在一定程度上是为从野生环境中采集或移除这些入侵物种提供经济激励。示例包括：

- 捕捞引入的鱼种，将其转化为鱼粉：例如，美国的鲢（*Hypophthalmichthys molitrix*）和菲律宾的刀鱼（*Chitala* spp.）；
- 收获并直接用于生产鱼类或牲畜饲料：例如，孟加拉国和菲律宾的金苹果螺［福寿螺（*Pomacea canaliculata*）］。

3.2.6 寄生虫和病原体的引入

大多数（69%）的回应国报告称，在水生生态系统中引入与养殖水生物种的野生近缘种相关的病原体和寄生虫会产生负面或强烈负面影响。23%的国家表示这一驱动因素的影响未知，表明这些国家在病原体和寄生虫引入的影响方面仍存在知识差距。

意外或有目的地引入和转移水生物种是病原体和寄生虫引入的主要来源，其他次要来源例如，船舶压载水和迁移。只有 2%的国家认为影响是积极的（图 3-12）。

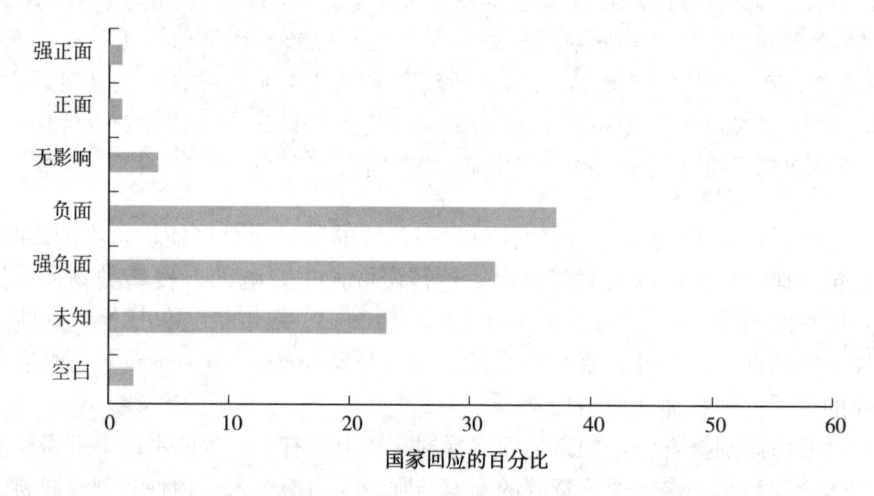

图 3-12　各国针对引入寄生虫和病原体对养殖水生物种野生近缘种的影响的回应

资料来源：为《世界粮食和农业水生遗传资源状况》编写的国别报告：对问题 19（$n=92$）的回应。

为水产养殖目的在区域间转移的物种也引发了疾病，严重影响了水产养殖生产或野生近缘种的种群。示例包括：

- 引入螯虾瘟疫真菌［变形丝囊霉菌（*Aphanomyces astaci*）］，在引入信号小龙虾［通讯螯虾（*Pacifastacus leniusculus*）］和贵族小龙虾［奥斯螯虾（*Astacus astacus*）］种群后开始传播（Alderman，1996；Söderhäll 和 Cerenius，1999；Edgerton 等，2002）。
- 由于非本地牡蛎的迁移，包拉米（*Bonamia*）寄生虫通过欧洲牡蛎种群传播，这些牡蛎对该疾病具有抵抗力（Corbeil 和 Berhe，2009）。
- 对虾疾病的传播，导致对虾养殖开始以来，产量周期性地大量损失，主要原因是虾苗的大规模流动或水产养殖新物种的引入。常见的对虾疾病包括桃拉综合征病毒、白斑综合征病毒、传染性皮下和造血坏死病毒、黄头病毒病和急性肝胰腺坏死综合征（Lightner，1999；Tran 等，2013）。
- 链球菌感染或最近发现的罗非鱼湖病毒导致的罗非鱼死亡（Amal 和 Zamri-Saad，2011；Surachetpong 等，2017）。
- 20 世纪 80 年代引进的鳗鱼中的鱼鳔虫［粗厚鳔线虫（*Anguillicola crassus*）］，

对欧洲本土鳗鱼种群构成严重威胁。亚洲鳗鱼对这种疾病具有耐受性，但分析表明，如果感染足够严重，欧洲鳗鱼的产卵迁徙可能会出现问题（Székely等，2009；Lefebvre等，2012）。

- 各种鲤鱼病毒（例如，锦鲤疱疹病毒、鲤鱼水肿病毒），这些病毒已通过水产养殖和水族贸易的鱼类迁移传播（Adamek等，2018；世界动物卫生组织，2018）。
- 各种鲑鱼寄生虫和疾病的传播［例如，传染性鲑鱼贫血和胰腺病、疖疮病、三代虫（*Gyrodactylus salaris*）病］，在某些情况下，由于两者之间的相互作用（双向），影响了养殖鲑鱼产业和野生近缘种（Bakke和Harris，1998；Olivier，2002；Pettersen等，2015）。
- 鲑科鱼类沙门氏菌中的病毒性出血性败血症、传染性造血坏死和旋转病（Warren，1983；Bartholomew和Reno，2002；Dixon等，2016）。
- 在一些国家引入流行性溃疡综合征，对本土鱼类造成影响［例如，无须鲃属（*Puntius* spp.）、鳢属（*Channa* spp.）、胡鲇属（*Clarias* spp.）、刺鳅属（*Mastacembelus* spp.）］（Kamilya和Baruah，2014）。

为防止或尽量减少水生病原体传播的影响所需采取的行动与水生物种的引进和迁移所需的行动类似，因为入侵物种的传播和水生病原体的引进需要类似的监测、风险分析和边境控制程序。

生物安全的第二个层次也同样重要，就是一个国家能够在多大程度上控制其边界内的流动和转移。一旦疾病或入侵物种进入一个国家，仍然可以防止其在水体、流域或河流流域之间传播。

与上述例子相反，有些案例是有意引入疾病的。例如，鲤类疱疹病毒3（CyHV-3）被认为是一种生物控制剂，可以减少或根除墨累—达令河（澳大利亚）的鲤（*Cyprinus carpio*）种群[①]。

3.2.7 捕捞渔业对生态系统和野生近缘种的影响

捕捞渔业对水生遗传资源的影响，通常与直接针对野生近缘种的影响相关，这些影响通常是负面的（图3-13）。73%的国家回应认为这些影响是负面或非常负面的。

通过生态系统影响对水生遗传资源的威胁与捕捞压力的程度、是否进行有效管理以及捕捞是否针对脆弱或关键的生命阶段有关。在这种情况下，这包括捕捞幼鱼（例如，玻璃鱼的捕捞）或繁殖期成年鱼（例如，产卵鲟鱼和石斑鱼的产卵群）的渔业（Lovatelli和Holthus，2008）。基于产卵迁徙鱼类的捕捞

---

① www.carp.gov.au

可能会对野生近缘种的种群产生不成比例的影响。这种捕捞活动可能是为了提供食物，也可能是作为水产养殖系统，如，鳗鱼、蓝鳍金枪鱼、黄条鰤、石斑鱼、笋壳鱼养殖中育肥的幼鱼食物来源。插文 18 中讨论了水产养殖与作为种苗来源的野生近缘种的两个例子。

渔业对水生遗传资源的更普遍影响与不可持续的利用水平有关，威胁到野生种群的生存能力，从而威胁到它们作为遗传物质来源的潜力。一些渔业也可能影响非目标物种的水生遗传资源。这些可能是"副渔获物"问题或栖息地影响（由渔具与栖息地的相互作用以及对非目标物种的影响引起）。副渔获物问题的例子包括在拖网和推网渔业中捕获幼年野生近缘种（粮农组织，2014c）。

关于如何减轻或预防此类影响，各国的评议是建议采用生态系统渔业管理方法，该方法考虑到目标种群以外捕捞活动的更广泛生态系统影响，并考虑到栖息地和环境因素。评议还强调需要采取更有效的措施，尽量减少渔业对水生生物关键生命阶段和栖息地的影响。

11%的国家认为捕捞渔业对生态系统产生积极影响，进而对水资源保护区产生积极影响（图 3-13）。这一回应很难解释，尽管它似乎指的是那些正在采取有效的渔业管理措施以解决对水生遗传资源潜在影响的情况。

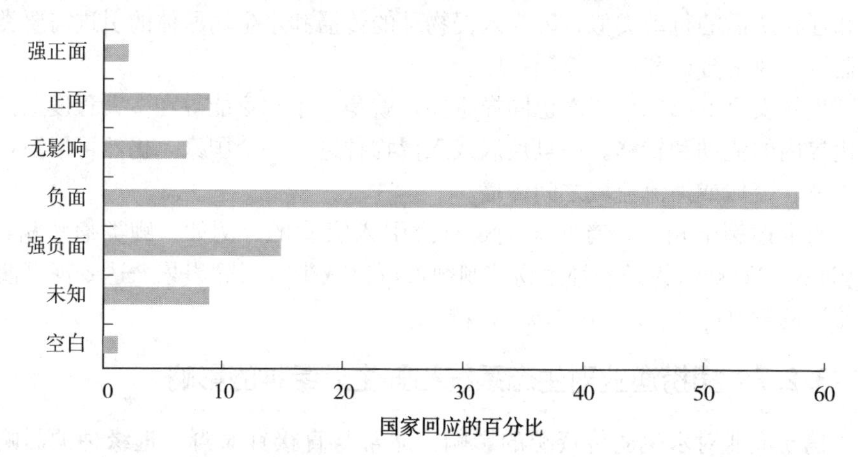

图 3-13　各国针对捕捞渔业对养殖水生物种野生近缘种影响的回应

资料来源：为《世界粮食和农业水生遗传资源状况》编写的国别报告：对问题 19（n=92）的回应。

伯利兹报告称，对入侵罗非鱼的捕捞压力一直在控制该物种。保加利亚对鲟鱼实施了禁渔令，这推动了鲟鱼养殖业的发展。就德国的淡水渔业而言，渔业管理有责任实现适应水体和渔业的鱼类物种多样性。

负责任管理的渔业，例如，使用渔业生态系统方法（EAF），可以被认为是一种就地保护形式（见第 4 章）。这要求渔业行业致力于保护水生生物栖息地和保护水生物种，以及各自渔业的目标物种。另一个普遍的考虑是，仅靠捕捞压力很少导致任何鱼类物种灭绝；然而，它可能对物种和种群的遗传多样性产生长期影响，导致遗传瓶颈和遗传漂变。灭绝（包括局部灭绝）通常更受生态系统类型作用的影响，特别是栖息地的丧失以及水质和流量的变化（例如，淡水）。9%的国家报告捕捞渔业的影响未知。

插文 18　野生近缘种与依赖野生种苗的水产养殖之间的联系

西班牙的地中海贻贝［紫贻贝（*Mytilus galloprovincialis*）］养殖业蓬勃发展，每年产量超过 20 万吨，是世界上最大的贻贝生产国之一。贻贝生产主要采用挂在木筏上的悬绳法养殖，主要集中在该国西北部的加利西亚。

生产完全基于野生捕获的种苗，这些种苗或直接从岩石海岸的贻贝床上采集，或通过漂浮在木筏上的收集器上的自然产卵获得（Perez - Camacho、Gonzalez 和 Fuentes，1991）。水产养殖行业的成功完全取决于自然种群的健康和生存能力，这些种群在这些地区一直很强大。

水产养殖和渔业相互依存的另一个例子是日本的五条鰤养殖（Ottolenghi 等，2004）。日本人传统上捕捞和养殖了三种鰤鱼（*Seriola*），即五条鰤（*S. quinqueradiata*）、高体鰤（*S. dumerili*）和黄条鰤（*S. lalandi*）。其中特别强调的是五条鰤（*S. quinqueradiata*），在日本被称为 Japanese amberjack。在 1990—1999 年的 10 年中，五条鰤（*S. quinqueradiata*）的水产养殖产量为 140 000～160 000 吨，而野生捕捞产量为 34 000～75 000 吨（Nakada，2000）。这一产量水平保持稳定，2016 年产量估计为 140 868 吨（粮农组织，2018b）。日本的鰤鱼水产养殖传统上依赖野生捕获的种苗，现在仍然如此。尽管鰤鱼养殖在澳大利亚等其他国家全球扩张，但该养殖系统主要基于孵化场培育的种苗。造成这种情况的主要原因被认为是野生捕获种苗的供应可靠性和优良质量，以及野生捕获种苗与孵化场培育种苗的成本比较。日本政府对捕获的稚鰤数量进行管理，以保护和管理渔业资源，这在限制水产养殖生产规模的同时，也有助于水产养殖和野生捕捞之间相对稳定的生产平衡。

参考文献

线上资源

- FAO Database on Introductions of Aquatic Species（www. fao. org/fishery/dias/en）

- Global Invasive Species Database（www. iucngisd. org/ gisd）
- Baltic Sea Alien Species Database（www. corpi. ku. lt/ nemo）
- USDA invasive species（www. invasivespeciesinfo. gov/ aquatics/databases. shtml）

Adamek, M. , Baska, F. , Vincze, B. & Steinhagen, D. 2018. Carp edema virus from three genogroups is present in common carp in Hungary. *Journal of Fish* Diseases, 41 (3): 463 - 468.

Alderman, D. J. 1996. Geographical spread of bacterial and fungal diseases of crustaceans. *Revue Scientifique et Technique* (International Office of Epizootics), 15: 603 - 632.

Amal, M. N. A. & Zamri - Saad, M. 2011. *Streptococcosis* in tilapia (*Oreochromis niloticus*): a review. *Pertanika J. Trop. Agric.* , 34 (2): 195 - 206.

Bakke, T. A. & Harris, P. D. 1998. Diseases and parasites in wild Atlantic salmon (*Salmo salar*) populations. *Canadian Journal of Fisheries and Aquatic Science*s, 55 (S1): 247 - 266.

Ballew, N. G. , Bacheler, N. M. , Kellison, G. T. & Schueller, A. M. 2016. Invasive lionfish reduce native fish abundance on a regional scale. *Scientific Reports* , 6: 32169. (also available at https: //www. nature. com/articles/srep32 169. epdf).

Bartholomew, J. L. & Reno, P. W. 2002. The history and dissemination of whirling disease. In *American Fisheries Society Symposium* , pp. 3 - 24. Bethesda, USA, American Fisheries Society.

Bartley, D. & Casal, C. V. 1998. Impacts of introductions on the conservation and sustainable use of aquatic biodiversity. *FAO Aquaculture Newsletter* , 20: 15 - 19. (also available at www. fao. org/docrep/005/x1227e/x1227e15. htm).

Bartley, D. M. & Halwart, M. 2006. *Responsible use and control of introduced species in fisheries and aquaculture* [CD - ROM]. Rome, FAO.

Beardmore, J. A. & Porter, J. S. 2003. *Genetically modified organisms and aquaculture*. FAO Fisheries Circular No. 989. Rome, FAO. 40 pp. http: //www. fao. org/tempref/docrep/fao/006/y4955e/Y4955E00. pdf

Bert, T. M. , Crawford, C. R. , Tringali, M. D. , Seyoum, S. , Galvin, J. L. , Higham, M. & Lund, C. 2007. Genetic management of hatchery - based stock enhancement. In *Ecological and genetic implications of aquaculture activities*. Dordrecht, the Netherlands, Springer: 123 - 174.

Bilio, M. 2007. Controlled reproduction and domestication in aquaculture. *Aquaculture Europe* , 32 (1): 5 - 14.

Caputi, N. , Feng, M. , Pearce, A. , Benthuysen, J. , Denham, A. , Hetzel, Y. , Matear, R. , *et al*. 2015. *Management implications of climate change effect on fisheries in Western Australia*. Part 1: Environmental change and risk assessment. FRDC Project No. 2010/535. Fisheries Research Report No. 260. Western Australia, Department of Fisheries. 180 pp.

Consuegra, S., Phillips, N., Gajardo, G. & de Leaniz, C. G. 2011. Winning the invasion roulette: escapes from fish farms increase admixture and facilitate establishment of non-native rainbow trout. *Evolutionary Applications*, 4 (5): 660 - 671.

Corbeil, S. & Berthe, F. C. J. 2009. Disease and mollusc quality. *In* S. E. Shumway and G. E. Rodrick. eds. *Shellfish safety and quality*. pp. 270 - 294. Woodhead Publishing, USA.

Cowx, I. G., Funge - Smith, S. J. & Lymer, D. 2015. Guidelines for fish stocking practices. In: *Tropical freshwater fisheries. Responsible stocking and enhancement of inland waters in Asia*. Bangkok, FAO Regional Office for Asia and the Pacific. RAP Publication 2015/11. 152 pp. http: //www. fao. org/3/a - i5303e. pdf.

Delgado, C. L., Wada, N., Rosegrant, M. W., Meijer, S. &Mahfuzuddin, A. 2003. *Fish to 2020: supply and demand in changing global markets*. WorldFish Center Technical Report 62, International Food Policy Research Institute. Penang, WorldFish Center.

De Silva, S. S. 1985. Status of the introduced cichlid *Sarotherodon mossambicus* (Peters) in the reservoir fishery of Sri Lanka: a management strategy and ecological implications. *Aquaculture Research*, 16 (1): 91 - 102.

Diana, J. S. 2009. Aquaculture production and biodiversity conservation. *BioScience*, 59 (1): 27 - 38.

Dixon, P., Paley, R., Alegria - Moran, R. & Oidtmann, B. 2016. Epidemiological characteristics of infectious hematopoietic necrosis virus (IHNV): a review. *Veterinary Research*, 47 (1): 63.

Edgerton, B. F., Evans, L. H., Stephens, F. J. & Overstreet, R. M. 2002. Synopsis of freshwater crayfish diseases and commensal organisms. *Aquaculture*, 206: 57 - 135.

FAO. 2007. *The State of the World's Animal Genetic Resources for Food and Agriculture*. B. Rischkowsky & D. Pilling, eds. Rome. 524 pp. (also available at www. fao. org/3/a - a1250e. pdf).

FAO. 2014a. *The State of World Fisheries and Aquaculture* 2014. Rome. 243 pp. (also available at www. fao. org/3/a - i3720e. pdf).

FAO. 2014b. Fisheries and Aquaculture Software. FishStatJ - Software for Fishery Statistical Time Series. In: *FAO Fisheries and Aquaculture Department* [online]. Rome. [Cited 8 March 2018]. www. fao. org/fishery/statistics/software/fishstatj/en.

FAO. 2014c. APFIC/FAO Regional Expert Workshop on "*Regional guidelines for the management of tropical trawl fisheries in Asia*". Phuket, Thailand, 30 September - 4 October 2013. Bangkok, FAO Regional Office for Asia and the Pacific. RAP Publication 2014/01. 102 pp. (also available at www. fao. org/3/a - i3575e. pdf).

FAO. 2015. *Responsible stocking and enhancement of inland waters in Asia*. Bangkok, FAO Regional Office for Asia and the Pacific. RAP Publication 2015/11. 152 pp. (also available at www. fao. org/3/a - i5303e. pdf)

FAO. 2016. The State of World Fisheries and Aquaculture 2016. *Contributing to Food Security* *and Nutrition for All*. Rome. 200 pp. (also available at www. fao. org/3/a－i5555e. pdf).

FAO. 2018a. *Impacts of climate change on fisheries and aquaculture. Synthesis of current knowledge, adaptation and mitigation options*. Rome. 654 pp. (also available at www. fao. org/3/I9705EN/i9705en. pdf).

FAO. 2018b. Fishery and Aquaculture Statistics. Global Production by Production Source 1950—2016 (FishstatJ). In: *FAO Fisheries and Aquaculture Department* [online]. Rome. Updated 2018. www. fao. org/fishery/statistics/software/fishstatj/en.

Global Invasive Species Database (GISD). 2016. Downloaded from http://193. 206. 192. 138/gisd/ search. php (April 2016).

Gjedrem, T., Robinson, N. & Rye, M. 2012. The importance of selective breeding in aquaculture to meet future demands for animal protein: a review. *Aquaculture*, 350: 117－129.

Green, S. J., Akins J. L., Maljković, A. & Côté, I. M. 2012. Invasive lionfish drive Atlantic coral reef fish declines. *PLoS ONE*, 7 (3): e32596. (also available at https:// doi. org/10. 137 1/journal. pone. 0032596).

Hard, J. J., Gross, M. R., Heino, M., Hilborn, R., Kope, R. G., Law, R. & Reynolds, J. D. 2008. Evolutionary consequences of fishing and their implications for salmon. *Evol Appl.*, 1 (2): 388－408.

Hart, A. M. 2015. Roe's abalone (*Haliotis roei*). *In*: 13. Caputi, M. Feng, A. Pearce, J. Benthuysen, A. Denham, Y. Hetzel, R. Matear, G. Jackson, B. Molony, L. Joll & A. Chandrapavan. *Management implications of climate change effect on fisheries in Western Australia*, pp. 77－85. Part 2: Case studies. FRDC Project No. 2010/535. Fisheries Research Report 261. Western Australia, Department of Fisheries.

Hickley, P. & Chare, S. 2004. Fisheries for non－native species in England and Wales: angling or the environment? *Fisheries Management and Ecology*, 11: 203－212.

Hilsdorf, A. W. S. & Hallerman, E. M. 2017. *Genetic Resources of Neotropical Fishes*. Springer International Publishin. 258 pp.

International Council for the Exploration of the Sea (ICES). 2005. *ICES code of practice on the introductions and transfers of marine organisms*. ICES. Copenhagen, 30 pp.

Kamilya, D. & Baruah, A. 2014. Epizootic ulcerative syndrome (EUS) in fish: history and current status of understanding. *Reviews in Fish Biology and Fisheries*, 24 (1): 369－380.

Kamonrat, W. 1996. Spatial genetic structure of Thai silver barb *Puntius gonionotus* (Bleeker) populations in Thailand. Dalhousie University, Halifax, Canada. 209 pp. (PhD dissertation).

Koehn, J. D. 2004. Carp (*Cyprinus carpio*) as a powerful invader in Australian waterways. *Freshwater Biology*, 49 (7): 882－894.

Krishnakumar, K., Ali, A., Pereira, B. & Raghavan, R. 2011. Unregulated aquaculture and invasive alien species: a case study of the African Catfish *Clarias gariepinus* in Vembanad Lake (Ramsar Wetland), Kerala, India. *Journal of Threatened Taxa*, 3 (5):

1737 - 1744.

Lefebvre, F., Wielgoss, S., Nagasawa, K. & Moravec, F. 2012. On the origin of *Anguillicoloides crassus*, the invasive nematode of anguillid eels. *Aquatic Invasions*, 7 (4).

Lightner, D. V. 1999. The penaeid shrimp viruses TSV, IHHNV, WSSV, and YHV: current status in the Americas, available diagnostic methods, and management strategies. *Journal of Applied Aquaculture*, 9 (2): 27 - 52.

Lorenzen, K. 2014. Understanding and managing enhancements: why fisheries scientists should care. *Journal of Fish Biology*, 85: 1807 - 1829.

Lorenzen, K., Leber, K. M. & Blankenship, H. L. 2010. Responsible approach to marine stock enhancement: an update. *Reviews in Fisheries Science*, 18 (2): 189 - 210.

Lovatelli, A. & Holthus, P. F., eds. 2008. *Capture - based aquaculture. Global overview.* FAO Fisheries Technical Paper No. 508. Rome, FAO. 314 pp. http: //www. fao. org/tempref/FI/DOCUMENT/aquaculture/aq2008 _ 09/root/i0254e. pdf.

Marshall, B. E. 1991. The impact of the introduced sardine *Limnothrissa miodon* on the ecology of Lake Kariba. *Biological Conservation*, 55 (2): 151 - 165.

Micklem, J. M., Griffiths, C. L., Ntuli, N. & Mwale, M. 2016. The invasive Asian green mussel *Perna viridis* in South Africa: all that is green is not viridis. *African Journal of Marine Science*, 38 (2): 207 - 215.

Nakada, M. 2000. Yellowtail and related species culture. In: *Encyclopedia of Aquaculture*, pp. 1007 - 1036.

Nunes, A. L., Tricarico, E., Panov, V. E., Cardoso, A. C. & Katsanevakis, S. 2015. Pathways and gateways of freshwater invasions in Europe. *Aquatic Invasions*, 10 (4): 359 - 370.

Ogutu - Ohwayo, R. 2001. *Nile perch in Lake Victoria: balancing the costs and benefits of aliens. Invasive species and biodiversity management*, pp. 47 - 63. Dordrecht, the Netherlands, Kluwer Academic Publishers.

Olivier, G. 2002. Disease interactions between wild and cultured fish - perspectives from the American Northeast (Atlantic Provinces). *Bulletin - European Association of Fish Pathologists*, 22 (2): 102 - 109.

Ottolenghi, F., Silvestri, C., Giordano, P., Lovatelli, A. & New, M. B. 2004. *Capture - based aquaculture. The fattening of eels, groupers, tunas and yellowtails.* Rome, FAO. 315 pp. http: //www. fao. org/3/a - y5258e. pdf.

Pearce, A., Lenanton, R., Jackson, G., Moore, J., Feng, M. & Gaughan, D. 2011. *The "marine heat wave" off Western Australia during the summer of* 2010/11. Fisheries Research Report No. 222. Western Australia, Department of Fisheries. 40 pp.

Perez - Camacho, A. P., Gonzalez, R. & Fuentes, J. 1991. Mussel culture in Galicia (NW Spain). *Aquaculture*, 94 (2 - 3): 263 - 278.

Peterson, M. S., Slack, W. T. & Woodley, C. M. 2005. The occurrence of non - indigenous Nile tilapia, *Oreochromis niloticus* (Linnaeus) in coastal Mississippi: ties to aquaculture and thermal effluent. *Wetlands*, 25: 112-121.

Pettersen, J. M., Osmundsen, T., Aunsmo, A., Mardones, F. O. & Rich, K. M. 2015. Controlling emerging infectious diseases in salmon aquaculture. *Revue scientifique et technique* (International Office of Epizootics), 34 (3): 923-938.

Pyle, G. G., Rajotte, J. W. & Couture, P. 2005. Effects of industrial metals on wild fish populations along a metal contamination gradient. *Ecotoxicol. Environ. Saf.*, 61 (3): 287-312.

Rana, K. J., Siriwardena, S. & Hasan, M. R. 2009. *Impact of rising feed ingredient prices on aquafeeds and aquaculture production*. FAO Fisheries Technical Paper No. 541. Rome, FAO. 78pp. (also available at www. fao. org/docrep/012/i1143e/i1143e00. htm).

Rasmussen, S. &Morrissey, M. T. 2007. Biotechnology in aquaculture: transgenics and polyploidy. *Comprehensive Reviews in Food Science and Food Safety*, 6 (1): 2-16.

Saarman, N. P. & Pogson, G. H. 2015. Introgression between invasive and native blue mussels (genus *Mytilus*) in the central California hybrid zone. *Molecular Ecology*, 24 (18): 4723-4738.

Sandoval - Castillo, J., Robinson, N., Strain, L., Hart, A. &Beheregaray, L. B. 2015. PDRS: *Use of next generation DNA technologies for revealing the genetic impact of fisheries restocking and ranching*. Australian Seafood CRC Project No. 2012/714. 47 pp.

Söderhäll, K. & Cerenius, L. 1999. The crayfish plague fungus: history and recent advances. *Freshwater Crayfish*, 12: 11-35.

Spliethoff, P. C., De Longh, H. H. & Frank, V. G. 1983. Success of the introduction of the fresh water Clupeid *Limnothrissa miodon* (Boulenger) in Lake Kivu. *Aquaculture Research*, 14 (1): 17-31.

Surachetpong, W., Janetanakit, T., Nonthabenjawan, N., Tattiyapong, P., Sirikanchana, K. & Amonsin, A. 2017. Outbreaks of tilapia lake virus infection, Thailand, 2015—2016. *Emerging Infectious Diseases*, 23 (6): 1031.

Székely, C., Palstra A., Molnar, K. & van den Thillart, G. 2009. Impact of the swimbladder parasite on the health and performance of European eel. Spawning migration of the eel. *Fish and Fisheries Series*, 30: 201-226.

Tran, L., Nunan, L., Redman, R. M., Mohney, L. L., Pantoja, C. R., Fitzsimmons, K. & Lightner, D. V. 2013. Determination of the infectious nature of the agent of acute hepatopancreatic necrosis syndrome affecting penaeid shrimp. *Diseases of Aquatic Organisms*, 105 (1): 45-55.

U. S. Geological Survey (USGS). 2016. *Indigenous Aquatic Species (NAS) information.* https: //nas. er. usgs. gov/about/default. aspx.

VanZyll de Jong, M. C., Gibson, R. J. & Cowx, I. G. 2004. Impacts of stocking and introductions on freshwater fisheries of Newfoundland and Labrador. Canada, *Fisheries Management and Ecology*, 11: 183-193.

Vu, D. T., Yamada, T. & Ishidaira, H. 2018. Assessing the impact of sea level rise due to climate change on seawater intrusion in Mekong Delta, Vietnam. *Water Science and Technology*, 77 (6): 1632 - 1639.

Warren, J. W. 1983. Viral hemorrhagic septicemia. *In* F. P. Meyer, J. W. Warren & T. G. Carey, eds. *A guide to integrated fish health management in the Great Lakes Basin*. Great Lakes Fishery Commission, Ann Arbour, MI, USA. Spec. Pub. 83 (2): 272.

Welcomme, R. L. (comp.). 1988. *International introductions of inland aquatic species*. FAO Fisheries Technical Paper No. 294. Rome, FAO. 318 pp. (also available athttp: //www. fao. org/3/X5628E/X5628E00. htm).

World Bank. 2013. *Fish to 2 030: prospects for fisheries and aquaculture*. World Bank report number 83177 - GLB. 102 pp. (also available at www. fao. org/ docrep/019/i3640e/ i3640e. pdf).

World Organisation for Animal Health (OIE). 2018. *Koi herpesvirus disease*. (also available at www. oie. int/fileadmin/Home/eng/Health _ standards/aahm/ current/chapitre _ koi _ herpesvirus. pdf).

Zeeman, S. C. F. 2016. *Genetics and ecosystem effects of the invasive mussel* Semimytilus algosus, *on the West Coast of South Africa*. University of Cape Town. 253 pp. (PhD dissertation).

第4章

国家辖区内养殖水生物种及其野生近缘种水生遗传资源就地保护

目的：本章旨在回顾养殖水生物种及其野生近缘种遗传资源就地保护的现状和未来前景。

关键信息：

- 就地保护是保护水生遗传资源（AqGR）的首选方法，因为它保持了资源与环境之间的联系，无论环境是自然环境还是养殖场环境。
- 水生保护区是可用于就地保护的机制之一，对其报告的优先事项因区域而异。
- 各国报告了 2 300 多个保护区，其中大多数被认为对保护非常有效或有些效果。
- 据报告，负责任和管理良好的水产养殖和基于养殖的渔业已成为就地保护的机制。
- 农场就地保护在陆地农业中很常见，用于在农场开发和维护变种和繁育种。由于大多数水生物种的驯化时间相对较短，养殖场的就地保护很少适用于水生遗传资源。

4.1　引言

第 3 章讨论了许多威胁水生遗传资源的驱动因素，包括野生近缘种，强调了保护关键资源的必要性，特别是那些受到威胁的资源。所有养殖水生物种的野生近缘种仍然存在于自然界中，野生型（或近野生型）的养殖和捕捞在食品生产中发挥着重要作用。因此，有效的就地保护是保护和加强水生遗传资源在确保粮食安全方面发挥作用工作的关键组成部分。

《生物多样性公约》（生物多样性公约组织，1992）定义的就地保护包括养殖场和自然区域：

就地保护是指保护生态系统和自然栖息地，维护和恢复其自然环境中的物种种群。如果是驯化或栽培物种，则是指保护专为其特性而开发的环境。

《生物多样性公约》进一步指出，就地保护是保护生物多样性的首选方法（生物多样性公约组织，1992）。保护或养护栖息地，无论是在养殖场还是在自然环境中，都是至关重要的，因为它允许生物体继续与环境相连，并适应原位条件。原位条件可能是渔场、原始水生生态系统或受开发影响的生态系统（例如，河流筑坝或海岸侵蚀）。

《负责任渔业行为守则》（粮农组织，1995）指出：

各国以及次区域和区域渔业管理组织应在养护、管理和开发水生生物资源时广泛采用预防性做法，以保护水生生物和保护水生环境，同时考虑到现有的最佳科学依据。不应以缺乏足够的科学信息作为推迟或未能采取措施保护目标物种、相关物种或从属物种，以及非目标物种及其环境的理由。

长期以来，科学家和自然保护主义者已认识到保护水资源的重要性，并需要制定有效的政策来支持这方面的行动。1998 年，在意大利举行的“制定保护和可持续利用水生遗传资源的政策”国际会议全面审查了保护水生遗传资源的问题。本次会议的会议记录包括对特定国家和地区以及与特定物种相关的水生遗传资源保护案例和相关政策的综述（Pullin、Bartley 和 Kooiman，1999）。该出版物还涵盖了当时生物技术发展的影响，以及与知识产权、治理和法律制度有关的问题。这些信息中的大部分至今仍切合实际。

有一系列可以应用的就地保护策略。这些措施一般应以保护栖息地和生态系统的方式保护水生资源。机制可包括水生生物多样性管理区、水生保护区、生物区域管理和有效的渔业管理。此类机制应包含有关受威胁或濒危物种名称和研究结果的信息（如有）。为支持这些机制可采取的具体措施包括提高公众意识、具体的恢复或缓解措施、具体的监管措施和当地社区行动。

水生遗传资源就地保护的例子很多。最被广泛提及的是海洋保护区（MPA）、淡水保护区（FPA）、拉姆萨尔湿地[①]和国际自然保护联盟（IUCN）[②] 的保护区类别。除了地理上确定的保护区外，某些类型的渔业管理也符合就地保护的要求。本章回顾了人工养殖的水生遗传资源及其野生近缘种的现状和未来前景，包括养殖场和自然保护区以及渔业管理。

Moyle 和 Yoshiyama（1994）根据 5 个层次的方法提出了水生生物多样性管理区域，从保护单个受威胁和濒危物种到综合利用的生物区域景观规划。这种方法似乎没有被广泛采用。

在过去的二三十年中，水生保护区已被广泛推广并用于养护和渔业管理，但考虑到许多水生区域资源使用的不同意识形态，它们并非毫无争议（Agardy 等，2003）。海洋保护区（MPA）被定义为“一个明确定义的地理空间，通过法律或其他有效手段得到认可、专用和管理，以实现对自然的长期保护以及相关的生态系统服务和文化价值”（Day 等，2012）。世界上许多地方，主要是发达国家，都建立了海洋保护区。在 2000—2013 年的相关文献综述中，Rossiter 和 Levine（2014）确定并讨论了 MPA 成功的 6 个关键因素：社区参与度、社会经济特征、生态因素、MPA 设计、治理以及执法。埃德加等

① 拉姆萨尔湿地公约：www.ramsar.org/sites-countries/the-ramsar-sites

② 国际自然保护联盟保护区类别：www.iucn.org/about/work/programmes/gpap_home/gpap_quality/gpap_pacategories

(2014) 进一步确定了5个关键因素，这些因素似乎有助于MPA的成功结果。根据对全球87个海洋保护区的审查，他们发现，随着5个特征的积累，保护效益增加，即：不取走（即不捕捞）、强执法、保到期（保持超过10年）、足够大（大于100平方公里）、有隔离（被深水或沙滩隔离）。海洋保护区举例说明了渔业管理和保护可以有共同目标的情况。然而，海洋保护区并非毫无争议，因为其作为渔业管理和提高鱼类产量的工具的效力受到质疑（Adams等，2004；Weigel等，2014）。如上所述，那些寻求保护区更多保护的人和那些寻求更多生计利益的人之间往往存在紧张关系。Pendleton等（2017）对围绕MPA有效性的问题进行了全面讨论。

内陆水生环境的威胁在许多方面比海洋环境更具挑战性。例如，就内陆渔业而言，缺乏关于世界淡水生态系统的捕捞物种和捕捞量的信息。此外，如第3章所述，内陆水域的栖息地破坏和资源竞争的威胁相对更大。这增加了保护的必要性，特别是考虑到淡水鳍鱼被认为是人类利用的最受威胁的脊椎动物群体（Ricciardi和Rasmussen，1999；国际自然保护联盟，2010；Carrizo、Smith和Darwall，2013；澳大利亚新南威尔士州第一产业部，2018）。

与海洋保护区相比，对淡水环境中保护区用途的理解相对缓慢，甚至“淡水保护区”一词也没有被广泛使用。然而，Suski和Cooke（2007）报告了许多例子，在这些例子中，淡水保护区（FPA）已被纳入淡水环境的成功管理方法。他们研究了淡水保护区没有像海洋保护区那样激增的一些原因，并提出了管理人员和科学家必须克服的一些挑战。这些挑战包括人们在确定需要保护的区域或物种以及应对淡水环境的所有威胁方面所面临的困难，以及在实施《淡水保护区协定》时所涉及的众多问题，其中许多问题是海洋保护区所共有的。Yang等（2018）概述了中国水生遗传资源保护区的国家方案，该方案主要关注内陆水域。从2007年至2014年，中国建立了464个保护区，其中90%在内陆（63%覆盖河流，24%覆盖湖泊，2%的水库和1%的河口）。这些保护区共列出453种保护物种，其中75%以上是鳍鱼。甲壳动物、贝类、其他水生动物和水生植物分别占受保护物种的9.3%、3.9%、5.4%和1.3%。

稻田是改良生态系统的一个例子，如果管理得当，可以作为生物多样性就地保护的场所。据显示，亚洲的稻田包含100多种物种，包括鳍鱼、昆虫、甲壳动物、软体动物、两栖动物和爬行动物（Halwart和Bartley，2005）。稻田害虫综合管理是亚洲大部分地区的传统做法，它消除或减少杀虫剂的使用量，并依靠害虫天敌和有益物种促进水稻生产。

《拉姆萨尔湿地公约》对保护内陆和沿海水资源至关重要。《拉姆萨尔国际重要湿地名录》包括2 300多处湿地，是世界上最大的保护区网络，这些湿地为水生遗传资源的就地保护提供了极好的手段。1996年，缔约方大会第六次会议通过了基于水生生物多样性特征和渔业重要传统用途的标准，以确定具有国际重要性的湿地。这使得支持传统渔业和渔业社区的湿地被列入清单。

水生保护区，包括海洋保护区和淡水保护区，作为保护生物多样性的一种方法得到了大力推广。《生物多样性公约》的爱知生物多样性目标第 11 条呼吁各国，到 2020 年，在 17%的陆地和内陆水域以及 10%的海洋区域建立保护区。考虑到存在不同程度的“保护”，国际自然保护联盟定义了 6 类保护区（见插文 19）。这些类别反映了保护区或就地保护的不同目标。

插文 19　国际自然保护联盟保护区分类系统[①]

国际自然保护联盟（IUCN）根据其管理目标对保护区进行分类（Dudley，2008）。这些类别被联合国等国际机构和许多国家政府认定为界定和记录保护区的全球标准。因此，它们越来越多地被纳入政府立法。

严格的自然保护区：Ⅰa 类保护区是为保护生物多样性以及可能的地质/地貌特征而设立的严格保护区，严格控制和限制人类的访问、使用和影响，以确保保护价值。此类保护区可作为科学研究和监测不可或缺的参考区。

荒野保护区：Ⅰb 类保护区通常是未经改变或轻微改变的大面积区域，保留其自然特征，没有永久或重要的人类居住，受到保护和管理，以保持其自然状态。

国家公园：Ⅱ类保护区是为保护大规模生态过程，以及该区域特有的物种和生态系统，而设立的大型自然或近自然区域，这也为环境和文化兼容，以及宗教、科学、教育、娱乐和游客机会提供了基础。

自然遗址：Ⅲ类保护区是为了保护特定的自然遗迹而设立的，自然遗迹可以是地貌、海山、海底洞穴、洞穴等地质特征，甚至是古树林等生物特征。这类保护区一般是相当小的保护区，通常具有很高的游客价值。

生境/物种管理区：Ⅳ类保护区旨在保护特定物种或栖息地，而管理反映了这一优先事项。许多Ⅳ类保护区需要定期、积极的干预措施，以满足特定物种的需求或维持栖息地，但这不是该类保护区的必要条件。

景观保护区：Ⅴ类保护区是指人与自然的长期相互作用过程中产生的一个具有显著生态、生物、文化和景观价值的独特区域，维护这种相互作用的完整性对于保护和维持该区域及其相关的自然保护和其他价值至关重要。

资源保护区：Ⅵ类保护区保护生态系统和栖息地，以及相关的文化价值和传统自然资源管理系统。这类保护区通常很大，大部分区域处于自然状态，其中一部分处于可持续自然资源管理之中。

除保护区外，还进行了栖息地恢复工作，以改善渔业生产和保护水生生物多样性。有多种策略可以改善水生生态系统（Roni 等，2005）。然而，许多栖息地恢复方案对鱼类生产的效果尚未在全球范围内得到充分评估（Roni 等，2005）。

本书的这一部分评估了水产养殖和渔业过程中水生遗传资源利用对各成员国水生遗传资源保护的贡献程度。以下调查结果基于各国对调查问卷的回应，其中共包括7个问题，重点是就地保护的范围和基本原理，以及水生保护区、渔业和水产养殖所发挥的作用。

4.2　养殖水生物种野生近缘种的就地保护

4.2.1　野生近缘种保护

国别报告的回应表明，许多野生近缘种的数量正在减少（第2.5.1节，包括图2-29）。有关此类物种的保护状况的信息对于确定未来的保护行动至关重要。渔业产量的减少，即渔获量的减少，加上栖息地的减少，可以作为野生近缘种濒危程度的一个替代指标。如果该物种的分布受到限制或仅限于特定的栖息地类型，例如，盐沼或春池，则其濒危程度会更高。

4.2.1.1　优先物种

表4-1列出了国别报告中最常见的栖息地减少的十大野生近缘种。与IUCN红色名录[①]的比较表明，只有欧洲鳗鲡（*Anguilla anguilla*）一个物种被列为“极度濒危”物种，小丑刀［铠甲弓背鱼（*Chitala chitala*）］被列为“近危”物种，鲤（*Cyprinus carpio*）被列出“易危”物种。虽然有几个物种被评估为“无危”，但它们的种群变化趋势尚不清楚。大多数种类都是排名前十的淡水或溯河鱼类，例如，欧洲鳗鲡（*Anguilla* spp.）。欧洲舌齿鲈（*Dicentrarchus labrax*）是唯一的海洋物种。

表4-1　各国最常报告的野生近缘种捕获量下降的十大物种，包括该物种在国际自然保护联盟红色名录中的地位

物种名称	英文通用名	表明种群减少的回应数	表明栖息地减少的回应数	IUCN红色名录类别和标准	红色名录中的种群变化趋势
尼罗罗非鱼（*Oreochromis niloticus*）	Nile tilapia	7	9	NA	U

① www.iucnredlist.org

（续）

物种名称	英文通用名	表明种群减少的回应数	表明栖息地减少的回应数	IUCN红色名录类别和标准	红色名录中的种群变化趋势
欧洲鳗鲡（*Anguilla anguilla*）	European eel	6	4	CR	D
鲤（*Cyprinus carpio*）	Common carp	4	5	V	U
罗氏沼虾（*Macrobrachium rosenbergii*）	Giant river prawn	4	3	LC	U
褐鳟（*Salmo trutta*）	Brown trout	4	8	LC	U
线鳢（*Channa striata*）	Striped snakehead	3	3	LC	U
铠甲弓背鱼（*Chitala chitala*）	Clown knifefish	3	3	NT	D
大盖巨脂鲤（*Colossoma macropomum*）	Cachama	3	2	NA	U
欧洲舌齿鲈（*Dicentrarchus labrax*）	European seabass	3	0	LC	U
尖吻鲈（*Lates calcarifer*）	Barramundi	3	2	NA	U

资料来源：为《世界粮食和农业水生遗传资源状况》编写的国别报告：对与野生近缘种渔获量趋势有关的问题14（$n=92$）的回应。

注：IUCN红色名录：NA＝未评估；LC＝无危；V＝易危；NT＝近危；CR＝极危。对于种群变化趋势：D＝下降；U＝未知。

尽管在物种层面上，罗非鱼（*Oreochromis* spp.）一般不会受到威胁，但人们担心，许多自然种群正在被其他种群和物种的基因渗入（Gregg、Howard和Snhonhiwa，1998；亚洲开发银行，2005）。因此，罗非鱼自然种群之间的遗传差异可能会消失。巴西和哥伦比亚报告称，巨骨舌鱼（*Arapaima gigas*）的数量正在下降。该物种列在《濒危野生动植物种国际贸易公约》（CITES）附录Ⅱ中，其中包括现在不一定面临灭绝威胁的物种，但除非贸易受到严格控制，否则可能会灭绝。CITES有数据表明巨骨舌鱼被列入名录，而根据IUCN的红色名录，现有数据不足，无法进行评估。第2.2节确定了改进全球信息系统的必要性，这将有助于传播权威信息，帮助解决此类问题。

4.2.1.2 就地保护目标

国别报告对就地保护提出了不同的目标，“保护水生生物遗传多样性”和“保持水产养殖生产优良品系”被列为最高优先事项，“帮助适应气候变化的影响”和“满足客户和市场需求”被列最低优先事项（表4-2）。分析显示，除北美外，所有地区都有类似的趋势，北美将“保持水产养殖生产优良品系”和“未来水产养殖品系改良”列为最高优先事项。

这些就地保护的优先事项在国家经济类别之间有所不同，但在所有情况下，“保护水生生物遗传多样性”都是最高优先事项（表4－3）。令人惊讶的是，即使在发展中国家和最不发达国家，“满足消费者和市场需求”得分也很低。这可能是因为各国或者不理解就地保护遗传多样性在满足消费者需求和市场偏好方面的作用，或者认为其他方法更容易、成本更低。

个别国家报告的其他具体目标包括：

• 保护特有物种；
• 维护国家遗产物种；
• 促进水生生物的可持续野生种群；
• 维护和恢复商业和休闲渔业资源；
• 保护和恢复野生遗传资源，特别是列入濒危物种名录的野生遗传资源。

主要和次要生产国的回应极其相似，并遵循上述总体趋势（数据未显示）。

表4－2　水生遗传资源就地保护目标优先级，按区域划分

目标	优先级*						
	非洲	亚洲	欧洲	拉丁美洲和加勒比地区	北美洲	大洋洲	全球
保护水生生物遗传多样性	2.1	1.4	2.5	1.7	3	1.3	1.9
保持水产养殖生产优良品系	2.7	2.8	3.5	2.8	2.5	2.9	2.9
未来水产养殖品系改良	2.9	2.8	4.1	3.1	2.5	4.3	3.2
满足消费者和市场需求	3.4	3.8	5.4	3.6	3.5	4.9	4
帮助适应气候变化的影响	3.4	3.7	5.6	3.4	3	5.4	4

资料来源：为《世界粮食和农业水生遗传资源状况》编写的国别报告：对与就地保护目标重要性相关的问题23（n=90）的回应。

*优先级是根据对国别报告中提供的重要性得分的平均值来确定的。1=非常重要；10=不重要。

表4－3　各国水生遗传资源就地保护目标优先级，按经济类别分列

目标	优先级*			
	综合	发达国家	其他发展中国家	最不发达国家
保护水生生物遗传多样性	1.9	2.3	1.8	1.9
保持水产养殖生产优良品系	2.9	3.3	2.8	2.7
未来水产养殖品系改良	3.2	3.7	3.1	3
满足消费者和市场需求	4	4.7	3.8	3.7
帮助适应气候变化的影响	4	4.7	3.8	3.7

资料来源：为《世界粮食和农业水生遗传资源状况》编写的国别报告：对与就地保护目标重要性相关的问题23（n=90）的回应。

*优先级是根据对国别报告中提供的重要性得分的平均值来确定的。1=非常重要；10=不重要。

4.2.1.3 水生保护区的作用

国别报告确认了水生保护区对就地保护的重要性。总体而言，各国报告了2 364个保护区，超过2 100个（89%）保护区被认为非常有效或有些效果（表4-4和插文20）。很少有国家报告水生保护区无效。关于相对有效性的区域数据受到加拿大、哥伦比亚、菲律宾和坦桑尼亚联合共和国报告的影响，据报告，这些国家的大量保护区极为有效。

这一趋势在各经济类别国家之间是一致的（图4-1），在主要和次要水产养殖生产国之间也是一致的（数据未显示）。

表4-4 水生保护区数量及其在保护野生近缘种水生遗传资源方面的有效性国家评估，按区域划分

有效性	每个区域的保护区数量						
	非洲	亚洲	欧洲	拉丁美洲和加勒比地区	北美洲	大洋洲	全球
非常有效	104	296	7	394	797	14	1 612
有些效果	217	156	85	70	0	1	529
无效	11		2	8	0	1	22
未知	11	37	16	115	0	2	181
未回应	5	3	9	1	1	1	20
合计	348	492	119	588	798	19	2 364

资料来源：为《世界粮食和农业水生遗传资源状况》编写的国别报告：对问题27的回应（n=71）。

插文20 就地保护示例：澳大利亚、保加利亚和中国

澳大利亚

- 正在进行的就地保护活动的一个例子是墨瑞鳕（*Maccullochella peelii*）国家恢复计划（国家墨瑞鳕恢复小组，2010）。联邦政府和所有对墨累—达令河流域有管辖权的州政府都支持这一计划，墨瑞鳕是墨累—达令河流域的特有鱼类。墨瑞鳕是这个大流域的一个重要物种，曾为重要的商业和休闲渔业提供支撑。该计划的目标包括：
- 确定墨累—达令河流域墨瑞鳕种群的分布、结构和动态；
- 管理河流流量，以加强默瑞鳕种群的恢复；
- 对每个空间管理单元的威胁进行风险评估，并评估恢复行动对墨瑞鳕种群的益处；
- 查明墨瑞鳕各生活阶段与种群的栖息地要求；

• 以可持续的方式管理默瑞鳕的休闲渔业，同时认识到渔业的社会、经济和娱乐价值；
• 鼓励社区拥有默瑞鳕鱼保护权；
• 管理恢复计划的实施。

国家恢复计划包括对种群遗传学知识、当前和未来基因流动以及需要额外关注的任何特定遗传单元的识别进行审查。

保加利亚

如保加利亚国别报告中所述，根据欧洲联盟的《栖息地指令》[①]，保加利亚的一些水体，因为存在如该指令附件2所列的具有社区重要性的鱼类，被指定为具有国家重要性的区域。附件2所列鱼类保护区的有效管理需要制定和实施监测方案，以确保对其保护状况和空间分布进行充分评估。

保加利亚的“自然2000”（Natura 2000）保护区覆盖了该国35%的面积。为了履行保加利亚在《栖息地指令》第8条下的承诺，制定了2014年至2020年“自然2000”下的国家优先行动框架（NFPA）。NFPA的目的是在国家和地区层面更好地确定自然2000的优先事项，并确定融资需求。这一框架将有助于将上述需要纳入欧洲联盟资助的未来方案。

中国

如国别报告所述，青海湖裸鲤（*Gymnocypris przewalskii*）是中国青海湖流域的特有物种。自20世纪70年代以来，该物种的数量显著减少。目前种群中的大多数鱼类的长度都小于25厘米，成熟个体的体型也变短了。该物种已被《中国物种红色名录》认定为“濒危”物种，中国政府已实施保护和管理措施。在青海湖裸鲤被宣布为高度优先保护对象后，在该鱼繁殖季节实施禁渔，并制定了捕捞限额。主要保护措施是：

• 通过控制输入和输出来管理湖泊水位；
• 保护青海湖裸鲤的产卵场；
• 重建湖区植被；
• 通过种苗生产提高种群数量；
• 在繁殖季节禁渔；
• 采用常规程序管理湖泊中的鱼类，包括环境监测。

在采取这些措施数年后，青海湖裸鲤种群出现了一些恢复。

此外，还成立了青海湖裸鲤救助中心（Xiong、Chen和Duan，2010）。该中心设有一个研究该物种的实验室、一个育苗设施和一个种苗生产站，用于提高种群数量。该中心研究了该物种的繁殖生物学，并继续调查青海湖及其关键栖息地。该中心还监测和评估种群增殖方案的有效性。

①欧洲联盟关于保护自然栖息地和野生动植物的第 92/43/EEC 号指令。

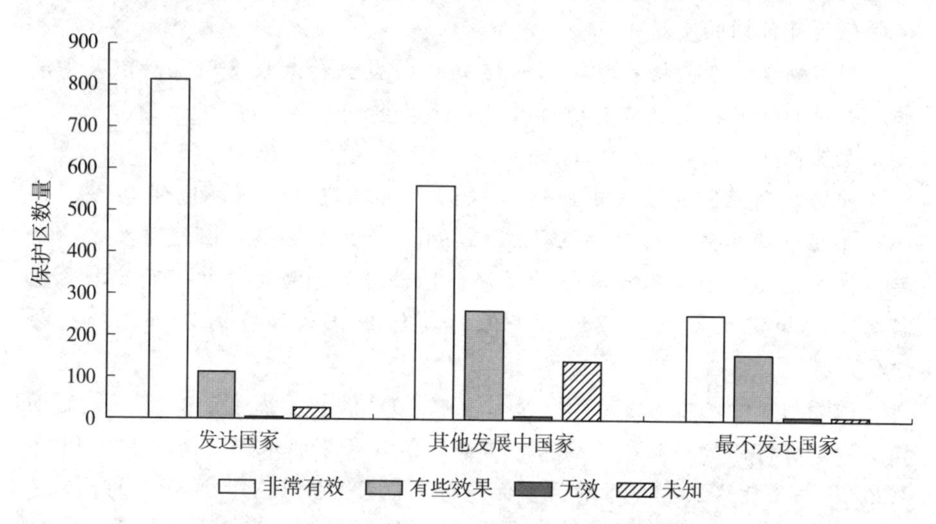

图 4-1　水生保护区对水生遗传资源野生近缘种就地保护的有效性（每个经济类别的保护区总数）

资料来源：为《世界粮食和农业水生遗传资源状况》编写的国别报告：对问题 27 的回应（n=71）。

注：此处不包括未提供有效性水平的 20 个保护区的数据。

4.2.1.4　水产养殖和渔业管理的作用

在某些条件下，渔业管理可考虑就地保护。例如，如果渔业管理计划的目标是维持自然种群和支持它们的生态系统，那么这就符合就地保护的要求（见插文 21）。

插文 21　农场水生遗传资源的就地和迁地保护

用于粮食和农业的陆地遗传资源的“农场就地保护”已经确立。数百代以来，小规模农民开发、使用和保护了有用的农作物、果树、牲畜和家禽繁育种。现代和更大规模的农业正在改善许多这些变种和繁育种；育种材料的来源通常是农村地区的小农场，它们代表并可以被视为“农场就地”基因库。就牲畜而言，许多这些繁育种面临灭绝的风险，并已采取各种行动支持它们在常规的生产系统中的持续维护和使用。就作物资源而言，许多这些变种都是在农场管理的，这可能被认为是一种农场就地保护的形式。然而，水生遗传资源的情况有所不同。

由于水生物种的驯化时间相对较短，物种几乎没有分化为不同的品系（见第 2 章）。发生的分化通常是育种方案的结果，这些育种方案不是由当地的小规模农民，而是由较大的公司或机构完成的，而且通常是在远离物种自然分布的地区完成（见第 9 章插文 28）。在存在有用物种的地方，农民不想保护资源，而是继续改善品系的特性，使其更有利可图。活体基因库，例如，鲤鱼、鲟鱼和鲑鱼，通常被认为是迁地保护的形式。也许在未来，小规模养殖户将开发出有用的水生物种品系，并在不需进一步进行遗传改良的情况下将其维持在养殖场内。

在水产行业应用这些定义的另一个复杂性在于使用孵化场生产的水生物种的早期生活史阶段的种苗，再放养到野外环境。这种将鱼类“放养”到野外的做法可被视为恢复受威胁或濒危物种的种群或恢复（或增殖）渔业。如果孵化场可以被视为“农场”，并且孵化场的育种方案旨在保护物种或种群（该物种或种群与野生物种或种群相同或相似），那么孵化场可以被视为适用“农场就地保护”。这种孵化场在北美通常被称为“保护孵化场”，并尽量减少孵化场环境中的人为或无意选择。保护孵化场的目标是生产一种能在野外繁殖的生物，并尽可能与野生种群相似。如果孵化场所生产的是快速生长、很容易被渔民捕获，且预计不会繁殖的鱼类，通常被称为“基于养殖的渔业”或“牧场作业”，这样的孵化场，不被视为就地保护或迁地保护。

因此，很明显，对于水生遗传资源来说，“农场就地保护”的例子相对较少。一项保护计划是否被标记为就地保护或迁地保护“农场”，其重要性不如一份概述该方案目标的明确声明。

渔业生态系统方法（EAF）（粮农组织，2003）包含广义的渔业管理观，世界各地的渔业管理者正在采用渔业生态系统方法和类似的方法。然而，政策和渔业管理计划应明确规定保护是一项目标。渔业管理计划或水生保护区的目标应明确说明，并应说明是否将其视为就地保护。要求引进非本地物种的渔业管理计划［例如，将非本地虹鳟（*Oncorhynchus mykiss*）引入高山湖泊，在那里它们可以捕食当地动物］或支持选择性去除某些物种（例如，去除海星以促进扇贝生长）可能会增加渔业的财务价值，但却不是一种保护措施。

各国报告称，总体而言，存在将养护作为水产养殖或渔业管理的目标的政策（图 4 - 2）。60%以上的国家报告称，保护是其国家水产养殖政策的目标，

55%以上的国家对渔业政策做出了类似的回应。当按区域对各国进行分析时（图4-3和图4-4），这一点也很明显，尽管拉丁美洲和加勒比地区，以及较小范围的非洲和大洋洲国家表示，这些目标尚未纳入水产养殖或渔业政策。基于经济类别或水产养殖生产水平的回应没有重大差异（数据未显示）。

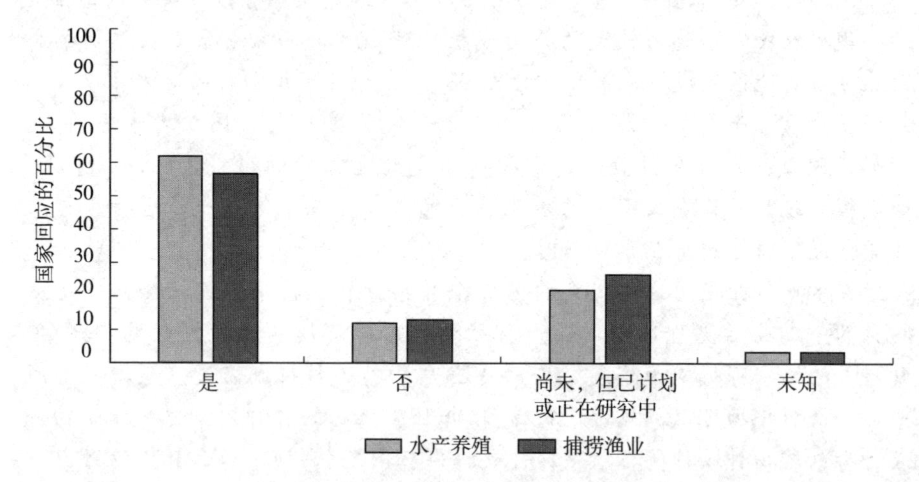

图4-2　报告将保护水生遗传资源作为水产养殖和渔业管理政策目标的国家（所有国家总计）

资料来源：为《世界粮食和农业水生遗传资源状况》编写的国别报告：对问题24（n=90）和问题26（n=90）的回应。

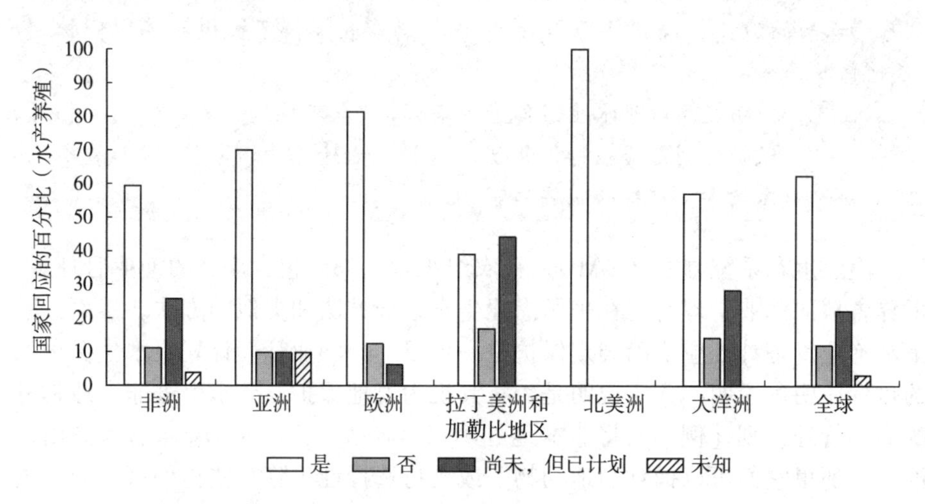

图4-3　报告是否将保护作为水产养殖和基于养殖的渔业政策的目标的国家，按区域划分

资料来源：为《世界粮食和农业水生遗传资源状况》编写的国别报告：对问题24（n=92）的回应。

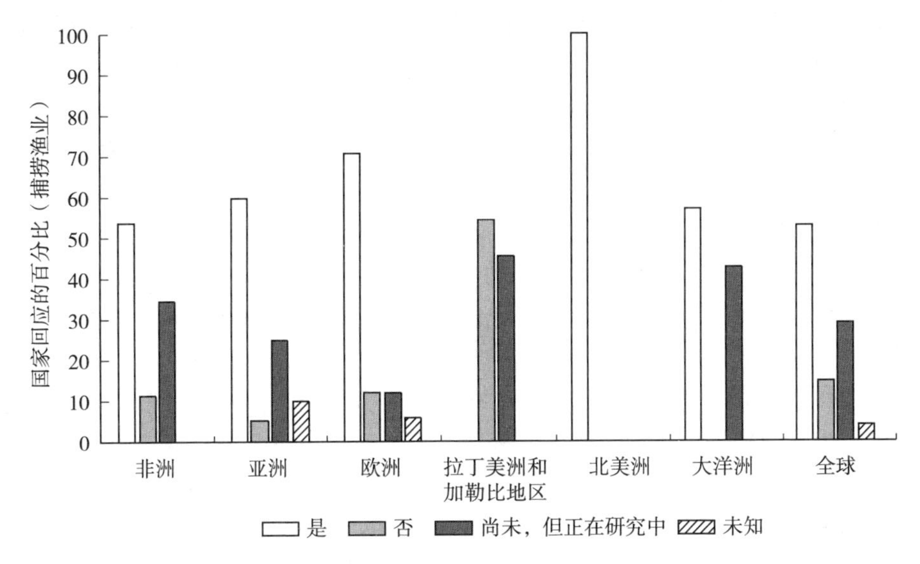

图 4-4　报告将保护水生遗传资源野生近缘种作为捕捞渔业政策目标的国家，按区域划分

资料来源：为《世界粮食和农业水生遗传资源状况》编写的国别报告：对问题 26（n=90）的回应。

各国报告了关于它们是否考虑水产养殖和渔业管理以提供有效的就地保护的总体积极信息（图 4-5）。在按区域、经济类别和水产养殖生产水平分组的

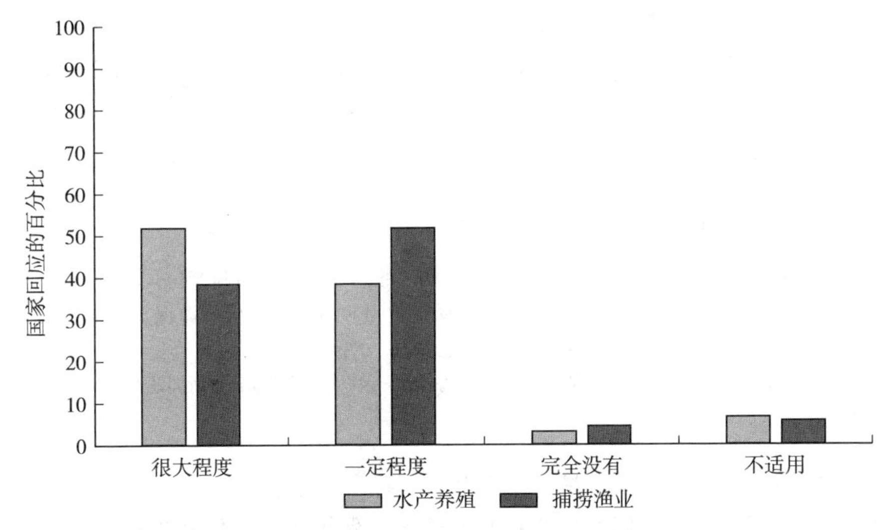

图 4-5　各国对水产养殖和基于养殖的渔业在就地保护养殖水生物种及其野生近缘种方面的有效程度的回应

资料来源：为《世界粮食和农业水生遗传资源状况》编写的国别报告：对问题 20（n=91）的回应。

国家分析中，这一趋势在各个类别中都存在（数据未显示）。值得注意的是，水产养殖和渔业在管理得当的情况下，被视为在同等程度上有助于保护水生遗传资源。这些结果似乎与大多数国家（73%）认为捕捞渔业对野生近缘种水生遗传资源具有负面或强烈负面影响的驱动因素的调查结果相反。这可能反映了不同利益相关方的不同观点，这些利益相关方可能对驱动因素的作用和对保护的影响做出了回应，或者可能反映了有效管理的水产养殖和渔业的具体作用。

在大多数地区，尤其是在北美和大洋洲，从野外采集亲本和/或早期生活史阶段生物的做法也被视为提供了就地保护，有助于维护栖息地，至少在一定程度上是这样的（图 4-6）。按经济类别分析这种做法的影响表明，最不发达国家的作用（或对这种作用的看法）较小。有人指出，国别报告没有明确提到稻田作为就地保护的来源，这可能表明人们对改良生态系统在保护中的作用缺乏认识。

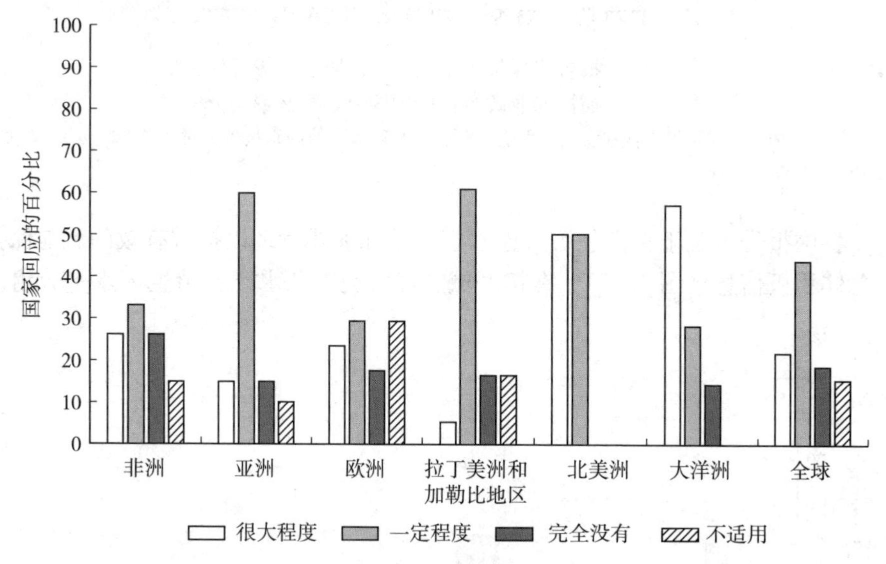

图 4-6　各国针对水产养殖和基于养殖的渔业野生种苗和亲鱼采集者（通过维持栖息地或限制采集数量）对水生遗传资源保护贡献程度的回应，按区域划分

资料来源：为《世界粮食和农业水生遗传资源状况》编写的国别报告：对问题 25（n=92）的回应。

一些地区报告的就地保护“不适用”，主要是关于从野外采集水生遗传资源的问题，可能表明人们对渔业和水产养殖在保护水生遗传资源和水生栖息地方面的作用缺乏认识（图 3-8、图 4-6 和图 4-7）。因此，必须在水产养殖和渔业管理政策及运营计划中明确说明就地保护的目标，并将其传达给资源管

理者、渔民和养鱼户。

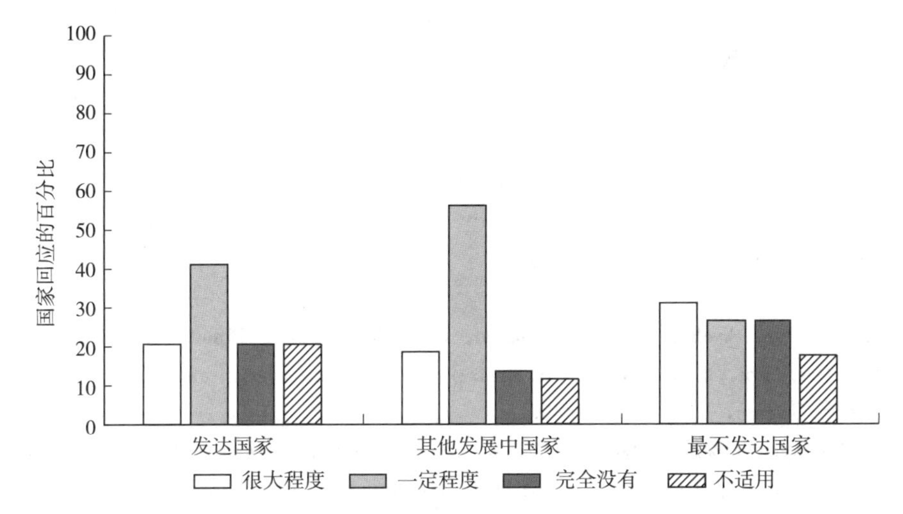

图 4－7　各国针对水产养殖和基于养殖的渔业野生种苗和亲鱼采集者（通过维持栖息地或限制采集数量）对水生遗传资源保护的贡献程度的回应，按经济类别划分

资料来源：为《世界粮食和农业水生遗传资源状况》编写的国别报告：对问题 25（$n=92$）的回应。

4.3　养殖水生物种的就地保护

养殖水生物种的就地保护基本上意味着“农场”保护。这种就地保护在水产养殖中比在农业中更不常见，因为相对于陆地农业中驯化的悠久历史，大多数养殖水生物种的驯化时间相对较短。

一些国家确实存在符合农场就地保护条件的农场基因库（见第 5 章）。然而，农场内就地保护和农场外就地保护往往难以区分。对于前者，农场必须保持生产环境，不允许对保护种群进行进一步的遗传改变或操纵。在这些条件下，保护物种或养殖型将随着时间的推移而适应生产环境。

农场迁地保护将要求农场在不发生选育或遗传变化的情况下保持所需的物种。因此，所需的物种不会随时间推移而发生变化，因为它不在生产环境中。

因此，很难区分养殖水生物种的就地保护和迁地保护（见插文 21）。匈牙利索尔沃什的鱼类养殖研究所在类似农场的条件下饲养了许多种鲤（*Cyprinus carpio*）。虽然这似乎是就地保护，但该研究所的研究人员称之为迁地保护（个人通讯，Z. Jeney，匈牙利鱼类养殖研究所退休所长）。鉴于水产养殖正在迅速增长，而且通过不断改进水生遗传资源来提高生产力的动机很强，因此可能很难找到农场就地保护的实际案例。

参考文献

线上资源

- Convention on Biological Diversity（www. cbd. int）
- IUCN（www. iucn. org）
- Ramsar convention（www. ramsar. org）

Adams，W. M.，Aveling，R.，Brockington，D.，Dickson，B.，Elliott，J.，Hutton，J.，Roe，D.，Vira，B. & Wolmer，W. 2004. Biodiversity conservation and the eradication of poverty. *Science*，306：1146 - 1149.

Asian Development Bank（ADB）. 2005. *An impact evaluation of the development of genetically improved farmed tilapia and their dissemination in selected countries*. Bangkok. 124 pp.

Agardy，T.，Bridgewater，P.，Crosby，M. P.，Day，J.，Dayton，P. K.，Kenchington，R.，Laffoley，D.，et al. 2003. Dangerous targets? Unresolved issues and ideological clashes around marine protected areas. *Aquatic Conservation：Marine and Freshwater Ecosystems*，13（4）：353 - 367.

Carrizo，S. F.，Smith，K. G. & Darwall，W. R. T. 2013. Progress towards a global assessment of the status of freshwater fishes（Pisces）for the IUCN Red List：application to conservation programmes in zoos and aquariums，pp. 46 - 64. In *International Zoo Yearbook*，47.

Convention on Biodiversity（CBD）. 1992. *The Convention on Biological Diversity*. UNEP. Nairobi.（also available at https：//www. cbd. int/doc/legal/cbd - en. pdf）.

Council of European Communities. 1992. Directive on the conservation of natural habitats and of wild fauna and flora（92/43/ EEC）. Official Journal，206.（also available at https：//eur - lex. europa. eu/legal - content/EN/TXT/. PDF/? uri = CELEX：01992L0043 - 20130701&from = EN）.

Day，J.，Dudley，N.，Hockings，M.，Holmes，G.，Laffoley，D.，Stolton，S. & Wells，S. 2012. *Guidelines for applying the IUCN Protected Area Management Categories to Marine Protected Areas*. Gland，Switzerland，IUCN. 36 pp.

Dudley，N. ed.， 2008. Guidelines for applying protected area management categories. Gland，Switzerland，IUCN.

Edgar，G. J.，Stuart - Smith，R. D.，Willis，T. J.，Kininmonth，S.，Baker，S. C.，Banks，S.，Barrett，et al. 2014. Global conservation outcomes depend on marine protected areas with five key features. *Nature*，506（7487）. 216 pp.

FAO. 1995. *Code of Conduct for Responsible Fisheries*. Rome.（also available at http：//

www. fao. org/fishery/ code/en).

FAO. 2003. *The ecosystem approach to fisheries*. FAO Technical Guidelines for Responsible Fisheries. No. 4, Suppl. 2. Rome. 121 pp. (also available at http: // www. fao. org/fishery/code/en).

Gregg, R. E., Howard, J. H. & Snhonhiwa, F. 1998. Introgressive hybridization of tilapias in Zimbabwe. *Journal of Fish Biology*, 52 (1): 1-10.

Halwart, M. & Bartley, D. M., eds. 2005. *Aquatic biodiversity in rice - based ecosystems*. Studies and reports from Cambodia, China, Lao People's Democratic Republic, Thailand and Viet Nam [CD-ROM]. Rome, FAO.

International Union for Conservation of Nature (IUCN). 2010. *IUCN Redlist of threatened species*. www. iucnredlist. org.

Moyle, P. B. & Yoshiyama, R. M. 1994. Protection of aquatic biodiversity in California: a five-tiered approach. *Fisheries*, 19 (2): 6-18.

National Murray Cod RecoveryTeam. 2010. *National Recovery Plan for the Murray Cod Maccullochella peelii peelii*. Department of Sustainability and Environment, Melbourne. 52 pp.

New South Wales - Department of Primary Industries (NSW DPI). 2018. *Freshwater threatened species distribution maps* [online]. Department of Primary Industries Australia, 2018. [Cited 17 May 2018]. https: //www. dpi. nsw. gov. au/fishing/species - protection/threatened - species - distributions - in - nsw/ freshwater - threatened - species - distribution - maps.

Pullin, R. S. V., Bartley, D. M. & Kooiman, J., eds. 1999. *Towards policies for conservation and sustainable use ofAqGR*. ICLARM Conference Proceedings, 59. Manila.

Pendleton, L. H., Ahmadia, G. N., Browman, H. I., Thurstan, R. H., Kaplan, D. M. & Bartolino, V. 2017. Debating the effectiveness of marine protected areas. *ICES Journal of Marine Science*, 75 (3): 1156-1159. (also available at https: // doi. org/10. 109 3/icesjms/fsx154).

Ricciardi, A. & Rasmussen, J. B. 1999. Extinction rates of North American freshwater fauna. *Conservation Biology*, 13: 1220-1222. (also available at http: // dx. doi. org/10. 104 6/j. 1523—1739. 1999. 98380. x).

Roni, P., Hanson, K., Beechie, T., Pess, G., Pollock, M. &Bartley, D. M. 2005. *Habitat rehabilitation for inland fisheries: global review of effectiveness and guidance for rehabilitation of freshwater ecosystems*. FAO Fisheries Technical Paper No. 484. Rome, FAO. (also available at: http: //www. fao. org/3/a0039e/a0039e00. htm).

Rossiter, J. S. & Levine, A. 2014. What makes a "successful" marine protected area? The unique context of Hawaii's fish replenishment areas. *Marine Policy*, 44: 196-203.

Suski, C. D. & Cooke, S. J. 2007. Conservation of aquatic resources through the use of freshwater protected areas: opportunities and challenges. *Biodiversity and Conservation*, 16

(7): 2015 - 2029.

Weigel, J. Y., Mannle, K. O., Bennett, N. J., Carter, E., Westlund, L., Burgener, V., Hoffman, Z., et al. 2014. Marine protected areas and fisheries: bridging the divide. *Aquatic Conserv*: *Mar. Freshw. Ecosyst.*, 24 (Suppl. 2): 199 - 215.

Xiong, F., Chen, D. & Duan, X. 2010. Threatened fishes of the world: *Gymnocypris przewalskii* (Kessler, 1876) (Cyprinidae: Schizothoracinae). *Environmental biology of fishes*, 87 (4): 351 - 352.

Yang, W., Cao, K., Ding, F., Li, Y. & Li, J. 2018. *In situ* conservation of aquatic genetic resources and associated reserves. *In* Gui, J., Tang, Q., Li, Z., Liu, J., & De Silva, S.S., eds. Aquaculture in China, pp. 611—628. John Wiley & Sons Ltd.: 611 - 628.

第5章

国家辖区内养殖水生物种及其野生近缘种水生遗传资源迁地保护

目的： 本章旨在回顾养殖水生物种及其野生近缘种的水生遗传资源迁地保护的现状和未来前景。具体而言，本章回顾了：

- 现有水产养殖设施、培养物采集和基因库、研究设施、动物园和水族馆（活体和离体种质保存）中养殖物种及其野生近缘种的水生遗传资源迁地保护；
- 水生遗传资源迁地保护的目标和优先事项，重点是那些受到威胁或濒危的地区。

关键信息：

- 活体和离体迁地采集是保护水生遗传资源的常见机制。
- 大多数报告国都有迁地活体保护方案，共涵盖约 290 种不同物种。这些方案中的大多数侧重于濒危物种，主要是鲟鱼。尼罗罗非鱼是最常被报告的活体保存物种。
- 迁地离体保护方案不太常见，但总共涵盖了各类设施中的超过 133 种水生物种。
- 配子是最常采用离体保存的水生遗传资源类型（几乎完全是雄性配子），研究设施是这些项目所在的常见设施类型。
- 鲤（*Cyprinus carpio*）和虹鳟（*Oncorhynchus mykiss*）是最常被报告采用离体保存的两个物种。
- 全球一级（活体和离体）迁地保护的最重要目标是保护水生生物的遗传多样性，而与区域、经济类别或水产养殖生产水平无关。最不重要的目标是适应气候变化。

5.1 引言

为了帮助减轻威胁，并更好地为发展和保护规划过程提供信息，需要了解物种出现的地点、对人类生计和生态系统功能的重要性，及其受威胁状况，大多数私营部门的种苗生产商和农民只维持最有利可图的养殖型。它们在水产养殖生产及有关非本地物种和遗传改良养殖型（例如，不同品系、杂交种、多倍体）的研究中的应用都非常重要，无论是从引进物种还是本地物种发展而来（见第 2 章）。

这些情况表明，迫切需要更好的管理，包括使用和保护水产养殖相关的水生遗传资源（AqGR）。这些保护策略可以包括：

- 活体就地保护，例如，自由生活、自然野生种群（见第 4 章）；

- 农场就地保护，例如，以保护为目标的农场圈养种群（见第 4 章插文 21）；
- 离体迁地保护，例如，冷冻精子、胚胎、其他组织和 DNA 的采集；
- 活体迁地保护，例如，水族馆和研究种群。

第 4 章谈到了就地保护的形式，但考虑到这两种方法的互补性，本章中提供了一些参考。

迁地保护方案尤其适用于某些受威胁和濒危的水生物种，当自然栖息地消失或受到威胁时，更是如此。然而，建立和维持迁地保护方案费用高昂，可能需要公共和私营部门的投资和伙伴关系的支持。

5.2 就地和迁地保护方案的互补性

保护方案可大致分为两种互补策略：就地和迁地。在迁地保护中，水生遗传资源被维持在其自然栖息地之外，也就是说，不在遗传资源进化或生长的地方。迁地保护的目标是保持与材料来源相同的遗传多样性和遗传结构；收集应尽可能保持与原始种群相同的等位基因和基因型频率。在它们的自然栖息地之外，一个物种不会像野生种群那样经历同样的选择压力。由于不同的选择压力，如果在原地保持多代，它可能会经历人工选择（无论是故意的还是意外的）（Engels 等，2001）。另一方面，原位是一个动态系统，由于环境中的自然和人为选择过程，遗传资源将随着时间的推移不断演变。

如第 2 章所述，就地保护是首选的保护模式。要让更多的生态和进化过程更容易得到保护，就地措施可提供更全面的保护策略。

然而，如果就地保护不可用，或对物种的短期生存没有作用，则建议使用迁地保护。此外，迁地策略可作为补充或备用策略，作为防止野生种群灾难性损失的一种保险形式。尽管迁地保护和就地保护在历史上被视为不同的保护策略，但这两种方法都可以在区域保护计划内合作实施，以便更有效地实现保护目标。

5.3 迁地保护概述

迁地保护是一种在自然栖息地之外保护水生遗传资源的机制，目标是所有级别的生物多样性，包括生态系统和物种级别（Kasso 和 Balakrishnan，2013），以及潜在的养殖型，如选择性育种的品系。从广义上讲，迁地保护包括从管理圈养种群、教育和提高认识、支持研究计划，到与就地开展保护活动协作等各种活动。

迁地保护方案的主要目标是通过避免近交、遗传漂变和圈养条件的选择

（包括人工饲养和交配系统）可能导致的等位基因转移，保持遗传多样性的原始水平。因此，遗传资源可供以后使用，通常作为繁殖材料用于（再）放养或作为选择性育种方案的基础种群。注意，选择性育种方案有意改变等位基因频率，选择有利性状，因此与迁地保护计划目标不一致。

圈养的活生物体的种群可能因多种原因而出现恶化情况，其中包括遗传多样性的丧失、导致近亲繁殖抑制的近亲繁殖、对圈养的遗传适应以及有害基因的积累。这些因素可能会严重危及活体迁地保护方案的成功。此外，人们认识到，迁地保护在人员、成本和对电力来源的依赖方面有许多限制，特别是在电力供应可能不可靠的许多发展中国家。迁地保护需要设施和财政投资。此外，它不能保护构成复杂生态系统的数千种植物和动物。此外，从野外捕获个体进行圈养或转移，有时会因从野外采集活生物体对物种的整体生存前景产生不利影响（Kasso 和 Balakrishnan，2013）。

实施迁地保护的最重要挑战包括确定保护工作在总体保护行动计划中的确切作用，并在所需时间跨度、种群规模、初始数量、资源、健全管理和合作方面设定现实目标（Leus，1988；Kasso 和 Balakrishnan，2013）。此外，在管理小样本时必须小心谨慎，以避免近亲繁殖和遗传结构的其他变化。需要开发新的工具和技术方法，特别是与冷冻保存和随后的复苏相关的工具和方法。还必须考虑所有权、获取与利益共享。主要用于支持野生近缘种保护的基因库（也称为基因组库），也可用于支持养殖型的保存和分配，例如，匈牙利的鲤鱼（见插文 22），这也突出了基因库长期可持续性的资源配置需求。

5.3.1　迁地保护方法

几种类型的场地通常用于迁地保护。其中包括水族馆、动物园、植物园和基因库（可细分为活体圈养方案和离体种质保存）。

一种可以说是最简单的保护方法出现在水族馆、动物园和植物园。这些地方可以作为遗传多样性的蓄水池，通常分布在远离生物自然范围的地方。它们通常由大学或其他科学研究机构运营，并经常有相关的研究项目。动物园、水族馆和植物园已开始在保护方面发挥越来越大的作用，特别是对受威胁物种，而且由于它们与普通人群和媒体的接触，它们在教育方面也发挥着重要作用（Packer 和 Ballantyne，2010；Conde 等，2011）。然而，保持遗传多样性（避免近亲繁殖等）通常是次要的，可能根本不被考虑，动物园、水族馆和植物园更可能关注有魅力的物种（McClenachan 等，2012）。各种设施通常通过会员资格或入场费获得支持，这些费用可能会得到政府项目的补贴。植物园与大型淡水水生植物（例如，荷花、睡莲）尤其相关，这些植物可作为食物和饲料，并具有文化价值。

基因库是最常见的迁地保护方案。根据保存的材料类型，已经建立了不同类型的基因库来储存水生遗传资源。其中包括活体基因库（圈养）和离体基因库（配子或组织的冷冻保存）（Kasso 和 Balakrishnan，2013）。

插文 22　鲤鱼的案例——欧洲的一个活体迁地保护基因库

1962 年，János Bakos 博士在匈牙利索尔沃什的渔业和水产养殖研究所（HAKI）首次建立了鲤（*Cyprinus carpio*）的活体基因库①。这个活体基因库的最初目标是收集、维护和保存匈牙利当时可用的鲤鱼品种，开发高生产力的杂交种，并促进遗传交换。作为一项集约的交换方案的结果，基因库包含了从匈牙利不同渔场采集的 15 个匈牙利品系（称为“地方种”），这些品系当时已相互分离。这些品系由主要从中欧和东欧，但也从亚洲收集的 15 种外国品系补充。作为一项集约的杂交育种方案的结果，Bakos 博士建立了 3 种高产杂交或渐渗鲤鱼养殖型。被称为“Szarvas 215 镜鲤”的杂交是最成功的，在 20 世纪 80 年代中期占匈牙利鲤鱼产量的 80%。作为交换方案的一部分，匈牙利鲤鱼品系被转移到欧洲和亚洲的不同地区。粮农组织的一份出版物（Bakos 和 Gorda，2001）总结了有关鲤鱼品种的知识。此外，匈牙利还开发、发布并实施了鲤鱼性状测试的完整系统。这些遗传资源特征的许多结果也已发表。基础设施、基因库、维护相关系统等（见下图）都建立在国家财政支持的基础上。

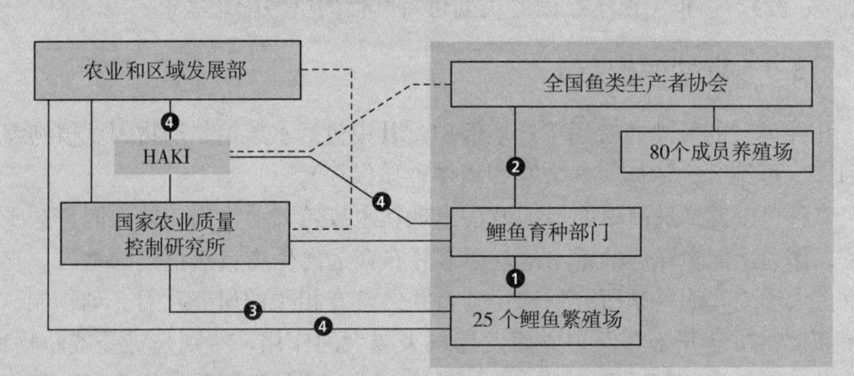

1990 年社会经济变革之前的基因库维护框架和国家鲤鱼繁殖方案

资料来源：Varadi 等，2002；Bakos 等，2006。

1990 年，匈牙利发生了深刻的社会经济变革（从中央集权的国家管理经济转变为市场经济），1993 年颁布了新的《动物饲养法》，国家对该制度的支持随之消失。私人农场接管了一些品系的所有权，并在国家支持下为该系统提供部分资金。减少的基因库（匈牙利品系）现在由HAKI内部资金维持。结果，基因库的总体规模有所下降，每个品系的数量都保持在较低水平。基因库的目标也发生了变化，目前的重点是研究遗传多样性和抗病性，并为恢复目标和基因交换提供储备。

①此插文中的信息由Z. Jeney提供（个人通讯，2018）。

活体基因库依赖于圈养，可以成为物种整体保护行动计划的一个基本要素。然而，如前所述，该措施本身很少足以保证物种保护的成功。圈养是一种集约实践，与受威胁的遗传资源或受威胁环境特有的物种最相关。即使在强有力的就地保护方案和强有力的环境保护下，小种群仍面临着因随机事件和灾难而灭绝（至少是某些等位基因丢失）的风险。重要的是管理圈养种群，以使被保护的个体尽可能接近原始物种、种群、品系或养殖型，因为这将增加以后成功使用的机会（例如，重新引入野外或启动圈养选择性育种方案）。在迁地条件下的圈养种群会受到诸如近亲繁殖积累、遗传多样性丧失和驯化选择等问题的影响，这是一种选择方式，通过这种选择，以使物种适应圈养环境（Kleiman、Katerina和Baer，2010）。Snyder等（1996）概述了异地圈养的其他挑战，特别是在处理濒危物种时，包括如何建立自给自足的圈养种群、重新引入成功率低、高成本、疾病暴发和维持管理连续性等问题。

以哈迪-温伯格原则为指导，圈养育种方案应旨在通过消除选择（人工或自然）、遗传漂变（通过确保足够大的种群规模）和基因流动（引进或逃逸）来保持遗传多样性。在圈养繁殖种群中，消除选择可能很困难。通常，在竞争环境中，更具攻击性的动物在利用人工饲料时会获得更高的喂养成功率，因此更有可能成功繁殖，这可能会在几代个体内显著改变性状。在圈养环境中，其他特征也可能是有利的或不利的，例如，颜色和对特定条件的耐受性。为了避免这种情况，通常建议尽可能确保随机交配（在个体被标记和随机分配伴侣的情况下），这有助于消除择偶效应，也可以减少近亲繁殖的累积。为了防止遗传漂变（随机丢失或固定某一等位基因），必须谨慎管理目标有效种群规模。一般而言，目标有效种群规模表示在100年内保持适当水平的遗传多样性所需的个体数量，通常认为应达到当前遗传多样性的90%（Frankham、Ballou和Briscoe，2011）。实现这一目标所需的个体数量因潜在增长率、有效种群规模、当前遗传多样性和世代时间而异（Kleiman、Katerina和Baer，2010）。一旦达到目标有效种群规模，重点将转移到维持种群和避免遗传问题，例如，圈养种群内的选择。最后，应通过应用有效的生物安全措施来消除不希望的基因流入（或流出）种群（考虑如果少数携带罕见等位基因的个体逃逸，或添加了具有外来等位基因个体的影响）。很难依靠圈养养殖的种群作为迁地保护措施，因为在正规、管理良好的选择性育种方案之外，很少遵守上述原则。这一点最近在大盖巨脂鲤（*Colossoma macropomum*）的案例中得到了说明，对多个驯化种群的变异水平的分析表明，遗传多样性显著降低（Aguiar 等，2018）。

上述原则适用于作为个体或在池中饲养的有性繁殖动物，例如，鳍鱼。微藻、细菌和浮游动物等微生物对迁地保护提出了一些不同的挑战。微生物可以保存在活的培养物中，有许多这样的集合充当基因库，在专题背景研究中描述了《当前和潜在用于水产养殖的微生物遗传资源》①。活微藻的培养物有恢复野生型的趋势，所有这种活的培养物都容易受到污染，这可能会破坏培养物。幸运的是，许多微生物可以低温保存或在其生命周期的特定阶段保存，例如，卵（例如，卤虫）。以这种方式储存可以防止遗传变化，并且可以通过解冻或使休眠卵复水后恢复培养。

基因库的另一个组成部分是离体种质保存。为了本研究的目的，离体被定义为在组织培养实验室中保存的样本，而不是活生物体。离体保存，如上述微生物、细胞、DNA、配子或分子的冷冻，是使用从通常的生物环境中分离出来的生物体成分进行的。样本要么永久保持原始状态（超低温保存），要么克隆繁殖。因此，即使保持小种群，品系遗传也保持不变。这与圈养繁殖截然不同，圈养繁殖中，在保持世代遗传多样性时，必须不断考虑避免遗传漂变和小种群规模（Kasso 和 Balakrishnan，2013）。然而，尽管精子超低温保存可以在许多物种中有效应用，但大多数水生物种的卵子和胚胎在冷冻后很难储存和复活，因此除了 DNA、一些组织和精子，该技术在水生遗传资源中的应用有限。Tiersch 和 Green（2011）和 Martínez - Páramo 等（2017）总结了鱼类和其他水生物种成功应用超低温保存的相关问题。目前，200 多种鳍鱼（主要是淡水鱼类）的精子已被有效超低温保存。精子的超低温保存可以通过相对简单的技术实现，前提是液氮是可靠的。因此，超低温保存技术已被用于发展中国家的鱼类保护（Agarwal，2011；Hossain、Nahiduzaman 和 Tiersch，2011；Sarder、Sarker 和 Saha，2012）。鱼卵的超低温保存问题更大，因为鱼卵细胞体积大，而且存在蛋黄。目前正在取得一些进展，但在优化早期卵巢卵泡的冷冻方案以及这些卵泡的体外成熟方面还需要进一步的研究。尽管进行了大量研究，但鱼类胚胎超低温保存仍很难成功（Martínez - Páramo 等，2017）。

---

① 《当前和潜在用于水产养殖的微生物遗传资源》（http：//www.fao.org/aquatic - genetic - resources/background/sow/background - studies/en/）。

精子的超低温保存已经在一些无脊椎动物中实现，包括双壳类软体动物和珊瑚，但在这些技术被广泛应用之前，仍需要进一步的研究来规范物种的协议。由于胚胎和幼虫的尺寸有限且蛋黄含量低，因此在无脊椎动物中更容易实现胚胎和幼虫超低温保存，尽管存活率较低，但在许多软体动物物种中已经实现了这一点（Martínez - Páramo 等，2017）。人们乐观地认为，进一步的技术改进可以提高胚胎超低温保存的适用性。

与在牲畜中的应用相比，超低温保存在水产养殖和保护中的应用还处于起步阶段，需要更多的技术开发来规范技术工艺。Martínez - Páramo 等（2017）回顾了不同地区冷冻库的发展，Torres 和 Tiersch（2016）强调了质量控制和保障措施在超低温保存水生遗传资源储存库发展中的重要性。

以下是体外保护方案和研究的一些优势：

- 成本：当涉及动物遗传物质的低温冷冻时，“离体就地”保存是一种相对低成本的方法。采集、低温冷冻和储存样本通常需要很少的空间，工作人员的维护也很少。长期储存是经济的。
- 遗传漂变：样本在静止状态下储存时不会发生遗传漂变。
- 长期安全：通过精心设计和管理的离体保存（粮农组织，2012），人为错误、环境变化、灾害或政治变迁影响小型超低温实验室的风险相对较低，而活体方案需要为这些突发事件做好预防计划。

然而，低温储存遗传物质的风险，特别是在发展中国家，是液氮供应的可靠性。存储材料解冻一次就会报废。

5.4 国别报告中确定的活体采集

要求各国提供一份可被视为有助于水生遗传资源迁地保护的现有活体繁殖水生生物的详细清单，其中不仅包括直接养殖供人类利用的水生物种的集合，还包括水生活体饵料生物的集合和专门用于其他用途的水生生物的集合。“体内”（in vivo）一词已用于表示活生物体的迁地保护。

5.4.1 概述

关于现有的水生遗传资源活体繁殖生物的收集，共有 69 个国家（92 份国别报告中的 75%）目前正在国家层面实施迁地保护行动和方案。据报告，共有 690 例水生物种在迁地保护方案中受到保护（表 5 - 1）。此类案例最多的国家（按顺序排列）是哥伦比亚、秘鲁、中国、孟加拉国、越南和墨西哥。活体保护物种的准确数量很难确定。就巴西而言，政府估计，约有 55 种海洋和淡水物种正在“真正”的迁地保护方案中得到保护，尽管目前信息不完整，因为许多私人利益相关方（鱼类育种者）都拥有自己的迁地保护设施。

表 5-1　报告活体迁地保护案例的国家

国家	方案数量	国家	方案数量	国家	方案数量
哥伦比亚	78	挪威	9	喀麦隆	3
秘鲁	64	塞内加尔	9	加纳	3
中国	51	土耳其	9	尼日尔	3
孟加拉国	43	美利坚合众国	9	帕劳	3
越南	26	德国	8	乍得	2
墨西哥	23	克罗地亚	7	捷克	2
罗马尼亚	23	爱沙尼亚	7	多米尼加共和国	2
阿根廷	22	芬兰	7	斐济	2
日本	22	乌克兰	7	危地马拉	2
菲律宾	20	泰国	6	韩国	2
瑞典	20	突尼斯	6	马达加斯加	2
保加利亚	16	贝宁	5	塞拉利昂	2
阿尔及利亚	15	格鲁吉亚	5	多哥	2
印度	15	印度尼西亚	5	委内瑞拉玻利瓦尔共和国	2
斯里兰卡	14	马拉维	5	亚美尼亚	1
乌干达	14	柬埔寨	4	伯利兹	1
哥斯达黎加	12	萨尔瓦多	4	不丹	1
马来西亚	12	尼日利亚	4	加拿大	1
埃及	10	波兰	4	丹麦	1
伊朗伊斯兰共和国	10	坦桑尼亚联合共和国	4	尼加拉瓜	1
赞比亚	10	比利时	3	瓦努阿图	1
匈牙利	9	布基纳法索	3	澳大利亚	n. s.
肯尼亚	9	布隆迪	3		

资料来源：为《世界粮食和农业水生遗传资源状况》编写的国别报告：对问题 28（$n=69$）的回应。

注：n. s. ＝未标明。澳大利亚报告了数百种海洋藻类的活体迁地保护基因库，包括许多物种的多个品系。

虽然调查问卷没有具体询问谁为迁地保护提供资金，但瑞典表示，大多数活体水生生物迁地保护行动都是由私人养鱼户和鱼类饲养者以及私人渔业（休闲渔业）协会进行的。因此，政府很难获得有关这些努力的准确信息。亚洲是报告活体迁地保护方案最多的地区，其次是拉丁美洲和加勒比地区（图 5－1）。其他发展中国家报告的活体迁地保护方案多于最不发达国家。主要生产国报告的每个国家的迁地保护案例多于次要生产国（图 5－2 和图 5－3）。

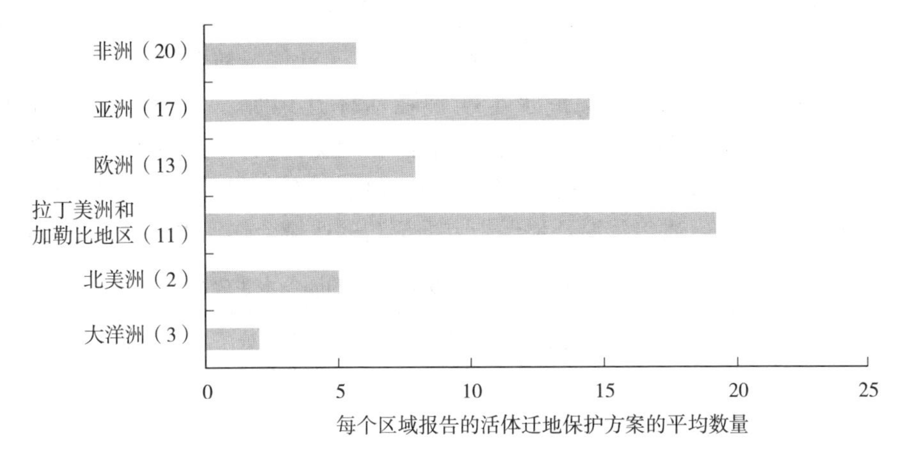

图 5－1　活体迁地保护案例分布，按区域划分

资料来源：为《世界粮食和农业水生遗传资源状况》编写的国别报告：对问题 28（$n=69$）的回应。

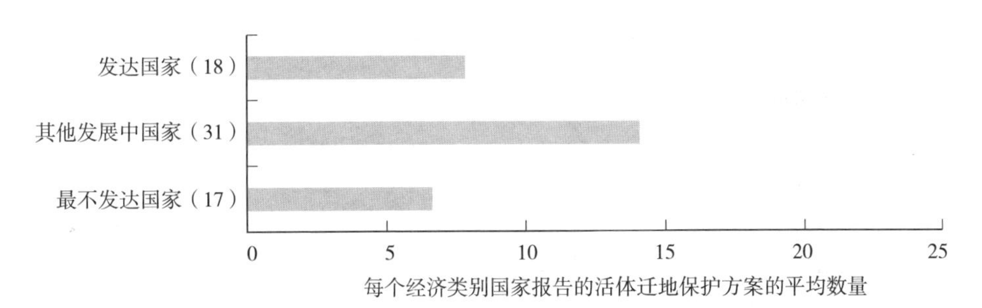

图 5－2　活体迁地保护案例分布，按经济类别划分

资料来源：为《世界粮食和农业水生遗传资源状况》编写的国别报告：对问题 28（$n=69$）的回应。

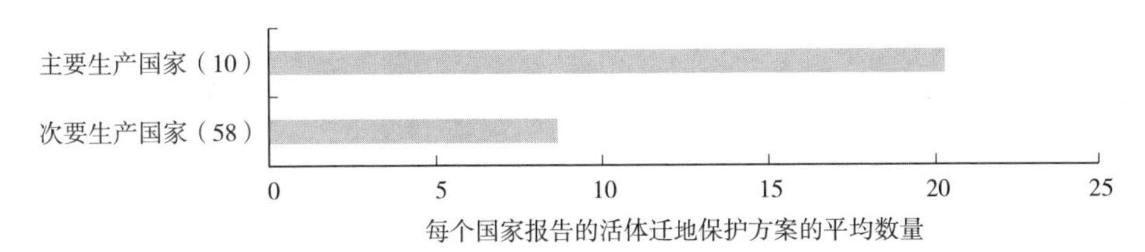

图 5－3　活体迁地保护案例分布，按水产养殖生产水平划分

资料来源：为《世界粮食和农业水生遗传资源状况》编写的国别报告：对第 28 问题（$n=69$）的回应。

5.4.2 濒危物种

各国还被要求说明在国家和国际层面上，在活体迁地保护设施中保存的物种是否受到威胁或被视为濒危。34 个国家（报告这一问题的 69 个国家中的 49%）表示，受威胁或濒危的水生遗传资源得到了活体迁地保护。

据报告，共有 197 个濒危水生物种在活体迁地保护方案中得到保护（表 5－2）。哥伦比亚报告称，正在进行活体迁地保护的濒危物种的绝对数量最高，而一些国家报告称，它们所有的活体迁地保护方案都针对濒危物种。插文 23 中介绍了水生遗传资源迁地保护方面成功的区域合作实例。

表 5－2　在活体迁地保护方案中维持的濒危水生物种

国家	受保护的濒危物种数量	活体迁地保护案例总数	濒危物种占比（%）
哥伦比亚	49	78	63
孟加拉国	22	43	51
越南	15	26	58
印度	10	15	67
匈牙利	8	9	89
罗马尼亚	8	23	35
菲律宾	7	20	35
保加利亚	6	16	38
中国	5	51	10
芬兰	5	7	71
格鲁吉亚	5	5	100
德国	5	8	63
伊朗伊斯兰共和国	5	10	50
泰国	5	6	83
土耳其	5	9	56
乌克兰	5	7	71
阿根廷	3	22	14
布隆迪	3	3	100
柬埔寨	3	4	75
帕劳	3	3	100
斯里兰卡	3	14	21
捷克	2	2	100

（续）

国家	受保护的濒危物种数量	活体迁地保护案例总数	濒危物种占比（%）
危地马拉	2	2	100
日本	2	22	9
挪威	2	9	22
亚美尼亚	1	1	100
不丹	1	1	100
哥斯达黎加	1	12	8
克罗地亚	1	7	14
丹麦	1	1	100
马来西亚	1	12	8
墨西哥	1	23	4
波兰	1	4	25
乌干达	1	14	7

资料来源：为《世界粮食和农业水生遗传资源状况》编写的国别报告：对问题 28（$n=69$）的回应。

5.4.3　主要保护物种

最常被报告为在活体迁地保护方案中维持的前十种物种是鳍鱼或微生物（表 5－3）。这些顶级保护物种中的鳍鱼包括主要的水产养殖物种（表 5－1），但也包括受到威胁的具有商业价值的鲟鱼物种。据报告，约 90％的水生遗传资源物种为鳍鱼物种，10％为水生微生物，例如，轮虫和微藻，后者因其在水产养殖中的重要性而成为报告最多的物种之一。

表 5－3　活体迁地保护方案中最常见的物种和物种类别

物种	方案数量	物种	方案数量
尼罗罗非鱼（*Oreochromis niloticus*）	16	微藻	4
虹鳟（*Oncorhynchus mykiss*）	10	罗非鱼	4
褶皱臂尾轮虫（*Brachionus plicatilis*）	9	朱林氏原鲃（*Probarbus jullieni*）	3
尖齿胡鲇（*Clarias gariepinus*）	9	褐鳟（*Salmo trutta*）	3
鲤（*Cyprinus carpio*）	9	中肋骨条藻（*Skeletonema costatum*）	3
绿光等鞭金藻（*Isochrysis galbana*）	9	螺旋藻（*Spirulina* spp.）	3
俄罗斯鲟（*Acipenser gueldenstaedtii*）	7	黄鳍结鱼（*Tor putitora*）	3

（续）

物种	方案数量	物种	方案数量
欧洲鳇（*Huso huso*）	7	裙带菜（*Undaria pinnatifida*）	3
闪光鲟（*Acipenser stellatus*）	6	卤虫（*Artemia salina*）	3
小球藻（*Chlorella* spp.）	6	圆型臂尾轮虫（*Brachionus rotundiformis*）	3
大西洋鲑（*Salmo salar*）	6	桡足类	3
白梭吻鲈（*Sander lucioperca*）	6	太平洋牡蛎（*Crassostrea gigas*）	3
小体鲟（*Acipenser ruthenus*）	5	欧洲舌齿鲈（*Dicentrarchus labrax*）	3
眼点拟微球藻（*Nannochloropsis oculata*）	5	白斑狗鱼（*Esox lucius*）	3
四爿藻（*Tetraselmis* spp.）	5	鲢（*Hypophthalmichthys molitrix*）	3
西伯利亚鲟（*Acipenser baerii*）	4	墨西哥笛鲷（*Lutjanus guttatus*）	3
卤虫（*Artemia* spp.）	4	罗氏沼虾（*Macrobrachium rosenbergii*）	3
角毛藻（*Chaetoceros* spp.）	4	裸腹溞（*Moina* spp.）	3
斑节对虾（*Penaeus monodon*）	4	微拟球藻（*Nannochloropsis* spp.）	3
南美白对虾（*Penaeus vannamei*）	4	轮虫	3
臂尾轮虫（*Brachionus* spp.）	4	小剑水蚤（*Microcyclops* spp.）	1

资料来源：为《世界粮食和农业水生遗传资源状况》编写的国别报告：对问题28（$n=69$）的回应。

5.4.4 保护物种的主要用途

要求各国说明通过迁地保护方案或行动所维持的每种水生物种的主要目的或用途，包括用作活饵料、供人类直接食用和用于其他目的的物种。对于保护的鳍鱼物种，其保护的主要用途包括人类直接食用和用作水产养殖的活饵料。在大多数情况下，微生物物种保存的主要用途是作为水产养殖的活饵料。

在所报告的690个活体迁地保护方案中，有398个案例（涉及290种物种）。在这些方案中，目标物种的保护主要与多瑙河流域内直接相关的资源保护措施、方法和渔业法规相结合，以及研究如何通过迁地保护方案，或采取行动来开发和引进水生物种的可能性。这些活体迁地保护的目的包括用作活饵料、用于直接人类消费以及其他用途。对于保护的鳍鱼物种，报告的使用类型包括人类直接食用和用作水产养殖的活饵料。在大多数情况下，报告的保存微生物物种的使用类型是用作水产养殖的活饵料。在报告的690个活体迁地保护方案中，398个案例（涉及290个物种）中，目标物种被报告用于人类直接食用；对于127种物种，报告的用途类型为水产养殖或其他初级产业中的活饵料；对于212种物种，报告了“其他用途”，包括未来在水产养殖中的驯化或潜在用途、水生生物多样性的保护、作为观赏物种的潜在用途、药物用途、产卵监测、再放养和种群增殖用途、休闲渔业和研究（图5-4和表5-4）。

表5-4　在活体迁地保护中报告的最重要物种或物种类别及其用途

物种	报告国家数量	用途类型	物种	报告国家数量	用途类型
尼罗罗非鱼（*Oreochromis niloticus*）	16	DHU	罗氏沼虾（*Macrobrachium rosenbergii*）	3	DHU
尖齿胡鲇（*Clarias gariepinus*）	9	DHU	朱林氏原鲃（*Probarbus jullieni*）	3	DHU
鲤（*Cyprinus carpio*）	9	DHU	褐鳟（*Salmo trutta*）	3	DHU
虹鳟（*Oncorhynchus mykiss*）	9	DHU	其他罗非鱼	3	DHU
欧洲鳇（*Huso huso*）	6	DHU	褶皱臂尾轮虫（*Brachionus plicatilis*）	8	LF
俄罗斯鲟（*Acipenser gueldenstaedtii*）	5	DHU	绿光等鞭金藻（*Isochrysis galbana*）	8	LF
小体鲟（*Acipenser ruthenus*）	5	DHU	小球藻（*Chlorella* spp.）	5	LF
闪光鲟（*Acipenser stellatus*）	5	DHU	卤虫（*Artemia* spp.）	4	LF
西伯利亚鲟（*Acipenser baerii*）	4	DHU	臂尾轮虫（*Brachionus* spp.）	4	LF
斑节对虾（*Penaeus monodon*）	4	DHU	角毛藻（*Chaetoceros* spp.）	4	LF
南美白对虾（*Penaeus vannamei*）	4	DHU	微藻	4	LF
白梭吻鲈（*Sander lucioperca*）	4	DHU	眼点拟微球藻（*Nannochloropsis oculata*）	4	LF
太平洋牡蛎（*Crassostrea gigas*）	3	DHU	轮虫	3	LF
墨西哥笛鲷（*Lutjanus guttatus*）	3	DHU	螺旋藻（*Spirulina* spp.）	3	LF

资料来源：为《世界粮食和农业水生遗传资源状况》编写的国别报告：对问题28（$n=69$）的回应。

注：DHU=人类直接利用；LF=活饵料。

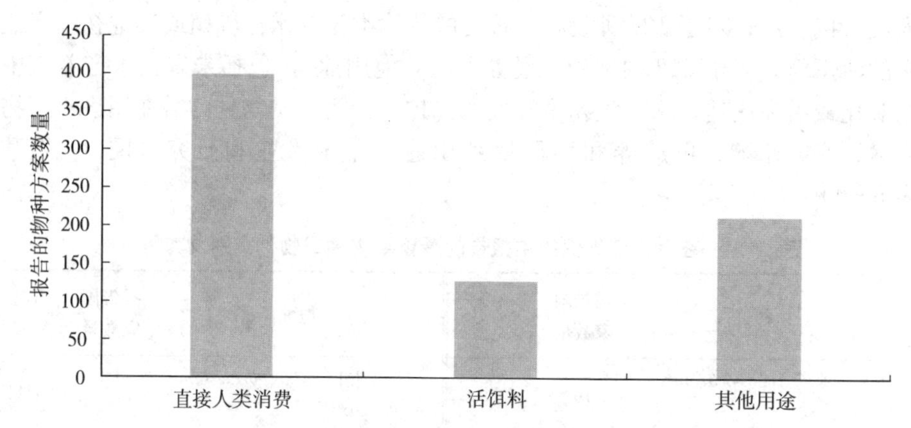

图 5-4　不同的活体迁地保护水生物种用途报告的物种方案数量

资料来源：为《世界粮食和农业水生遗传资源状况》编写的国别报告：对问题 28（$n=69$）的回应。

插文 23　鲟鱼 2020——保护多瑙河流域濒危和关键遗传资源的协调方法

多瑙河鲟鱼渔业长期以来一直是沿河社区的主要收入来源，尤其是在多瑙河中下游和三角洲地区。鲟鱼是多瑙河流域自然遗产的一部分。然而，近几十年来，鲟鱼种群急剧下降。在多瑙河的 6 种鲟鱼中，1 种已经在该流域灭绝，另外 4 种被列为极度濒危，其中 1 种濒临灭绝。即使是最常见的物种，小体鲟（*Acipenser ruthenus*）也被列为易危物种。这些种群的减少是由多种因素造成的，包括过度捕捞、非法捕捞、人为干扰产卵迁移以及河流工程造成的栖息地丧失。

作为一种旗舰物种，鲟鱼的保护已被多瑙河国家和欧洲联盟委员会认定为一个非常重要的流域性问题。

欧洲联盟于 2011 年 6 月通过了《欧盟多瑙河地区战略》（EUSDR），目的是在综合方法下协调部门政策，为环境保护与区域社会和经济要求之间的平衡提供框架。基于《欧盟多瑙河地区战略》，科学家、政府和非政府组织于 2012 年 1 月联合起来成立了多瑙河鲟鱼特别工作组，以支持《欧盟多瑙河地区战略》的目标："到 2020 年确保鲟鱼和其他本地鱼类种群的生存。""鲟鱼 2020"计划（Sandu、Reinartz 和 Bloesch，2013）被认为是一个依赖于多瑙河和黑海国家的长期承诺的一个有生命力的合作框架，需要各利益相关方之间的合作，包括政府、决策者、当地社区、科学家和非政府组织。建议的各种措施分为 6 个关键主题：

- 获得鲟鱼保护的政治支持；
- 能力建设和执法；
- 就地鲟鱼保护；
- 迁地鲟鱼保护；
- 支持鲟鱼保护的社会经济措施；
- 提高公众意识。

本书特别关注的是就地和迁地保护的综合方法。

就地保护的重点是鲟鱼种群的特征，包括使用现代分子工具进行遗传特征鉴定，以及鲟鱼生命周期的鉴定。这将有助于制定适用的就地保护措施，例如，监测鲟鱼的生命周期，保护和恢复生命周期需求，协调多瑙河流域内的相关措施、方法和捕捞条例，以及研究开发和引进对鲟鱼友好的捕捞技术的可能性。该计划还确定了物种和区域特定需求，并将其列为优先事项。

迁地保护的重点是在联合区域网络内，最好是在非商业设施内，建立所有物种的圈养亲本。迁地孵化场将根据世界鲟鱼保护协会-粮农组织指南（Chebanov 等，2011）制定繁殖和放流协议，以支持有针对性的放养和重新引入方案，该协议将遵循国际自然保护联盟准则（IUCN，1998）。

就地保护（见第 4 章）和迁地保护方法都不是单独进行的，相反，这些方案被协调整合起来，以支持并最好地确保所保护物种的全自然生命周期的生存能力，包括落实一些保护特定物种和区域的需求。对鲟鱼种群和生命周期特征的研究将支持就地和迁地保护的协调策略。一些积极的监测方案会适用于就地和迁地保护，并可全面评估种群重建的影响。

“鲟鱼 2020”代表了保护旗舰水生遗传资源的整体方法，涉及强有力的国际合作，并将迁地和就地保护结合起来。

资料来源：M. Pourkazemi，个人通讯，2018。

某些物种正被保护用于多种用途。例如，尼罗罗非鱼（*Oreochromis niloticus*）既可供人类直接食用，也可在某些国家用作水产养殖的活饵料，在这些国家中，肉食性鱼类是以尼罗罗非鱼幼鱼为食的。在用于活饵料的水生遗传资源中，轮虫［例如，臂尾轮虫（*Brachionus* spp.）］是最常被报告进行活体迁地保护的动物（表 5－4 和表 5－5）。表 5－5 列出了水产养殖活动中用作活饵料生物的主要水生物种，以及每种物种报告的活体迁地保护方案数量。

表 5-5　用作水产养殖活饵料生物的主要水生物种和报告的保护方案数量

类别	物种	方案数量
轮虫	褶皱臂尾轮虫（*Brachionus plicatilis*）	11
	圆型臂尾轮虫（*Brachionus rotundiformis*）	3
	臂尾轮虫（*Brachionus* spp.）	4
卤虫*	卤虫（*Artemia salina*）	4
	旧金山湾卤虫（*Artemia franciscana*）	1
	乌尔米卤虫（*Artemia urmiana*）	1
桡足类	温剑水蚤（*Thermocyclops* spp.）	1
枝角类	枝角类（Cladocerans）	1
	大型溞（*Daphnia magna*）	1
	蚤状溞（*Daphnia pulex*）	1
微藻	绿光等鞭金藻（*Isochrysis galbana*）	8
	四爿藻（*Tetraselmis tetrathele*）	6
	特氏杜氏藻（*Dunaliella tertiolecta*）	6
	眼点拟微球藻（*Nannochloropsis oculata*）	6
	纤细角毛藻（*Chaetoceros gracilis*）	6
	中肋骨条藻（*Skeletonema costatum*）	6
	白色菱形藻（*Nitzschia alba*）	6
	普通小球藻（*Chlorella vulgaris*）	6
	劳氏角毛藻（*Chaetoceros lorenzianus*）	1
	扁面角毛藻（*Chaetoceros compressus*）	1
	柔弱角毛藻（*Chaetoceros debilis*）	1
	聚生角毛藻（*Chaetoceros socialis*）	1
	小球藻（*Chlorella* spp.）	5
蓝藻	螺旋藻（*Spirulina* spp.）	3
活鳍鱼	鳗胡鲇（*Clarias anguillaris*）	1
	尖齿胡鲇（*Clarias gariepinus*）	1
	尼罗罗非鱼（*Oreochromis niloticus*）	2

资料来源：为《世界粮食和农业水生遗传资源状况》编写的国别报告：对问题 28（$n=69$）的回应。

* Lavans 和 Sorgeloos（1996）报告了卤虫属分类的不确定性。他们报告了其他物种的培养情况，包括新疆盐湖卤虫（*Artemia parthenogenetica*）、西藏拉果错卤虫（*A. tibetiana*）和中国卤虫（*A. sinica*），这些物种未在国别报告中报告，可能被列为卤虫（*A. salina*）。关于卤虫养殖中的问题，在专题背景研究中详细讨论了当前和潜在用于水产养殖的微生物遗传资源。

5.5　国别报告中确定的离体种质保存

5.5.1　概述

本节根据国别报告，对养殖物种及其野生近缘种的水生遗传资源迁地保护的现有活动进行了全面述评。要求各国提供一份关于养殖水生物种及其野生近缘种的离体种质保存和基因库详细的清单，涉及使用超低温保存或其他长期保存方法，对配子、胚胎、组织、孢子和其他静态形式的保存。

要求各国用实例说明他们所确定的用于收集水生遗传资源的设施，并包括那些代表该国受益人在国外进行离体保存的、来自该国此类遗传物质的例子。

共有 35 个国家报告了养殖和野生近缘种的水生遗传资源离体种质保存情况。各国报告了 295 例在离体种质保存中保存的水生物种（共约 133 种）（表 5－6）。然而，这一数字可能被低估，因为无法根据国别报告中给出的答案确定离体种质保存的确切数量。一些公共机构和代理机构在没有政府具体监督的情况下参与维护这些采集物。根据离体保护方案的数量，再加上其复杂性，往往很难列出所有被保护的物种名录。例如，在挪威，有 1 000 多个海洋细菌分离株在各个研究所进行离体保存。在某些情况下，淡水物种的保护方案可能非常多，因此在国别报告中列出所有保护物种是不现实的。

表 5－6　离体种质保存的国家和物种数量

国家	物种	国家	物种
马来西亚	73	孟加拉国	4
印度	34	泰国	3
墨西哥	30	突尼斯	3
芬兰	29	印度尼西亚	2
德国	14	基里巴斯	2
美利坚合众国	13	韩国	2
乌干达	11	菲律宾	2
阿根廷	10	波兰	2
捷克	9	汤加	2
哥伦比亚	8	乌克兰	2
土耳其	7	亚美尼亚	1
埃及	6	匈牙利	1
塞内加尔	6	伊朗伊斯兰共和国	1
斯里兰卡	6	肯尼亚	1
荷兰王国	5	尼日利亚	1
帕劳	5		

资料来源：为《世界粮食和农业水生遗传资源状况》编写的国别报告：对问题 29（$n=35$）的回应。

离体种质保存的物种数量最多的国家是马来西亚，报告称保护了73种水生物种用于未来水产养殖、生物多样性维持和其他用途。其次是印度和墨西哥。各国报告的就地和迁地保护方案的数量之间没有明显的相关性（数据未显示）。

表5-7和表5-8按区域和经济类别提供了每个国家保存的物种的绝对数量和平均数量。各地区之间存在差异，亚洲保存着最多的离体种质资源，拉丁美洲和加勒比地区保存着每个国家最高的采集数量。最不发达国家的离体种质保存平均数量最低，但各经济集团之间的差异不大（表5-8）。按水产养殖生产水平对各国进行分析时，离体种质保存的平均数量仅有微小差异（数据未显示）。

表5-7　按区域报告的离体种质保存（每个国家维持的物种总数和平均数量）

区域	报告国家数量	物种数量	每个国家平均物种数量
非洲	6	28	4.7
亚洲	10	135	13.5
欧洲	7	63	9.0
拉丁美洲和加勒比地区	3	56	18.7
北美洲	1	13	13.0
大洋洲	4	10	2.5

资料来源：为《世界粮食和农业水生遗传资源状况》编写的国别报告：对问题29（$n=35$）的回应。

表5-8　按经济类别报告的离体种质保存（每个国家维持的物种总数和平均物种数）

经济类别	报告国家数量	物种数量	每个国家平均物种数量
发达国家	10	78	7.8
其他发展中国家	17	131	7.7
最不发达国家	4	23	5.8

资料来源：为《世界粮食和农业水生遗传资源状况》编写的国别报告：对问题29（$n=35$）的回应。

5.5.2　主要保护物种

表5-9列出了体外保护计划中保护的133种物种。据报告，鲤（*Cyprinus carpio*）和虹鳟（*Oncorhynchus mykiss*）是最常采用离体种质保存的物种。对这些物种的评估表明，它们的主要用途是供人类直接食用（数据未显示）。第5.6节详细介绍了全球、次区域和各经济类别的迁地保护方案的主要目标。

表 5-9　报告的离体种质保存的物种名称和国家数量

物种名称	N	物种名称	N	物种名称	N
鲤（*Cyprinus carpio*）	6	杂交胡鲇（*Clarias*）[长丝胡鲇（*Clarias longifilis*）×尖齿胡鲇（*C. gariepinus*）]	1	帕达绚鲇（*Ompok pabda*）	1
虹鳟（*Oncorhynchus mykiss*）	5	蟾胡鲇（*Clarias batrachus*）	1	大麻哈鱼（*Oncorhynchus* spp.）	1
尼罗罗非鱼（*Oreochromis niloticus*）	5	尖齿胡鲇（*Clarias gariepinus*）	1	大鳞大麻哈鱼（*Oncorhynchus tshawytscha*）	1
卤虫（*Artemia* spp.）	4	大盖巨脂鲤（*Colossoma macropomum*）	1	罗非鱼（*Oreochromis* spp.）	1
绿光等鞭金藻（*Isochrysis galbana*）	4	真白鲑（*Coregonus lavaretus*）	1	赤鲷（*Pagrus pagrus*）	1
欧洲鳗鲡（*Anguilla anguilla*）	3	衰白鲑（*Coregonus maraena*）	1	巨无齿魮（*Pangasianodon gigas*）	1
褶皱臂尾轮虫（*Brachionus plicatilis*）	3	高白鲑（*Coregonus peled*）	1	美洲牙鲆（*Paralichthys californicus*）	1
卡特拉鲃（*Catla catla*）	3	巨牡蛎（*Crassostrea gasar*）	1	斑节对虾（*Penaeus monodon*）	1
牟氏角毛藻（*Chaetoceros muelleri*）	3	美洲牡蛎（*Crassostrea virginica*）	1	南美白对虾（*Penaeus vannamei*）	1
露斯塔野鲮（*Labeo rohita*）		草鱼（*Ctenopharyngodon idellus*）	1	黄金鲈（*Perca flavescens*）	1
大西洋鲑（*Salmo salar*）	3	欧洲舌齿鲈（*Dicentrarchus labrax*）	1	短盖肥脂鲤（*Piaractus brachypomus*）	1
鲟科鱼（Acipenseridae）	2	耳突麒麟菜（*Eucheuma cottonii*）	1	细鳞肥脂鲤（*Piaractus mesopotamicus*）	1
卤虫（*Artemia salina*）	2	异枝麒麟菜（*Eucheuma striatum*）	1	欧洲鲽（*Pleuronectes platessa*）	1
麦瑞加拉鲮（*Cirrhinus mrigala*）	2	橘点石斑鱼（*Epinephelus coioides*）	1	美洲多锯鲈（*Polyprion americanus*）	1
太平洋牡蛎（*Crassostrea gigas*）	2	玛拉巴石斑鱼（*Epinephelus malabaricus*）	1	甘紫菜（*Porphyra tenera*）	1
大西洋鳕（*Gadus morhua*）	2	绿腹丽鱼（*Etroplus suratensis*）	1	条纹鲮脂鲤（*Prochilodus lineatus*）	1
欧洲鳇（*Huso huso*）	2	休伦氏墨头鱼（*Garra surendranathanii*）	1	鲮脂鲤（*Prochilodus* spp.）	1

（续）

物种名称	N	物种名称	N	物种名称	N
巨鲇（*Pangasius pangasius*）	2	红鲍螺（*Haliotis rufescens*）	1	闪光鸭嘴鲇（*Pseudoplatystoma corruscans*）	1
大菱鲆（*Psetta maxima*）	2	印度囊鳃鲇（*Heteropneustes fossilis*）	1	鸭嘴鲇（*Pseudoplatystoma* spp.）	1
军曹鱼（*Rachycentron canadum*）	2	短体下眼鲿（*Horabagrus brachysoma*）	1	克林雷氏鲇（*Rhamdia quelen*）	1
褐鳟（*Salmo trutta*）	2	鲢（*Hypophthalmichthys molitrix*）	1	吻鲻（*Rhinomugil corsula*）	1
欧鲇（*Silurus glanis*）	2	鳙（*Hypophthalmichthys nobilis*）	1	查拉克库迪无须魮（*Sahyadria chalakkudiensis*）	1
西伯利亚鲟（*Acipenser baerii*）	1	黏高须魮（*Hypselobarbus curmuca*）	1	大颚小脂鲤（*Salminus brasiliensis*）	1
湖鲟（*Acipenser fulvescens*）	1	蓝鲇（*Ictalurus furcatus*）	1	塞凡湖鳟（*Salmo ischchan*）	1
俄罗斯鲟（*Acipenser gueldenstaedtii*）	1	斑点叉尾鮰（*Ictalurus punctatus*）	1	萨罗罗非鱼（*Sarotherodon melanotheron*）	1
尖吻鲟（*Acipenser oxyrhynchus*）	1	长心卡帕藻（*Kappaphycus alvarezii*）	1	理氏裂腹鱼（*Schizothorax richardsonii*）	1
小体鲟（*Acipenser ruthenus*）	1	蓝野鲮（*Labeo calbasu*）	1	眼斑拟石首鱼（*Sciaenops ocellatus*）	1
大西洋鲟（*Acipenser sturio*）	1	墨脱华鲮（*Labeo dero*）	1	黄条鰤（*Seriola lalandi*）	1
闪光鲟（*Acipenser stellatus*）	1	杜氏野鲮（*Labeo dussumieri*）	1	巴基斯坦西隆鲇（*Silonia silondia*）	1
攀鲈（*Anabas testudineus*）	1	花颊野鲮（*Labeo dyocheilus*）	1	尖尾铲吻油鲇（*Sorubim cuspicaudus*）	1
裸盖鱼（*Anoplopoma fimbria*）	1	缨野鲮（*Labeo fimbriatus*）	1	螺旋藻（*Spirulina* spp.）	1
多克玛鲿（*Bagrus docmak*）	1	维多利亚野鲮（*Labeo victorianus*）	1	鲥鲥（*Tenualosa ilisha*）	1
多肉无须魮（*Barbodes carnaticus*）	1	尖吻鲈（*Lates calcarifer*）	1	朱氏四爿藻（*Tetraselmis c.*）	1
高臀魮（*Barbus altianalis*）	1	尼罗尖吻鲈（*Lates niloticus*）	1	几内亚罗非鱼（*Tilapia guineensis*）	1
臂尾轮虫（*Brachionus* spp.）	1	云纹滑油鲇（*Leiarius marmoratus*）	1	罗非鱼	1

（续）

物种名称	N	物种名称	N	物种名称	N
莫氏石脂鲤（*Brycon moorei*）	1	钝齿巨兔脂鲤（*Leporinus obtusidens*）	1	丁鱥（*Tinca tinca*）	1
石脂鲤（*Brycon* spp.）	1	微藻	1	库德里结鱼（*Tor khudree*）	1
眼鳢（*Channa marulius*）	1	裸腹溞（*Moina belli*）	1	黄鳍结鱼（*Tor putitora*）	1
线鳢（*Channa striata*）	1	金眼狼鲈（*Morone chrysops*）	1	加湾石首鱼（*Totoaba macdonaldi*）	1
赤色绿鳍鱼（*Chelidonichthys cuculus*）	1	条纹狼鲈（*Morone saxatilis*）	1	裙带菜（*Undaria pinnatifida*）	1
卡颏银汉鱼（*Chirostoma humboldtianum*）	1	鲻（*Mugil cephalus*）	1	叉尾鲇（*Wallago attu*）	1
铠甲弓背鱼（*Chitala chitala*）	1	紫贻贝（*Mytilus edulis*）	1		
小球藻（*Chlorella* spp.）	1	微拟球藻（*Nannochloropsis* spp.）	1		
普通小球藻（*Chlorella vulgaris*）	1	牙汉鱼（*Odontesthes bonariensis*）	1		
卷须鲮（*Cirrhinus cirrhosus*）	1	马拉巴绚鲇（*Ompok malabaricus*）	1		

资料来源：为《世界粮食和农业水生遗传资源状况》编写的国别报告：对问题 29（$n=35$）的回应。

注：N=离体种质保存维持该物种的国家数量。

5.5.3　离体种质保存的材料类型

要求各国提供关于每种物种的离体保护机制和策略的信息。问卷中提供的离体迁地保存采集类型选项包括配子、胚胎、组织、孢子和其他。

评估结果（表 5-10）表明：

- 配子（几乎完全是雄性配子）是最常在离体种质保存的遗传物质，约 46%的物种保存这种形式（主要是鳍鱼物种）；
- 25%的物种被保存为胚胎［种类繁多，包括鳍鱼、软体动物和甲壳动物，例如，卤虫（*Artemia* spp.）、牡蛎和鲻鱼］；
- 24%的物种被保存为组织（主要是淡水鳍鱼物种）；
- 只有 4%以孢子形式保存（该方法主要应用于用作水产养殖活饵料或保存用于研究目的的微藻）；

• 15%的水生物种以未定义的其他方式保护。

表 5-10 每种机制维持的物种数量和比例

机制	物种数量	占全部采集的百分比
配子离体种质保存	115	46
胚胎离体种质保存	25	10
组织体外收集	60	24
其他	37	15
孢子	11	4
合计	248	99

资料来源：为《世界粮食和农业水生遗传资源状况》编写的国别报告：对问题 29（$n=35$）的回应。

5.5.4 离体种质保存设施

各国还被要求确定在采用离体保存方案中保存水生遗传资源的设施类型。问卷中提供的选项包括水产养殖设施、研究设施、大学和学术界、动物园和水族馆等。

在 269 个报告以设施进行的离体保存计划案例中，133 种水生物种被保存，其中 56 种在水产养殖设施中被保存，146 种在研究设施中被保存，59 种在大学和学术界被保存，2 种在动物园和水族馆中被保存，6 种在其他类型的设施中被保存（表 5-11）。

表 5-11 每种类型的离体种质保存设施中维持的物种数量和占比

设施类型	采集数量	占采集总数的百分比
水产养殖设施	56	21
研究设施	146	54
大学和学术界	59	22
动物园和水族馆	2	1
其他	6	2
合计	269	100

资料来源：为《世界粮食和农业水生遗传资源状况》编写的国别报告：对问题 29（$n=35$）的回应。

5.6 迁地保护方案的目标

要求各国评估各自国家的迁地保护方案（活体和离体）若干目标的重要性

（问卷中提供的选项见表 5－12）。

表 5－12　水生遗传资源迁地保护目标的优先级排序，按区域划分

目标	优先级						
	非洲	亚洲	欧洲	拉丁美洲和加勒比地区	北美洲	大洋洲	全球
保护水生生物遗传多样性	2.2	1.8	1.3	3.6	1.0	2.1	2.18
保持水产养殖生产优良品系	2.3	2.4	3.1	2.8	5.5	3.3	2.70
未来水产养殖品系改良	3.5	3.9	4.2	5.1	7.0	5.4	2.82
帮助适应气候变化的影响	3.8	4.1	2.6	6.1	2.5	6.9	4.26
满足消费者和市场需求	2.6	2.7	2.4	3.4	5.5	2.9	4.29

资料来源：为《世界粮食和农业水生遗传资源状况》编写的国别报告：对问题 30（$n=87$）的回应。

注：这些值代表各国分配的平均优先级，从 1＝非常重要到 10＝不重要。

各国对每一个目标的优先级排名从 1 到 10，其中 1 表示国家整体迁地保护方案的一个非常重要的目标，10 表示不重要的目标。全球一级迁地保护的最重要目标（即优先级排名最高）是“保护水生生物遗传多样性”（表 5－12），其次是利用这些资源“保持水产养殖生产优良品系”和进行“未来水产养殖品系改良”。全球层面国家迁地保护方案的一个不太重要的目标是，需要保持这些资源以“帮助适应气候变化的影响”。这些目标的相对排名与就地保护的相对优先级排名非常相似（表 4－2），表明应用这两种保护形式的理由没有重大差异。

按区域进行的分析（表 5－12）显示了类似的结果，6 个区域中有 5 个地区将保护水生遗传资源列为最高优先事项，6 个区域中有 4 个地区将适应气候变化列为最不重要的目标。与排名最高的水生遗传资源相比，北美洲将未来水产养殖品系改良列为低优先级。这可能表明，保护是主要驱动因素，对潜在水产养殖效益的关注相对较少。在北美洲，满足消费者需求也被列为相对不那么重要的目标，这证实了之前的观察。

尽管在主要生产国，保持水产养殖优良品系是更优先的事项，按经济类别和生产水平进行的分析（表 5－13 和表 5－14）显示了不同类别的类似结果。令人惊讶的是，据报告，在水产养殖产量最高的国家，满足消费者和市场需求的优先级较低（表 5－14）。然而，这与报告的就地保护优先目标的结果类似（见第 4 章）。在就地保护目标的优先级排序中也可以看出，适应气候变化影响的排名较低。

表 5-13 对水生遗传资源迁地保护目标的优先级排序，按经济类别划分

目标	优先级			
	综合	发达国家	其他发展中国家	最不发达国家
保护水生生物遗传多样性	2.2	3.2	1.6	1.9
保持水产养殖生产优良品系	2.6	2.6	2.1	3.0
未来水产养殖品系改良	4.3	5.0	3.6	4.2
帮助适应气候变化的影响	4.4	5.3	4.2	3.7
满足消费者和市场需求	2.8	3.2	2.4	2.8

资料来源：为《世界粮食和农业水生遗传资源状况》编写的国别报告：对问题 30（n=87）的回应。

注：这些值代表各国分配的平均优先级，从 1=非常重要到 10=不重要。

表 5-14 水生遗传资源迁地保护目标的优先级排序，按水产养殖生产水平划分

目标	排序	
	主要生产国	次要生产国
保护水生生物遗传多样性	1.6	2.3
保持水产养殖生产优良品系	2.0	2.8
未来水产养殖品系改良	5.5	4.1
帮助适应气候变化的影响	4.1	4.3
满足消费者和市场需求	3.1	2.8

资料来源：为《世界粮食和农业水生遗传资源状况》编写的国别报告：对问题 30（n=87）的回应。

注：这些值代表各国分配的平均优先级，从 1=非常重要到 10=不重要。

参考文献

Agarwal, N. K. 2011. Cryopreservation of fish semen. *Himalayan Aquatic Biodiversity Conservation & New Tools in Biotechnology*, 104-127.

Aguiar, J. D. P., Gomes, P. F. F., Hamoy, I. G., Santos, S. E. B. D., Schneider, H. & Sampaio, I. 2018. Loss of genetic variability in the captive stocks oftambaqui, *Colossoma macropomum* (Cuvier, 1818), at breeding centres in Brazil, and their divergence from wild populations. *Aquaculture Research*, 49 (5): 1914-1925.

Bakos, J. & Gorda, S. 2001. *Genetic resources of common carp at the Fish Culture Research Institute, Szarvas, Hungary*. FAO Fisheries Technical Paper No. 417. Rome, FAO. 106 pp. (also available at www. fao. org/docrep/005/Y2406E/Y2406E00. HTM).

Bakos, J., Varadi, L., Gorda, S. & Jeney, Z. 2006. Lessons from the breeding program on common carp in Hungary. *In*: R. W. Ponzoni, B. O. Acosta & A. G. Ponniah, eds.

Development of aquatic animal genetic improvement and dissemination programs: current status and action plans. WorldFish Center Conference Proceedings, 73: 27 - 33.

Chebanov, M., Rosenthal, H., Gessner, J., van Anrooy, R., Doukakis, P., Pourkazemi, M. & Williot, P. 2011. *Sturgeon hatchery practices and management for release: guidelines*. FAO Fisheries and Aquaculture Technical Paper No. 570. Ankara, FAO. 110 pp. (also available at www. fao. org/docrep/015/i2428e/i2428e. pdf).

Conde, D. A., Flesness, N., Colchero, F., Jones, O. R. & Scheuerlein, A. 2011. An emerging role of zoos to conserve biodiversity. *Science*, 331 (6023): 1390 - 1391.

Engels J. M. M, Rao, V. R., Brown, A. H. D. & Jackson, M. T. 2001. *Managing plant genetic diversity*. CABI. Wallingford, UK. 89 pp.

FAO. 2012. Cryoconservation of animal genetic resources. FAO Animal Production and Health Guidelines No. 12. Rome. (also available at www. fao. org/3/i3017e/i3017e00. pdf).

Frankham, R., Ballou, J. D. & Briscoe, A. D. 2011. *Introduction to conservation genetics*. Cambridge, UK. ISBN 978 - 0 - 521 - 70271 - 3. pp. 430 - 471.

Hossain, M. A. R., Nahiduzzaman, M. & Tiersch, T. R. 2011. *Development of a sperm cryopreservation approach to the fish biodiversity crisis in Bangladesh*. Baton Rouge, USA, World Aquaculture Society: 852 - 861.

International Union for Conservation of Nature (IUCN). 1998. *Guidelines for re - introductions*. Prepared by the IUCN/SSC Re - introduction Specialist Group. Gland, Switzerland and Cambridge, UK, IUCN. 10 pp.

Kasso, M. & Balakrishnan, M. 2013. *Ex situ* conservation of biodiversity with particular emphasis to Ethiopia. Article ID 985037. *ISRN Biodiversity*. 11 pp.

Kleiman, D. G., Katerina, V. T. & Baer, C. K. 2010. *Wild mammals in captivity: principles and techniques for zoo management*. University of Chicago Press. 720 pp.

Lavens, P. & Sorgeloos, P. 1996. *Manual on the production and use of live food for aquaculture*. Rome, FAO. (also available at www. fao. org/docrep/003/W3732E/w3732e00. htm).

Leus, K. 1988. Captive breeding and conservation. *Zoology in the Middle East*, 38. Issue 5.

Martínez - Páramo, S., Horváth, Á., Labbé, C., Zhang, T., Robles, V., Herráez, P., Suquet, M., Adams, S., Viveiros, A., Tiersch, T. R. & Cabrita, E. 2017. Cryobanking of aquatic species. *Aquaculture*, 472: 156 - 177.

McClenachan, L., Cooper, A. B., Carpenter, K. E. & Dulvy, N. K. 2012. Extinction risk and bottlenecks in the conservation of charismatic marine species. *Conservation Letters*, 5 (1): 73 - 80.

Packer, J. & Ballantyne, R. 2010. The role of zoos and aquariums in education for a sustainable future. *New Directions for Adult and Continuing Education*, 127: 25 - 34.

Sandu, C., Reinartz, R. & Bloesch, J., eds. 2013. "*Sturgeon 2020*": *a program for the protection and rehabilitation of Danube sturgeons*. Danube Sturgeon Task Force (DSTF) & EU Strategy for the Danube River (EUSDR). Priority Area (PA) 6 - Biodiversity. 24

pp. (also available at www.dstf.eu/assets/Uploads/ documents/Sturgeon - 2020edited_2.pdf).

Sarder, M. R. I., Sarker, M. M. & Saha, S. K. 2012. Cryopreservation of sperm of an indigenous endangered fish species *Nandus nandus* (Hamilton, 1822) for *ex situ* conservation. *Cryobiology*, 65 (3): 202 - 209.

Snyder, N. F., Derrickson, S. R., Beissinger, S. R., Wiley, J. W., Smith, T. B., Toone, W. D. & Miller, B. 1996. Limitations of captive breeding in endangered species recovery. *Conservation Biology*, 10 (2): 338 - 348.

Tiersch, T. R. & Green, C. C. 2011. *Cryopreservation in aquatic species*. Baton Rouge, USA, World Aquaculture Society.

Torres, L., Hu, E. & Tiersch, T. R. 2016. Cryopreservation in fish: current status and pathways to quality assurance and quality control in repository development. *Reproduction, Fertility and Development*, 28 (8): 1105 - 1115.

Varadi, L., Gorda, S., Bakos, J. & Jeney, Z. 2002. Management of broodstock and quality control of fish seed in Hungary. *Naga, Worldfish Center Quarterly*, 25 (3 - 4): 45 - 47.

第6章

国家辖区内养殖水生物种及其野生近缘种水生遗传资源利益相关方

目的： 第 6 章概述了对国家辖区内养殖水生物种及其野生近缘种的水生遗传资源（AqGR）感兴趣的主要利益相关方的观点和需求。具体目标是：

- 确定对水产养殖物种及其野生近缘种的水生遗传资源感兴趣的不同主要利益相关方群体；
- 确定每个利益相关方群体都感兴趣的养殖水生物种及其野生近缘种的水生遗传资源类型，以及感兴趣的原因；
- 描述利益相关方群体的角色以及他们为可持续管理、开发、保护和利用他们感兴趣的水生遗传资源而采取的行动；
- 描述利益相关方群体希望采取的行动，以实现他们感兴趣的水生遗传资源的可持续管理、开发、保护和利用。

关键信息：

- 与保护、生产和宣传有关的活动是问卷中确定的 12 个不同利益相关方群体发挥的最常见作用，问卷为该分析提供了基础。
- 在物种水平上，利益相关方在保护、可持续利用和开发水生遗传资源的兴趣始终最大。在基因组水平上，对水生遗传资源的兴趣相对较低。
- 几乎所有国家都认识到土著社区在养护和保护水生生物多样性以及与野生近缘种相关的水生生态系统方面的重要性。
- 妇女在所有国家的水产养殖行业都很重要，尽管提供的定性信息表明，她们在发达国家可能发挥更广泛的作用。
- 继续努力进一步确定和澄清许多利益相关方在保护、管理和利用水生遗传资源方面的作用和需求将是重要的。

6.1　引言

Sevaly（2001）强调了利益相关方参与水产养殖发展的好处，表明这种参与可以是指导性的、协商性的或合作性的。然而，关于利益相关方在水生遗传资源的保护、可持续利用和开发中的作用的文献很少，突出了这一领域研究的必要性。利益相关方参与水生遗传资源管理的益处可能与水产养殖发展的益处相似。

有许多利益相关方对养殖水生物种及其野生近缘种的水生遗传资源的保护、可持续利用和开发感兴趣，无论是为了创收还是其他目的。然而，就具体而言，对这些利益所在或它们所包含的内容知之甚少。本章介绍了对总共 91

份国家回应（一份国别报告没有包括利益相关方的信息）的分析结果和知识差距，这些回应涉及“请说明在水生遗传资源中有利益的主要利益相关方群体”。

6.2 利益相关方的识别

与本章相关的问卷部分收集的利益相关方名单并不详尽，但相当全面。在实施研究之前，在泰国举行了一次区域利益相关方咨询研讨会，会上决定合并一些利益相关方类型，并舍弃其他类型的利益相关方。可以说，最终名单可能包括科学家、区域渔业管理机构和水产养殖网络。事实上，今后可以斟酌问卷中考虑的主要利益相关方名单。

最终选择了12种利益相关方类型纳入国别报告调查问卷。有些类型概念比较明确，然而，其他一些类型，可能需要进行一定程度的解释。例如，在泰国举行的区域利益相关方研讨会最初发现很难确定“政府资源管理者”与“政策制定者”的角色有何不同。同样，利益相关方的各种可能角色也需要进行解释。表6-1和表6-2提供了临时定义。未来的研究可能希望审查利益相关方定义中的区别。

表6-1 12个水生遗传资源保护、可持续利用和开发利益相关方的简要说明，根据国家磋商和利益相关方研讨会上的讨论确定

利益相关方	说明
水生保护区管理者	负责控制或管理海洋、河流或湖泊保护区的人员；这些地区通常出于保护目的限制人类活动，通常是为了保护自然或文化资源（见第4章）
消费者	购买商品和服务（在本例中与水生遗传资源相关）供个人使用的人
捐助者	任何捐赠的个人、组织或机构，在此处，这主要适用于支持水产养殖、渔业发展或保护水生遗传资源的捐助者
养鱼户	通过控制水生生物的整个或部分生命周期，从事商业养殖水生生物的专业人员
鱼类孵化场人员	从事水生生物繁殖场所运营和管理的专业人员，包括在水生生物生命早期阶段孵化和饲养，特别关注鳍鱼和贝类的人员
渔民	从水体中捕获鱼类和其他水生动物的人
渔业和水产养殖协会	在国家、区域或国际各级注册并获得法律承认的养鱼户、渔民或两者兼顾组成的专业协会
政府资源管理者	负责自然资源管理的公共部门管理人员

（续）

利益相关方	说明
政府间组织	主要由主权国家（称为成员国）或其他政府间组织组成的组织
非政府组织	非政府组织包括在地方、国家或国际各级组织的任何非营利、自愿的公民团体
营销人员	参与推广和销售与水生遗传资源相关的产品或服务的行动或业务的专业人员，包括市场调研和广告宣传
政策制定者	负责制定政策及其他类型监管框架和工具的人员

表6－2　利益相关方在保护、管理和利用水生遗传资源方面发挥的10个作用的简要说明，根据国家磋商和利益相关方研讨会的讨论确定

作用	释义
倡导	旨在影响政治、经济和社会制度和机构内决策的个人或团体活动
育种	水生动物或植物后代的交配和繁殖
保护	维持、保护或保护性利用
饲料制造	主要利用野生植物和动物原料生产水产饲料
营销	负责识别、预测和满足客户需求的管理流程①
外延/推广	通过农民推广将科学研究和新知识应用于水产养殖实践
加工	从捕获或收获水生动物和水生动物产品到最终产品交付给客户的过程
生产	通过保持良好的生长条件和提供食物，精心养殖水产养殖系统中的水生动物
研究	科学理论和假设的系统学术研究
其他	以上都不是；各国在回应中基本上没有明确规定

①来自英国特许营销协会（www.cim.co.uk）的定义。

根据机构知识、国家在报告进程中进行的与行业和行业中各部门的磋商，以及必要时征求的专家意见，确定了利益相关方群体。审议了性别问题以及原住民和当地社区的观点和需求。

在一些国家召开了多方利益相关方研讨会或一般会议，以评估不同利益相关方群体在与水生遗传资源保护、可持续利用和开发相关的关键领域的参与程度。大多数国家都遵循参与性和包容性的策略，通过开展一些国家级的协商进程，例如，举办讲习班或研讨会，或通过建立由关键参与者组成的国家委员会或工作组，让那些对水生遗传资源感兴趣的广泛利益相关方参与其中。德国和墨西哥等一些国家详细介绍了利益相关方在评估过程中遵循的协商和参与程序，包括水产养殖业、孵化场管理者、决策者和研究者等。

很明显，所有咨询或直接参与完成国家调查问卷的个人都至少属于两个利益相关方群体。例如，每个人都是消费者；一些养鱼户也拥有和经营自己的孵化场或加工设施，而一些渔民也可能是养鱼户。这应有助于增强对受访者中利益相关方角色，以及保护、可持续利用和开发水生遗传资源的类型的理解。

除了“其他”，为了首次尝试描述利益相关方的作用，对 9 种类型的水生遗传资源保护、利用和开发进行了区分。大多数作用都是不言自明的（例如，倡导、育种、保护、营销、外延/推广、生产、研究），而有两个不是这样：饲料制造和加工。根据释义，养殖水生物种的加工者也同样使用水生遗传资源。然而，受访者对这两类角色的判断可能存在不确定性。

“其他”类别既包括水生遗传资源保护、可持续利用和开发，也包括利益相关方感兴趣的水生遗传资源，这部分将其他类别未涵盖的利益相关方角色和兴趣包含在内。

在此过程中，除了为调查问卷目的而制定的类别之外，很少注意对角色的界定。各国没有提供太多补充信息来支持他们对问题的回答，因此，利益相关方在履行其职责时究竟做了什么，仍有待解释。在解释国别报告中的数据时，应考虑到这一点。

6.3 利益相关方角色的全球层面分析

6.3.1 引言

通过国家协商过程，在区域能力建设讲习班和咨询意见的支持下，各国确定并评估了 12 类利益相关方的作用。表 6－1 列出了这些利益相关方。

就本次活动而言，通过国家协商过程，在区域能力建设讲习班的支持下，还确定了与保护、可持续利用和开发水生遗传资源相关的利益相关方的 10 个角色（包括“其他”）（表 6－2）。

6.3.2 不同利益相关方群体在水生遗传资源的保护、可持续利用和开发中的作用

为了提供一个简单的全球层面的利益相关方在保护、可持续利用和开发水生遗传资源方面的活动指标，对查明不同利益相关方群体参与 10 个类别中每一类的国家数量进行了数据汇总（表 6－3）。在可能的最高总分 1 092 分（即

所有 91 个回应国家报告所有 12 个利益相关方类型都参与了水生遗传资源保护、可持续利用和开发的特定情况）中，得分最高的是保护（681 分，相当于最高总分的 62%）、生产（653 分，约占 60%）和营销（537 分，约占 49%）。得分最低的是加工（355 分，约占 33%）、饲料制造（262 分，约占 24%）和其他（65 分，约占 6%），如图 6-1 所示。

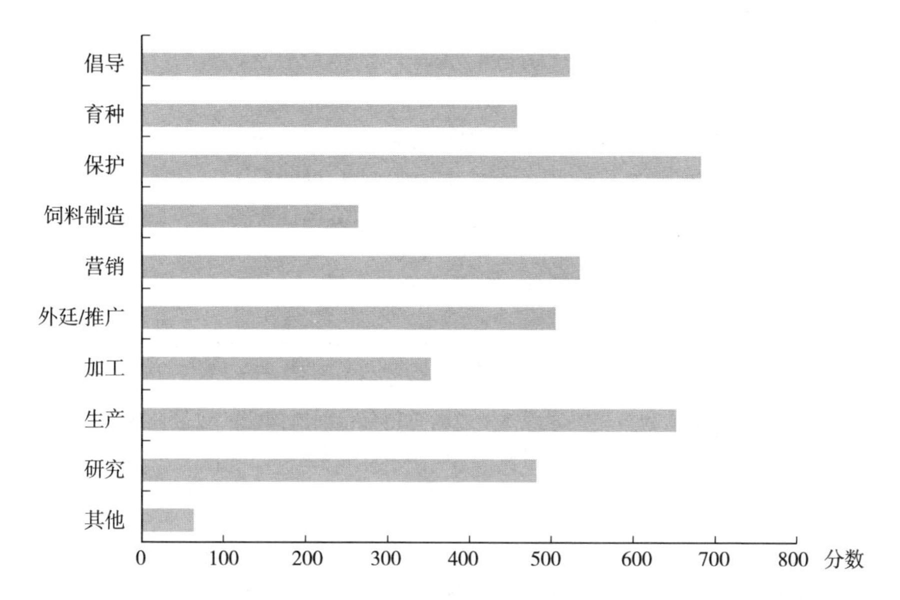

图 6-1 每个确定的利益相关方群体发挥作用的总得分（回应国家数量×水生遗传资源保护、可持续利用和开发方面的利益相关者类别数量）*

注：数据来源于表 6-3。

资料来源：为《世界粮食和农业水生遗传资源状况》编写的国别报告：对问题 31（$n=91$）的回应。

* 评分系统说明见正文。该分析确定了所有利益相关方作用的相对重要性。

通过对所有报告国提交的 10 个确定作用中的每一个的所有得分进行汇总，揭示了每个利益相关方群体角色的重要性。如果所有国家（91）都同意某一特定利益相关方群体参与与水生遗传资源的保护、可持续利用和开发相关的所有 10 个作用（即 91×10=910），则任何利益相关方小组都可能获得最高分数。结果显示，政府资源管理者（527 分）、渔业和水产养殖协会（453 分）和养鱼户（436 分）发挥了最大作用，而消费者（219 分）、营销人员（262 分）和渔民（279 分）的平均得分约为排名第一的角色的一半，排名垫底（图 6-2 和表 6-3）。

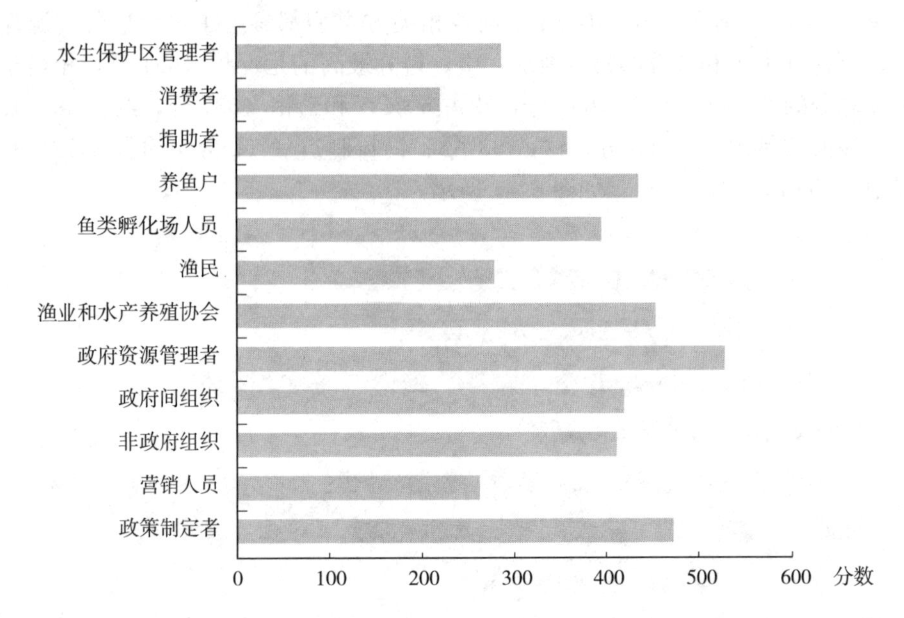

图 6-2　每个确定的利益相关方群体角色的总得分（回应国家的数量×在水生遗传资源的保护、可持续利用和开发中的角色数量）*

资料来源：为《世界粮食和农业水生遗传资源状况》编写的国别报告：对问题 31（$n=91$）的回应。

注：数据来源于表 6-3。

*评分系统说明见正文。该分析确定了利益相关方在所有角色中的相对重要性。

表 6-3　国家回应表明，利益相关方群体参与水生遗传资源保护、可持续利用和开发的关键方面的程度

利益相关方角色	作出回应的国家数量及占比										
角色	倡导	育种	保护	饲料制造	营销	外延/推广	加工	生产	研究	其他	合计
水生保护区管理者	64 (70)	16 (18)	87 (96)	2 (2)	4 (4)	46 (50)	1 (1)	12 (13)	52 (57)	3 (3)	287
消费者	30 (33)	5 (5)	21 (23)	3 (3)	51 (56)	16 (18)	38 (42)	37 (41)	4 (4)	14 (15)	219
捐助者	47 (52)	34 (37)	59 (65)	18 (20)	27 (30)	43 (47)	22 (24)	41 (45)	54 (59)	12 (13)	357
养鱼户	21 (23)	76 (84)	37 (41)	42 (46)	72 (79)	27 (30)	47 (52)	87 (96)	25 (27)	2 (2)	436
鱼类孵化场人员	22 (24)	85 (93)	53 (58)	23 (25)	43 (47)	35 (38)	7 (8)	77 (85)	49 (54)	2 (2)	396

（续）

利益相关方角色	作出回应的国家数量及占比										
渔民	23 (25)	7 (8)	48 (53)	5 (5)	57 (63)	17 (19)	42 (46)	64 (70)	11 (12)	5 (5)	279
渔业和水产养殖协会	49 (54)	48 (53)	49 (54)	43 (47)	61 (67)	53 (58)	43 (47)	76 (84)	27 (30)	4 (4)	453
政府资源管理者	67 (74)	58 (64)	85 (93)	32 (35)	37 (41)	70 (77)	30 (33)	69 (76)	76 (84)	3 (3)	527
政府间组织	57 (63)	35 (38)	72 (79)	17 (19)	33 (38)	55 (60)	23 (25)	53 (58)	67 (74)	6 (7)	418
非政府组织	64 (70)	34 (37)	77 (85)	20 (22)	31 (34)	59 (65)	21 (23)	51 (56)	51 (56)	3 (3)	411
营销人员	23 (25)	16 (18)	9 (10)	20 (22)	78 (86)	29 (32)	42 (46)	30 (33)	13 (14)	2 (2)	262
政策制定者	56 (62)	42 (46)	84 (92)	37 (41)	43 (47)	54 (59)	39 (43)	56 (62)	52 (57)	9 (10)	472
总计	523	456	681	262	537	504	355	653	481	65	4 517

资料来源：为《世界粮食和农业水生遗传资源状况》编写的国别报告：对问题 31（$n=91$）的回应。

注：表中的数字显示了 91 个国家中作出回应的国家数量（括号内为百分比），这些国家表示各自的利益相关方群体在各自的活动中发挥了作用。

就大多数国家同意利益相关方发挥作用的类别而言（即报告国的 50%以上），渔业和水产养殖协会及政府资源管理者获得最高分数，在 10 个类别中有 6 个类别。随后出现了 3 个利益相关方群体是政府间组织（IGO）、非政府组织（NGO）和政策制定者，大多数国家报告称，他们在水生遗传资源保护、可持续利用和开发的不同作用类别中，有一半（即 50%）发挥了作用。得分最低的利益相关方群体是营销人员和消费者，大多数国家认为他们只在其中一个类别中发挥作用（表 6 - 3）。很明显，渔业和水产养殖协会以及政府资源管理者都被视为活跃于类似类别的水产养殖业，也许毫不奇怪，消费者和营销人员都被视为只积极参与营销。

如果按照前三位利益相关方在水生遗传资源保护、可持续利用和开发中所扮演的角色（表 6 - 4），则养鱼户被评估为扮演最多的角色（10 个角色中的 5 个），其次是渔业和水产养殖协会（10 个中的 4 个角色）。只有消费者没有排在水生遗传资源保护、可持续利用和开发的前三名。渔民的得分也很低。

表 6-4 国家回应表明，在参与水生遗传资源的保护、可持续利用和开发的关键方面，排名前三的利益相关方群体

作用	前三大利益相关方（群体[①]和报告该群体发挥作用的国家数量）
倡导	政府资源管理者（67） 水生保护区管理者（64） 非政府组织（64）
育种	鱼类孵化场经营者（85） 养鱼户（76） 政府资源管理者（58）
保护	水生保护区管理者（87） 政府资源管理者（85） 政策制定者（84）
饲料制造	渔业和水产养殖协会（43） 养鱼户（42） 政策制定者（37）
营销	营销人员（78） 养鱼户（72） 渔业和水产养殖协会（61）
外延/推广	政府资源管理者（70） 非政府组织（59） 政府间组织（55）
加工	养鱼户（47） 渔业和水产养殖协会（43） 渔民（42） 营销人员（42）
生产	养鱼户（87） 鱼类孵化场经营者（77） 渔业和水产养殖协会（76）
研究	政府资源管理者（76） 政府间组织（67） 捐助者（54）
其他	消费者（14） 捐助者（12） 政策制定者（9）

资料来源：为《世界粮食和农业水生遗传资源状况》编写的国别报告：对问题 31（$n=91$）的回应。

①如果两个利益相关方群体并列第三名，则显示前四名。

在全球范围内，问卷结果表明，利益相关方在保护、可持续利用和开发养殖水生物种及其野生近缘种的水生遗传资源方面的作用存在明显差异。根据回应国所赋予的角色，三分之一的利益相关方群体被视为参与了所有角色。

大多数回应国同意，养鱼户在保护、研究、生产、倡导和推广方面发挥作用。这一结果也在第4章“就地保护”中有所报告。抛开他们如何准确执行这些角色以及这些角色是否有效的问题不谈，结果并不令人惊讶。一些水产养殖的批评者，包括拥有大西洋鲑（*Salmo salar*）野生种群国家水养养殖的批评者，可能会指出鲑鱼养殖户的保护作用与养殖户在开发遗传改良品系和无意中将养殖鱼类引入环境中可能发挥的作用之间存在冲突。不小心的引入增加了外来水生遗传物质渗入的风险，可能会影响野生种群的适应性（McGinnity等，2003）。关于水产养殖的作用以及外来遗传物质对野生种群的影响，其他作者也提出了类似的问题（Youngson等，2001；Lind、Brummett和Ponzoni，2012；Lorenzen、Beveridge和Mangel，2012）。

鱼类和鱼类孵化场经营者通常声称在管理迁地水生遗传资源，但尚不清楚他们是否有足够的知识来管理资源，以创造更高产的养殖型，同时有效避免近亲繁殖。各种研究表明，出于水产养殖目的而对迁地水生遗传资源的管理常常做得不好。例如，Brummett、Agoni和Pouomagne（2004）证明，源自商业孵化场的尖齿胡鲇（*Clarias gariepinus*）的生长性能低于直接从野生种鱼获得的鱼苗，表明孵化场对种鱼的管理较差。第4章和第5章指出了水生遗传资源养殖场保护的一些问题。事实上，养鱼户的主要目标是生产一种有利可图的养殖型；只有少数养鱼户设有“保护”水生遗传资源的目标。

在缺乏信息支撑的情况下，必须谨慎解释这些结果。以水生遗传资源的保护问题为例，大约90%的回应国家认为政策制定者参与了水生遗传资源的保护，然而，可能只是假设政策制定者制定了保护水生遗传资源的政策。保护政策是否正在实施，是否有效？关于国家政策的第7章中的回应表明，在物种层面上存在着保护水生生物资源的政策，然而，在实施和执行这些政策方面存在重大挑战。养殖水生物种的野生近缘种数量正在减少，这表明，事实上保护政策在许多情况下都不起作用（见第2章）。

6.4　利益相关方参与分析

本节根据各国的区域、经济类别和水产养殖生产水平，分析国别报告对利益相关方角色的回应。

6.4.1　按地理区域划分的利益相关方对水生遗传资源的兴趣

在利益相关方对水生遗传资源的兴趣方面，几乎没有发现一致的区域间差异（表6-5）。北美洲和非洲的兴趣略高于世界其他地区。同样，基于经济类别或水产养殖生产水平，利益相关方的兴趣也没有明显的趋势（数据未显示）。

表 6-5 各区域利益相关方对水生遗传资源的兴趣
（按报告国分列的利益相关方角色百分比）

	非洲	亚洲	欧洲	拉丁美洲和加勒比地区	北美洲	大洋洲
水生保护区管理者	37	35	27	26	40	23
消费者	32	22	22	24	10	9
捐助者	45	34	23	44	25	63
养鱼户	57	39	49	42	75	44
鱼类孵化场人员	46	34	42	52	40	43
渔民	39	24	30	23	45	36
渔业和水产养殖协会	62	46	54	38	50	33
政府资源管理者	63	53	56	60	75	47
政府间组织	54	42	36	42	30	64
非政府组织	53	43	45	39	30	43
营销人员	33	26	24	31	75	16
政策制定者	60	47	70	35	75	29
合计	581	445	478	456	570	450

资料来源：为《世界粮食和农业水生遗传资源状况》编写的国别报告：对问题 31（$n=91$）的回应。

注：百分比根据每个国家从每个利益相关方群体可能感兴趣的 10 个角色的选择计算，每个区域内按所有国家的平均值计算。

6.4.2 按经济类别和水产养殖生产水平划分的利益相关方对水生遗传资源类型的兴趣

据报告，在物种层面，利益相关方对养殖的水生遗传资源及其野生近缘种的保护、可持续利用和开发的兴趣一直很高（69%～88%的回应国家，取决于利益相关方群体），渔业和水产养殖协会的兴趣最大（88%），紧随其后的是水生保护区管理者，渔民、政府资源管理者和非政府组织（各占 87%）（表 6-6）。在品系、种群和变种方面，回应国家报告称，利益相关方群体（占回应国家的 27%～77%）的兴趣较低，且变化较大，其中最感兴趣的是鱼类孵化场经营者（77%）、养鱼户（75%）和政府资源管理者（74%）。据报告，在基因组层面上，水生遗传资源的利益相关方的兴趣最低（根据利益相关方群体的不同，在回应国家中的比例从 0～33%不等）。报告的消费者和渔民的兴趣水平最低，这不足为奇（表 6 - 6）。

表 6 - 6　不同利益相关方群体感兴趣的水生遗传资源类型汇总，按回应国家数量和占回应国家总数的百分比（括号内）列出

利益相关方	感兴趣的遗传资源			
	物种	品系、种群和变种	基因组	其他
水生保护区管理者	79（87）	52（57）	14（15）	3（3）
消费者	76（84）	25（27）	1（1）	4（4）
捐助者	63（69）	45（49）	19（21）	12（13）
养鱼户	78（86）	68（75）	3（3）	6（7）
鱼类孵化场人员	78（86）	70（77）	19（21）	6（7）
渔民	79（87）	35（38）	0	1（1）
渔业和水产养殖协会	80（88）	55（60）	6（7）	5（5）
政府资源管理者	79（87）	67（74）	30（33）	13（14）
政府间组织	72（79）	52（57）	19（21）	7（8）
非政府组织	79（87）	53（58）	18（20）	6（7）
营销人员	75（82）	31（34）	2（2）	8（9）
政策制定者	78（86）	56（62）	25（27）	10（11）
合计	916	609	156	81
所有利益相关方群体的平均值	76（84）	51（56）	13（14）	7（7）

资料来源：为《世界粮食和农业水生遗传资源状况》编写的国别报告：对问题 31（n=91）的回应。

总之，利益相关方对水生遗传资源的兴趣在物种层面最大，在品系、种群和变种层面较低，在基因组层面最低。这些结果表明，利益相关方在不同类型的养殖物种及其野生近缘种的水生遗传资源保护、可持续利用和开发中所起的作用并不令人惊讶。问卷调查结果表明，例如，养鱼户和鱼类孵化场人员对水生遗传资源的品系、种群和变种特别感兴趣。然而，目前只有少数水产养殖子行业，尤其是三文鱼和罗非鱼养殖户，能够获得此类品种（Olesen 等，2007）。同样，很少有利益相关方对基因组层面的水生遗传资源感兴趣。

随着标记辅助选择和通过维护野生种群水平以保护水生遗传资源遗传多样性的重要性越来越明显，各方对此兴趣有望增加。

无论是按国家经济类别（表 6 - 7）还是按水产养殖生产水平划分（表 6 - 8），上述水生遗传资源的兴趣模式都保持相似。

总之，无论各区域、各国家经济类别的水产养殖生产水平如何，其利益相关方发挥的作用大体一致。

表 6-7　由所有利益相关方群体确定的国家对水生遗传资源的兴趣，按不同经济类别划分

国家经济类别	利益相关方感兴趣的国家（百分比）	感兴趣的水生遗传资源
发达国家	85	物种
	56	品系、种群和变种
	17	基因组
其他发展中国家	81	物种
	54	品系、种群和变种
	12	基因组
最不发达国家	88	物种
	59	品系、种群和变种
	17	基因组

资料来源：为《世界粮食和农业水生遗传资源状况》编写的国别报告：对问题 31（$n=91$）的回应。

表 6-8　由所有利益相关方群体确定的国家对水生遗传资源的兴趣，按水产养殖生产水平划分

水产养殖生产水平	利益相关方感兴趣的国家（百分比）	感兴趣的水生遗传资源
主要养殖国家	89	物种
	71	品系、种群和变种
	30	基因组
次要养殖国家	83	物种
	54	品系、种群和变种
	12	基因组

资料来源：为《世界粮食和农业水生遗传资源状况》编写的国别报告：对问题 31（$n=91$）的回应。

6.5　土著和当地社区

国别报告所依据的问卷包括一个单独的章节，请各国说明土著和当地社区在水生遗传资源方面所发挥的最重要作用。来自世界许多地方的土著和当地社区的个人受雇于水产养殖企业——孵化场、养鱼场和贸易商，以及从事水产养殖或保护水生遗传资源的公共部门和非政府组织。例如，在印度尼西亚和菲律宾等国家，据报告，土著和当地社区普遍存在小型孵化场和水产养殖生产。坦桑尼亚联合共和国的国别报告提到了社区参与鱼种生产、水产养殖生产者协会、鱼种销售，以及采集养殖鱼类的野生近缘种作为亲本。

在对上述问题作出回应的83个国家中，70个国家提供了土著和当地社区参与水生遗传资源管理活动的详细情况。一些国家（例如，阿根廷）报告称，虽然土著和当地社区参与了水生遗传资源的保护和利用，但其具体作用尚不清楚。由于战争等原因发生的移徙可能会对沿海地区和相关的水生遗传资源产生影响（例如，在萨尔瓦多，通过增加捕鱼活动和准入权限制对水生遗传资源施加影响）。然而，从提供详细信息的国家来看，许多国家的土著和当地社区显然参与了广泛的保护和管理活动。柬埔寨等一些国家指出原住民的知识经验在制定保护水生遗传资源政策中的重要性。其他国家指出了具体的活动，例如，帮助加强海洋保护区的保护，以及执行与渔具和捕捞季节有关的捕捞条例（例如，斯里兰卡）。提到的其他保护和管理活动包括支持基于养殖的渔业，例如，在南非将孵化场饲养的幼鱼放归野外，以支持枯竭的渔业。在澳大利亚和美国等国家，土著依法有权可持续利用水生遗传资源。

在国家或地理区域的经济阶层之间，关于社区的角色没有明显的共同差异。

巴西是土著社区在国家层面保护粮食和农业遗传资源方面发挥重要作用的一个例子，该国报告称：

……土著和当地社区的知识通常使他们能够可持续地利用自然资源。这些人与环境之间的关系代代相传，是生物多样性独特用途的重要信息来源。鱼类和其他水生生物没有区别。遗传资源的长期保护主要依靠水生环境保护。

回应国的报告显示，问卷中的开放式问题不够明确。一些回应国没有回答这个问题，因为他们的国家（例如，5个欧洲国家）没有土著社区。其他国家提供了有限的细节，说明这些社区的个人在孵化场和养鱼场的就业情况。答案也常常明示或暗示地表明，虽然受访者确信土著和当地社区在保护、可持续利用和开发水生遗传资源方面发挥了作用，但他们并不完全确定这一作用是什么（例如，社区“……在与其社区相邻的水体中保护遗传资源”或从事“保护活动”）。尽管作用不明确，土著和当地社区显然积极参与执行了关于破坏性渔具管理和海洋保护区维护的条例。

6.6　性别

国别报告包括对一个开放式问题的回应，该问题涉及妇女在水生遗传资源中的最重要作用，表6-9总结了这些作用。只有8%的报告国没有提供任何信息来回答这个问题，这些信息的缺乏与地理或国家经济地位无关。然而，经常指出妇女在农业劳动力中所占比例相对较小（例如，巴西13%；保加利亚10%），大多数最不发达国家和其他发展中国家提到，妇女在利用与水产养殖和渔业行业直接关联的水生遗传资源时发挥重要作用，例如，在孵化场，或在收获中、收获后加工或营销活动中。然而，许多这样的国家没有提及妇女在保护和管理水生遗传资源方面发挥的具体作用，这些没有提及的国家包括孟加拉国、贝宁、不丹和菲律宾。

表6-9　关于妇女在水生遗传资源保护、可持续利用和开发方面的角色的报告

角色	国家
未提供信息	阿尔及利亚、布基纳法索、加拿大、日本、帕劳、多哥、乌克兰
男性参与的所有类别	阿根廷、澳大利亚[①]、保加利亚[③]、智利、中国、克罗地亚、古巴、捷克、多米尼加共和国、厄瓜多尔、爱沙尼亚、芬兰、德国[④]、危地马拉、基里巴斯、拉脱维亚、挪威[③]、菲律宾、韩国、罗马尼亚、[③]萨摩亚、斯洛文尼亚、南非、汤加、美利坚合众国
很少（没有其他细节）	伯利兹、瓦努阿图[⑥]
财务	尼日尔
育种和孵化工作	亚美尼亚、孟加拉国、乍得、格鲁吉亚、匈牙利、印度尼西亚、塞内加尔、斯里兰卡、坦桑尼亚联合共和国
农事	孟加拉国、不丹、萨尔瓦多、印度、伊朗伊斯兰共和国、肯尼亚、马达加斯加[⑤]、莫桑比克、巴拉圭、塞内加尔、斯里兰卡、坦桑尼亚联合共和国
收获后处理	巴西[③]、布隆迪、佛得角、喀麦隆、刚果民主共和国、哥斯达黎加、塞浦路斯、萨尔瓦多、格鲁吉亚、匈牙利、印度、肯尼亚、老挝人民民主共和国、马拉维、墨西哥、摩洛哥、尼日尔、巴拉圭、塞拉利昂、斯里兰卡、苏丹、乌干达
交易和营销	贝宁[②]、不丹、布隆迪、佛得角、喀麦隆、刚果民主共和国、塞浦路斯、埃及、萨尔瓦多、斐济、格鲁吉亚、加纳、洪都拉斯、匈牙利、印度、印度尼西亚、肯尼亚、老挝人民民主共和国、马拉维、墨西哥、摩洛哥、尼加拉瓜、尼日尔、巴拉圭、秘鲁、塞拉利昂、斯里兰卡、坦桑尼亚联合共和国、泰国、乌干达、委内瑞拉玻利瓦尔共和国、赞比亚
食品准备和消费	孟加拉国、柬埔寨、秘鲁
贝类采集	贝宁[②]、摩洛哥、突尼斯
捕鱼	佛得角
渔业管理	佛得角、秘鲁
咨询	荷兰王国[③]
专业组织	多米尼加共和国、格鲁吉亚、摩洛哥
保护	布隆迪、佛得角、喀麦隆、斐济、洪都拉斯、秘鲁

（续）

角色	国家
倡导	不丹、斐济
非政府组织	格鲁吉亚、荷兰王国[③]、巴拿马
教育和推广	洪都拉斯、印度尼西亚、秘鲁、越南
政策制定	洪都拉斯、匈牙利、墨西哥、荷兰王国[③]、巴拿马、秘鲁
研究	亚美尼亚、斐济、格鲁吉亚、洪都拉斯、伊朗伊斯兰共和国、马来西亚、墨西哥、莫桑比克、荷兰王国[③]、巴拿马、秘鲁、委内瑞拉玻利瓦尔共和国

资料来源：为《世界粮食和农业水生遗传资源状况》编写的国别报告：对问题 31a（$n=92$）的回应。

注：此处利益相关方的角色是由各国自己确定的，因此与本书中其他地方使用的角色有所不同。

①妇女尤其参与营销和研究；②妇女在贸易和营销中占主导地位；③妇女在该行业中的作用很小；④妇女在生产中起次要作用；⑤妇女尤其较多参与海藻和海参生产；⑥妇女的参与需要改进。

相比之下，大多数发达国家表示，与其他经济活动一样，妇女充分融入水产养殖行业，并在产业链的各级和各个阶段发挥关键作用，包括亲本管理、种苗生产、养殖、收获、加工、研究、学术和政策制定。有时还会特别提到在法律上的性别平等。

一些作出回应的国家指出，它们对妇女在保护、可持续利用和开发水生遗传资源方面的作用缺乏了解。例如，菲律宾指出：

“妇女在鱼类收获前后参与水产养殖业的重要性很低，这导致妇女几乎不被视为水产养殖业的贡献者。然而，这些产前和产后活动在其经济和社会价值方面具有重要意义。这些活动包括：补网、上岸后对鱼类进行分拣、鱼类售卖、交易和市场零售（处理涉及廉价鱼类品种的小规模营销）、加工和保存（腌制或干燥），这些都被认为是妇女的任务。”

妇女似乎全面参与了与保护、可持续利用和开发水生遗传资源有关的所有活动。发达国家提到的活动范围比发展中国家更广。

参考文献

Brummett, R. E., Agnoni, D. E. & Pouomogne, V. 2004. On - farm and on - station comparison of wild and domesticated Cameroonian populations of *Oreochromis niloticus*. *Aquaculture*, 242: 157 - 164.

Lind, C. E., Brummett, R. E. & Ponzoni, R. W. 2012. Exploitation and conservation of fish genetic resources in Africa: issues and priorities for aquaculture development and research. *Reviews in Aquaculture*, 4: 125 - 141.

Lorenzen, K., Beveridge, M. C. M. & Mangel, M. 2012. Cultured fish: integrative biology and management of domestication and interactions with wild fish. *Biological Reviews*, 87: 639-660.

McGinnity, P., Prodöhl, P., Ferguson, A., Hynes, R., Ó Maoiléidigh, N., Baker, N., Cotter, D. ***et al.*** 2003. Fitness reduction and potential extinction of wild populations of Atlantic salmon *Salmo salar*, as a result of interactions with escaped farm salmon. Proceedings of the Royal Society of London Series B 270: 2443-2450.

Olesen, I., Rosendal, G. K., Bentsen, H. B., Tvedt M. W. &Bryde, M. 2007. Access to and protection of aquaculture genetic resources - strategies and regulations. *Aquaculture*, 272: 47-61.

Sevaly, S. 2001. Involving stakeholders in aquaculture policy - making, planning and management. *In* R. P. Subasinghe, P. Bueno, M. J. Phillips, C. Hough, S. E. McGladdery & J. R. Arthur, eds. *Aquaculture in the Third Millennium*. Technical Proceedings of the Conference on Aquaculture in the Third Millennium, Bangkok, 20 - 25 February 2000. NACA, Bangkok and FAO, Rome. pp. 83-93.

Youngson, A. F., Dosdat, A., Saroglia, M. & Jordan, W. C. 2001. Genetic interactions between marine finfish species in European aquaculture. *Journal of Applied Ichthyology*, 17: 153-162.

第7章

国家辖区内养殖水生物种及其野生近缘种水生遗传资源国家政策和立法

目的：第7章的目的是审查与养殖水生物种及其野生近缘种的水生遗传资源（AqGR）相关的国家政策和立法的现状和充分性，包括获取与利益共享。具体目标是：

- 描述现有的国家政策和法律框架，以保护、可持续利用和开发养殖水生物种及其野生近缘种的水生遗传资源；
- 审查当前国家有关水生遗传资源的政策和文件，以获取养殖水生物种及其野生近缘种的水生遗传资源，并公平、公正地分享其利用带来的利益；
- 确定目前与养殖水生物种及其野生近缘种的水生遗传资源相关的政策和立法中存在一些重大差距。

关键信息：

- 有一系列与水生遗传资源有关的粮食和农业政策，因为这些政策的管理包括对养殖、捕捞、繁殖和保护水生物种的管理。
- 对国家政策缺乏认识、缺乏技术能力和资源不足被确定为有效执行政策的关键差距。
- 尽管各国政策存在许多不同，但如果这些政策中，某些品种被视为低于物种级别时，这些政策在如何影响水生遗传资源方面存在差距。
- 国家政策的监测和执行往往受到缺乏人力和财政资源的制约。
- 由于水生遗传资源的独特特征，包括野生近缘种在水产养殖中的重要作用，以及养殖型的相对缺乏，水生遗传资源与其他农业行业的遗传资源相比，获取与利益共享将有所不同。
- 养殖水生物种的遗传改良通常由大型公司或机构在许多物种的原产地中心以外的地区进行，而不是由当地农村养鱼户进行。因此，在适用于长期开发的植物遗传资源的"农民权利"方面，养鱼户在水产养殖中获得遗传资源的权利远低于陆地系统中种植户获得遗传资源的"权利"。
- 各国在获取或进口遗传资源方面遇到了障碍，主要是由于本国的限制性国家立法。

7.1 引言

粮农组织《负责任渔业行为守则》（CCRF）规定了一系列指导原则和建议，作为国家立法和政策的基础（粮农组织，1995）。粮农组织理事会于1995年通过了CCRF，其中包括关于渔业管理、渔业作业、沿海地区管理、水产养殖发展、收获后做法，以及在贸易、国际合作和研究方面需要的条款，特别是对发展中国家。每两年成员都向粮农组织渔业委员会（COFI）报告其在实施CCRF方面的进展情况。然而，很少有国家专门报告低于物种级别的水生遗传资源情况。在与编写报告有关的讨论中，粮农组织水生遗传资源和技术咨询工作组（AWG AqGR/T）建议制定一个最低要求框架，把低于物种级别的水生遗传资源纳入其中，以协助各国制定关于水生遗传资源的政策，该框架已经制定和发布（粮农组织，2018）（见插文24）。

插文24 可持续管理、开发、保护和利用水生遗传资源的最低要求框架

粮农组织渔业委员会第31届会议设立了粮农组织渔业委员会水生遗传资源和技术咨询工作组，以向粮农组织提供咨询意见并加强水生遗传资源方面的国际合作。粮农组织渔业委员会水生遗传资源和技术咨询工作组建议制定一个最低要求框架（粮农组织，2016a），以协助各国管理其水生遗传资源，并指出，往往因缺乏对一系列问题的具体指导，限制了水生遗传资源的有效利用和保护。

该框架（粮农组织，2018）是在与粮农组织渔业委员会水生遗传资源和技术咨询工作组*进一步协商后制定的，包含5个主要组成部分：①信息和数据库；②治理、政策和规划；③基础设施和设备；④能力建设和培训；⑤扶持私营部门。

信息和数据库部分要求：

①水生遗传资源的信息：

a. 用标准名称和术语记录的国内养殖的物种名录，包括非本地物种

b. 本地和非本地水生遗传资源及其分布的清单或名录

c. 要保护的重要本地水生遗传的列表和地图

②遗传技术信息：

a. 可接受技术的目录及其使用制约因素

③水生遗传资源对社会和环境影响的信息：

a. 哪些养殖场（以及有多少）使用特定养殖型的监测方案

b. 养殖型对人类福祉影响的监测方案

c. 养殖型对环境影响的监测方案

④一般信息：

a. 水生遗传资源实验室、机构和卓越中心名录

b. 向利益相关方和公众传播信息的沟通计划

c. 关于水生遗传资源的单个易于访问的数据库或信息系统，包括上述元素

d. 权威的技术和概念词汇表

治理、政策和规划部分要求：

①指定管理和监督水生遗传资源的主管机构

②权威性国家政策工具

③将水生遗传资源纳入国家水产养殖策略或发展计划

④将水生遗传资源纳入水产养殖管理政策

⑤水生遗传资源开发和管理综合指南，包括水产养殖和水生遗传资源利用分区

⑥执行策略

⑦人类福祉：

a. 将关于治理、期限和人权的国际文件纳入国家立法

b. 国家食品安全和质量监督机构

⑧促进私营企业和研究部门（学术界和政府）的许可和报告制度

⑨与区域和国家或实体建立联系，以协调政策和实践，改善共享水生遗传资源的管理

⑩政府部门、私营企业和其他利益相关方之间有效和透明的接触，其中包括政策和技术信息的交流

基础设施和设备部分要求：

①考虑到伙伴关系和经济规模的所有基础设施的开发、利用和维护的计划

②获取亲本开发和管理设施**

③利用生物安全设施对水产养殖物种进行遗传管理或遗传改良，包括有效标记、标示和识别

④获取遗传改良品系的增殖和传播中心

⑤获取遗传鉴定和诊断实验室

⑥检疫和兽医设施

⑦研究、推广和培训中心

扶持私营部门部分要求：

①制定地方政策和实务，为水产养殖业创造有利环境

②制订水产养殖发展计划，为行业提供明确指导

③从政府或学术推广机构层面，或在没有国家服务的情况下从国际机构层面建立有效的推广服务

④创办行业参与政府决策和政策制定的论坛

⑤上述所有组成部分都需要能力建设，有效的推广服务将有助于能力建设。

*通过2017年9月27—29日在赞比亚卢萨卡举办的SADC-WORLDFISH-FAO水产养殖遗传学研讨和粮农组织“水产养殖水生遗传资源可持续利用、管理和保护框架”验证研讨会，进一步修订了该框架。非常感谢德国政府对制定《水产养殖水生遗传资源可持续利用、管理和保护框架》的支持。

**考虑到与其他国家的设施建立伙伴关系，并充分利用规模经济效应，只要该国能够“使用”基础设施，就可能不需要在该国开发所有基础设施。如果水生遗传资源是从另一个国家进口的，该国将需要相应的检疫和生物安全设施。

由于水产养殖业的出现相对较晚，相对缺乏驯化和改良的养殖型，很少有关于直接与水产养殖相关的政策制定的研究。这与植物遗传资源形成对比，国际食物政策研究所等机构正在推动制定遗传资源扶贫政策，国际生物多样性中心正在积极制定获取与利益共享政策（Lewis-Lettington等，2006）。

由于水生遗传资源包括养殖、繁殖、捕捞和保护的水生物种，因此与之相关的管理政策范围非常广泛。1998年在意大利举行的“制定保护和可持续利用水生遗传资源的政策”国际会议上指出，世界上大多数地区普遍缺乏关于水生遗传资源的国家立法（Pullin、Bartley和Kooiman，1999）。在捕捞渔业和水产养殖的物种层面上，已经制定了较好的政策，例如，制定捕捞渔业捕捞限额和季节限制的政策（粮农组织，2003）或管制被认为是入侵物种的进出口政策（Bartley和Halwart，2006）。在德国关于保护和可持续利用水生遗传资源的国家技术方案中，水生遗传资源没有单独的政策或立法，它在很大程度上受渔业、环境、自然保护和消费者保护政策的制约（德国联邦食品、农业和消费者保护部，2010）。其他国家也可能存在类似的情况。该报告总结了国际组织、欧洲联盟和国家监管框架以及国际区域协定所发挥的作用。这类信息很难从其他国家的文献中获得，但在提交给粮农组织的许多国家报告中都有提供。

通常，促进渔业和水产养殖发展的部委和政策（例如，使用和交流水生遗传资源）可能与促进养护的部委和政策相冲突（见第3章），使用非本地物种就是一个例子。陆地农业行业主要基于数千年前驯化的非本地物种，随后在世界各地迁移，几乎不考虑环境风险。水产养殖和水生物种驯化的近期发展，是在环保意识和现有食品生产行业的背景下进行的（Bartley等，2007）。因此，与开发和交流陆地遗传资源的过程相比，当今开发和使用水生遗传资源的政策环境更加严苛。

预防性方法（粮农组织，1996），包括环境影响评估和风险分析，为衡量发展行动所带来的风险和收益提供了一种手段（Arthur等，2009）。这种方法有时被纳入国家政策，允许在适当考虑环境和生物多样性的情况下发展水产养殖和开发水生遗传资源。

报告中已提出建议，指出政策和立法应尽可能权力分散，以考虑到当地社区的需要和能力。然而，当地的做法往往与国际条约或文书不一致（见第 9 章和 Barlow，2016）。例如，《濒危野生动植物种国际贸易公约》（CITES）附录[①]所列物种的本地贸易在一个国家内可能是合法的，但如果该物种要在国际上交易，则需要获得特别许可。

本章审查了关于水生遗传资源的国家政策和立法的现状及充分条件。还讨论了获取水生遗传资源所产生的利益及利益共享。

7.2　国家政策和立法概述

大多数国别报告是由《生物多样性公约》（CBD）签署国提交的（73%的国家报告了与国际协定相关的内容；见第 9 章）。根据该公约，各国必须制定国家生物多样性战略行动计划（NBSAP）[②]。NBSAP 的重点主要放在水生生物的物种级别。一些国家的立法包含保护遗传独特的物种种群的相关内容，这些种群具有特殊的进化重要性（见插文 25）。

插文 25　保护低于物种级别的水生遗传资源

尽管国家立法保护通常针对物种级别，但在美国，《濒危物种法》（ESA）承认太平洋鲑的遗传重要种群达到“物种”级别，因此有资格根据该法案获得保护。根据 ESA，一个物种、亚种或一个特有种群段（DPS）可能被列为受威胁或濒危物种。北美西海岸的许多太平洋鲑和硬头鳟（*Oncorhynchus* spp.）种群数量大幅下降，仅为其历史丰度的一小部分（美国国家海洋渔业局，2016）。这些种群下降的原因包括过度捕捞、关键栖息地的丧失、水电设施、海洋条件变化和鱼类孵化场操作问题。因此，美国国家海洋渔业局将加利福尼亚州、爱达荷州、俄勒冈州和华盛顿州的 28 种鲑鱼和硬头鳟列为 ESA 规定的“濒危物种”。

根据美国联邦政策指南：“这类鲑鱼种群在繁殖上与其他同种种群基本隔离，是生物物种进化遗产的重要组成部分，被认为是 ESU（进化上重要的单元）。”根据《濒危物种法》，一些太平洋鲑鱼种群将被视为 ESU 和 DPS，因此是有资格获得保护的“物种”。

---

① https：//www.cites.org（2019 年 1 月 9 日引用）。

② https：//www.cbd.int/nbsap（2019 年 1 月 9 日引用）。

各国报告了总共619项涉及粮食和农业水生遗传资源的政策和法律文书（图7-1）。许多国家都制定了渔业管理计划，规定了捕捞活动的时间和额度。例如，菲律宾列出了几项关于两栖动物、鳍鱼和贝类的国家政策。在全球范围内，大多数政策主要针对物种层面，然而，也有一些政策低于物种级别的例子（见插文25中美国的例子）。

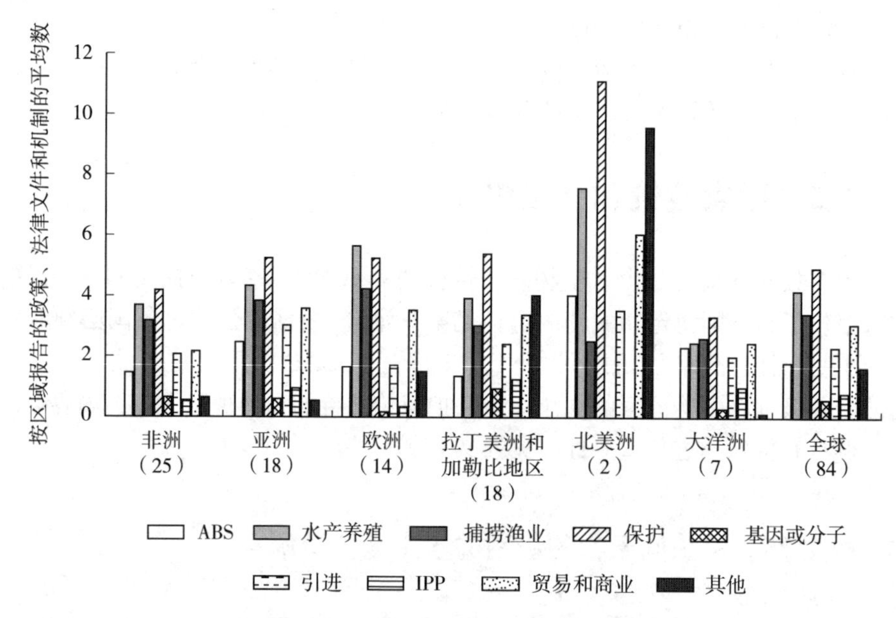

图7-1　处理跨区域水生遗传资源问题的国家法律文件、政策和机制的程度和范围概览

资料来源：为《世界粮食和农业水生遗传资源状况》编写的国别报告：对问题32（$n=84$）的回应。
注：ABS=获取与利益共享；IPP=知识产权保护。括号内的数字表示每个区域报告国家的数量。

提请各国查明政策覆盖范围的差距或执行政策的制约因素。从68个国家收到了不同的回应。回应国报告称，缺乏对国家政策的认识、缺乏技术能力和资源不足是有效实施政策的关键差距。他们面临的根本挑战是，大多数立法往往没有具体提及水生遗传资源，而是涉及栖息地和物种层面的生物多样性。虽然在立法及其实施中隐约提示了将水生遗传资源保护在物种级别以下，但很不明确，甚至在水生生物保护和水生生物保护区的立法中也是如此。因此，除了澳大利亚和摩洛哥报告的具体的研究和开发项目外，在这一级别上几乎没有对水生遗传资源进行任何监测。

确定的其他政策差距包括：

- 跨界水域（孟加拉国、泰国）；
- 水生遗传资源进出口政策（乌干达）；

- 缺乏长期的水产养殖发展政策（哥伦比亚）；
- 缺乏育种和遗传操纵政策（保加利亚）；
- 不涉及现代遗传学的过时政策（莫桑比克、巴拿马）；
- 缺乏应对气候变化的政策（埃及）；
- 缺乏所执行机构方案的客观评价机制（墨西哥）；
- 缺乏帮助发展该行业的财政补贴（罗马尼亚）；
- 遗传资源所有权不明（塞内加尔）；
- 缺乏协调立法的机制（赞比亚）。

此外，一些国家报告称，由于缺乏人力资源和财政支持，在监督和执行国家政策方面出现了重大问题。在拥有大量湿地和沿海地区的国家（例如，巴西和印度尼西亚），“监督环境法的实施以保护遗传资源是一项艰巨的任务”（巴西）。

7.3　获取与利益共享

2010 年通过了《生物多样性公约》关于获取遗传资源和公平公正分享遗传资源利用所产生惠益的《名古屋议定书》，作为《生物多样公约》的补充协议[①]。《名古屋议定书》为有效实施《生物多样性公约》的第三个目标提供了法律框架，即公平和公正地分享利用遗传资源产生的惠益，从而促进生物多样性的保护和可持续利用。另一个资源获取与利益共享工具是《粮食和农业植物遗传资源国际条约》[②]。该条约由粮食和农业遗传资源委员会（CGRFA）根据《生物多样性公约》制定，并于 2001 年由粮农组织大会通过。条约包括“农民权利”的概念，还涉及惠益分享。农民权利是指承认农民过去、现在和将来在保护、改善和提供植物遗传资源，特别是在多样性中心的植物遗传资源方面作出的贡献所产生的权利。这些权利包括传统知识的保护、平等参与惠益分享和参与国家植物遗传资源决策的权利。

CGRFA 编制了一份由国际技术和法律专家编写的指南（称为《ABS 要素》，附有解释性说明），以促进国内实施粮食和农业遗传资源（包括水生遗传资源）各相关行业的获取与利益共享（ABS），（粮农组织，2019）。获取与利益共享要素旨在帮助正在考虑制定、调整或实施水生遗传资源措施的政府考虑到遗传资源对粮食和农业的重要性、遗传资源对粮食安全的特殊作用以及不同行业（包含水生遗传资源）的独特特征，同时酌情遵守国际获取与利益共享文书。

水产养殖和渔业需要特别考虑获得水生遗传资源以及分享其利用带来的惠

---

① https：//www.cbd.int/abs（2019 年 1 月 9 日引用）。

② http：//www.fao.org/3/a－i0510e.pdf（2019 年 1 月 9 日引用）。

益。与植物育种不同，数千年来，改良品种的驯化和管理往往是由于养鱼户使用和改良遗传资源而产生的，许多商业水生物种的驯化和遗传改良并不是在原产地中心进行的，也不是当地养鱼户努力的结果（Bartley 等，2009）。水生遗传资源的遗传改良通常是由相对大型的私营企业或公共部门组织实施的先进育种方案所产生的结果。

例如，在夏威夷群岛（美国）的生物安全地区建立了一种特异性病原体抗性虾品系；原产于日本的太平洋牡蛎（*Crassostrea gigas*）的遗传改良发生在北美、澳大利亚和新西兰；一种原产于非洲的罗非鱼的遗传改良发生在菲律宾（Bartley 等，2009）。因此，农民权利所涉及的农村人在物种原产地中心内或外，维持和开发当地遗传资源的时间通常超过许多代人（Andersen 和 Winge，2003），而水产养殖发展早期阶段的水生遗传资源没有经历相关的开发历程。

7.3.1 获取水生遗传资源的指导原则

《生物多样性公约》缔约方会议已确认，粮食和农业遗传资源对于满足人类对粮食的需求和支持生计至关重要，并具有许多独特的特点（粮农组织，2019）。这些特点包括：农民管理（以及渔民管理）；国家之间（在某些子行业）的相互依赖性增强；物种内的遗传多样性与物种间的遗传多样一样重要（如第 2 章所述，水生遗传资源的遗传多样程度低于陆地遗传资源）；保存基因库或作为育种材料的许多资源（与陆地相比，水生遗传资源的情况也不那么严重）；环境与遗传资源之间的相互作用以及农业（包括水产养殖）生态系统内的管理做法，有助于生物多样性的动态组合。

《名古屋议定书》明确承认粮食和农业遗传资源对粮食安全的重要性，其独特的特点和问题需要独特的解决办法。《名古屋议定书》在其业务条款中要求缔约方在制定和执行其 ABS 协议时考虑这些因素。本议定书有助于生物多样性的保护和可持续利用，为获取遗传资源创造更可预测的条件，并有助于确保遗传资源离开提供遗传资源的缔约方后的惠益分享。

《名古屋议定书》缔约方还应创造条件，促进和鼓励有助于保护和可持续利用遗传资源的研究。《名古屋议定书》并不妨碍其缔约方制定和执行其他相关的国际协定，前提是这些协定支持《生物多样性公约》和《名古屋议定书》的目标，并且不违背这些目标。

在一些地区已经确立了指导获取本地遗传资源的原则。有关准入的关键原则包括事先知情同意和明确界定的利益分配。尽管该协议早于《名古屋议定书》，也没有专门针对水生遗传资源，但一个众所周知的例子涉及哥斯达黎加和国际制药公司默克双边 ABS 协议。这个例子表明用于促进哥斯达黎加获得本地生物多样性的指南和原则包括：获得遗传资源许可证；相关方的登记；访问请求；以及提供者和利益相关方之间事先知情同意协议的制定和管理（Coughlin，1993）。哥斯达黎加和默克公司之间的协议在许多领域可能无法复制，因为它依赖强大的财务合作伙伴。许多希望获取水生遗传资源的团体，他们的资源并不充足。

根据具体情况，制定了可以管理遗传资源交换规则的材料转让协议（MTA）。这些文件概述了获取遗传资源的一般条件和义务，并应考虑到 ABS 和生物安全问题。CGIAR（前身是国际农业研究磋商组织）的世界鱼类中心，他们在分发遗传改良养殖罗非鱼之前，需要 MTA。插文 26 中的原则和义务已由粮农组织推广（Bartley 等，2008），无论寻求遗传资源的实体是本国还是外国，插文 26 都将适用。

插文 26　获取水生遗传资源的材料转让协议的指示性要素

计划进口新物种或外来物种的国家应寻求在 MTA 下进行交易。MTA 应确认收件人同意：

- 遵守《生物多样性公约》和粮农组织《负责任渔业行为守则》的规定；
- 防止种质进一步分布到可能对环境产生不利影响的地点；
- 不主张对收到的材料拥有所有权，也不寻求对种质或相关信息的知识产权；
- 确保向其提供种质样本的任何后续人员或机构受相同规定的约束；
- 遵守该国的生物安全和进口条例以及受援国关于遗传材料释放的任何规则；
- 遵守检疫协议；
- 如果种质转移到国外，应遵守国际准则（见第 9 章）。

资料来源：世界鱼类中心（www.worldfishcenter.org）；Bartley 等，2008；粮农组织，2019。

7.3.2　促进和限制获取水生遗传资源

本节审查了各国在其国别报告中对其主权权利的回应，以确定获取水生遗传资源的权限。在基因组、种群、品系或变种以及物种级别上，在各国报告中的权限差异较大，有不受限制的，也有严格限制的。例如，在德国，没有根据《生物多样性公约》第 15 条或《名古屋议定书》限制获取遗传资源的立法，而在马拉维，除非获得国家批准，否则获取遗传资源受到高度限制。

某些国家确定了限制获取的个别物种。泰国限制获取袖珍链条鳅（*Botia sidthimunki*）、穗须原鲃（*Probarbus jullieni*）、巨暹罗鲤（*Catlocarpio siamensis*）、美丽硬仆骨舌鱼（*Scleropages formosus*）、湄公河巨鲇（*Pangasianodon gigas*）和小鳞拟松鲷（*Datnioides microlepis*）（其中一些物种在CITES附录1中，也限制了国际贸易）。一些国家还确定了对特定规格或生命周期阶段的限制，主要与渔业管理有关，而不是作为具体的ABS措施。一些国家规定了保护水生遗传资源的具体政策或法案。

据报告，物种级别的水生遗传资源通常存在准入限制（图7-2）。当各国按区域和水产养殖生产水平分组时，也可以看到这一趋势。国家集团之间没有明显差异。例如，主要生产国与次要生产国相比，并没有更多的限制准入（数据未显示）。

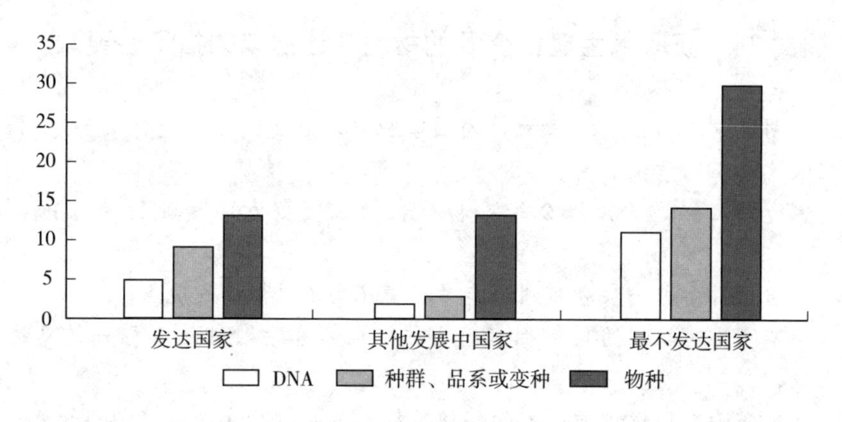

图7-2　报告不同类型水生遗传资源获取限制的频率，按国家经济类别划分

资料来源：为《世界粮食和农业水生遗传资源状况》编写的国别报告：对问题34（$n=55$）的回应。

尽管在某些情况下，获取水生遗传资源受到限制，但各国也报告了为保持或加强从其他国家获取水生遗传资源而采取的行动（图7-3）。总的来说，活体样本是最常报告的生物类群，其促进获取的行为最为常见，其次是胚胎、基因、脱氧核糖核酸（DNA）和配子（图7-3）。当各国按区域、经济类别和水产养殖生产水平分组时，这一趋势类似（数据未显示）。促进活生物体获取的优势与这种形式的遗传资源在国家间交流中的优势相一致（见第2章，包括图2-39）。

7.3.3　获取水生遗传资源的障碍

寻求获取水生遗传资源的国家也会遇到障碍。据报告最广泛的障碍是水生遗

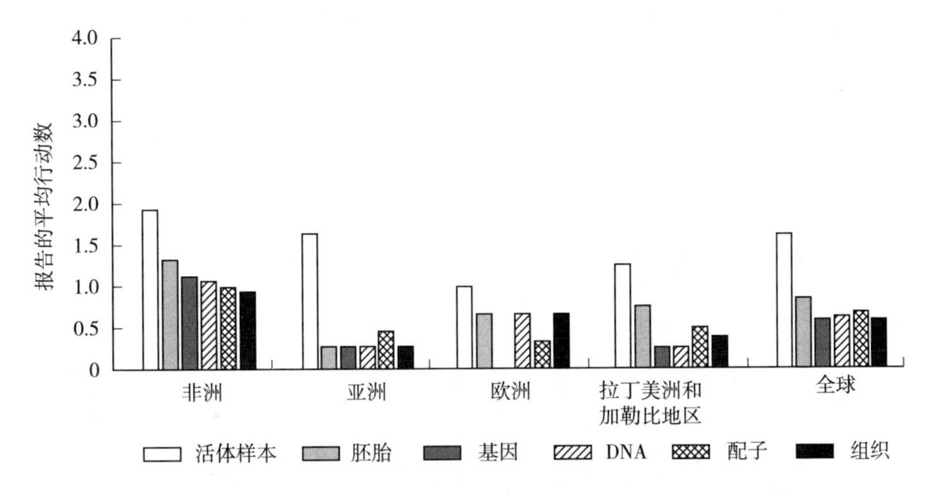

图7-3　过去10年（即2007—2017年），每个国家（按区域）为促进其他国家获取水生遗传资源而采取的平均行动数量，例如，通过建立种质获取协议或材料转让协议

资料来源：为《世界粮食和农业水生遗传资源状况》编写的国别报告：对问题35（n=37）的回应。

注：北美没有相关数据报告。

传资源接受国的国家立法；然而，输出国的立法也被视为一个障碍（图7-4）。除其他内容外，国家立法可能特别包含与获取与利益共享有关的文书，但调查问卷没有进一步得出关于具体类型立法的结论。缺乏知识被认为是另一个总体的重要障碍。区域集团的分析显示了类似的模式，但据报告，在亚洲，输出国法律和费用是获取水生遗传资源的主要障碍（图7-5）。这一发现表明，一些国家

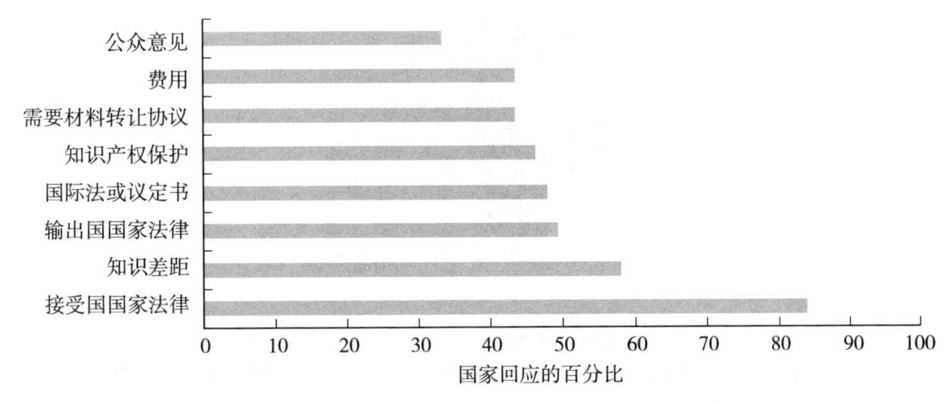

图7-4　从其他国家获取水生遗传资源时遇到的障碍类型

资料来源：为《世界粮食和农业水生遗传资源状况》编写的国别报告：对问题36（n=69）的回应。

立法对水生遗传资源的交易进行了控制，但无法从这一分析中确定这一立法是否有效，是否基于对风险和收益的适当评估。

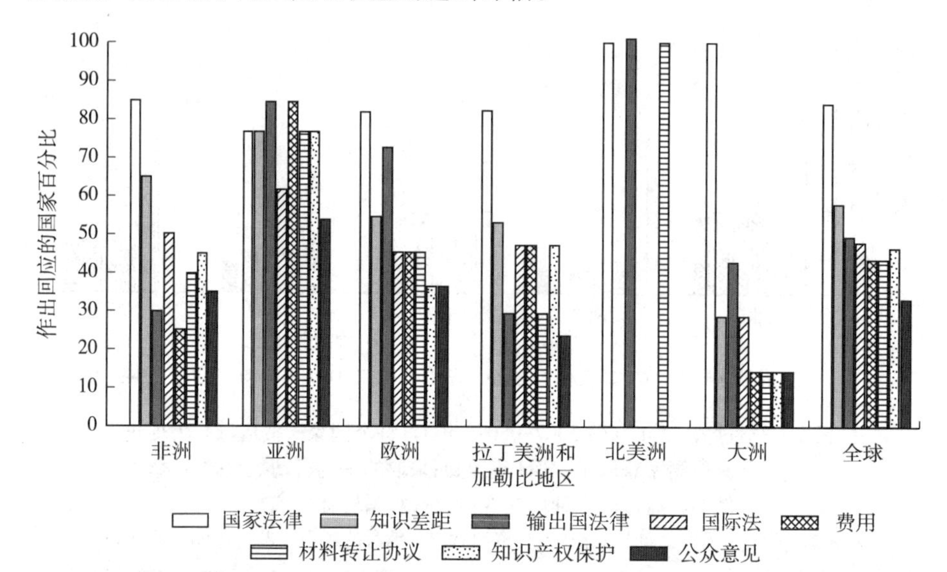

图 7-5　从其他国家获取水生遗传资源方面遇到的障碍类型，按区域划分

资料来源：为《世界粮食和农业水生遗传资源状况》编写的国别报告：对问题 36（n=69）的回应。

物种作为水生遗传资源的类型，遇到了大多数获取障碍（47%）（图 7-6），但大约三分之一的回应中也提到了获取品系的障碍。有 18%的国家报告其在获取 DNA 方面存在问题。

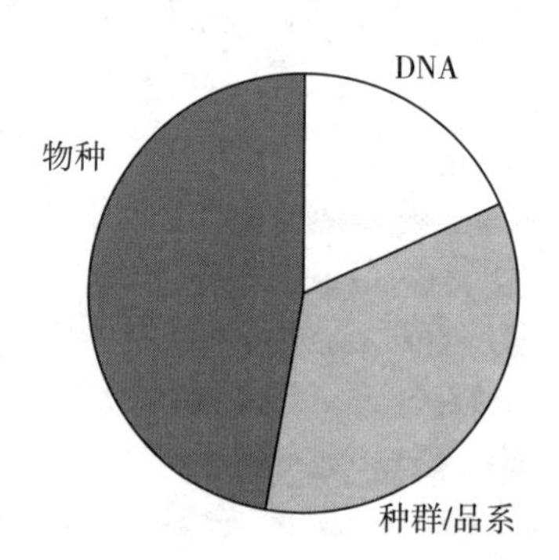

图 7-6　按水生遗传资源类型划分的获取障碍占比

资料来源：为《世界粮食和农业水生遗传资源状况》编写的国别报告：对问题 36（n=69）的回应。

注：回应比例基于国家和障碍类型的回应总数。

参考文献

Andersen, R. & Winge, T. 2003. *Realising farmers' rights to crop genetic resources: success stories and best practices*. EarthScan from Routledge.

Arthur, J. R., Bondad - Reantaso, M. G., Campbell, M. L., Hewitt, C. L., Phillips, M. J. & Subasinghe, R. P. 2009. *Understanding and applying risk analysis in aquaculture: a manual for decision - makers*. FAO Fisheries and Aquaculture Technical Paper No. 519/1. Rome, FAO. 113 pp. (also available at www. fao. org/ docrep/012/ i1136e/i1136e00. htm).

Barlow, C. 2016. Conflicting agendas in the Mekong River: mainstream hydropower development and sustainable fisheries. *In* W. W. Taylor, D. M. Bartley, C. I. Goddard, N. J. Leonard & R. Welcomme, eds. *Freshwater, fish, and the future: proceedings of the global cross - sectoral conference*, pp. 281 - 288. FAO, Michigan State University and the American Fisheries Society, Bethesda, USA. (also available at www. fao. org/3/a - i5711e. pdf).

Bartley, D. M. & Halwart, M. comps., eds. 2006. *Alien species in fisheries and aquaculture: information for responsible use* [CD - ROM]. Rome, FAO. (also available at www. fao. org/fi/oldsite/eims _ search/1 _ dett. asp? calling=simple _ s _ result & lang= en&pub _ id= 224467).

Bartley, D. M., Brugère, C., Soto, D., Gerber, P. & Harvey, B. eds. 2007. *Comparative assessment of the environmental costs of aquaculture and other food production sectors: methods for meaningful comparisons*. FAO Fisheries Proceedings No. 10. Rome, FAO. 241 pp. (also available at http: //www. fao. org/3/a1445e/a1445e00. htm).

Bartley, D. M., Brummett, R., Moehl, J., Ólafsson, E., Ponzoni, R. & Pullin, R. S. V., eds. 2008. *Pioneering fish genetic resource management and seed dissemination programmes for Africa: adapting principles of selective breeding to the improvement of aquaculture in the Volta Basin and surrounding areas (trilingual)*. CIFAA Occasional Paper No. 29.

Bartley, D. M., Nguyen, T. T., Halwart, M. & De Silva, S. S. 2009. Use and exchange of AqGR in aquaculture: information relevant to access and benefit sharing. *Reviews in Aquaculture*, 1: 157 - 162.

BMELV. 2010. *Aquatic genetic resources. German national technical programme on the conservation and sustainable use of aquatic genetic resources*. Federal Ministry of Food, Agriculture and Consumer Protection. Berlin. 75 pp. (also available at https: //www. bmel. de/SharedDocs/Downloads/EN/Publications/AquaticGeneticResources. pdf? _ blob = publicationFile).

Coughlin, T. R., Jr. 1993. Using the Merck - INBio agreement to clarify the Convention on

Biological Diversity. *Columbia Journal of Transnational Law*, 31 (2): 337 - 375.

FAO. 1995. *Code of Conduct for Responsible Fisheries*. Rome. (also available at www.fao.org/3/v9878e/V9878E.pdf).

FAO. 1996. *The precautionary approach to fisheries management and species introduction*. FAO Technical Guidelines for Responsible Fisheries No. 2. Rome. (also available at www.fao.org/3/W3592E/w3592e00.htm#Contents).

FAO. 2003. *The ecosystem approach to fisheries*. FAO Technical Guidelines for Responsible Fisheries. No. 4, Suppl. 2. Rome. 112 pp. (also available at www.fao.org/3/a - y4470e.pdf).

FAO. 2016a. *Report of the first session of the COFI Advisory Working Group on AqGR and Technologies, Brasilia, Brazil, 1 - 2 October 2015*. FAO Fisheries and Aquaculture Report No. R1139. Rome. (also available at www.fao.org/3/a - i5553e.pdf).

FAO. 2018. *Aquaculture Development 9. Development of aquatic genetic resources: A framework of essential criteria*. TG5 Suppl. 9. Rome. 88 pp. (also available at http://www.fao.org/3/CA2296EN/ca2296en.pdf).

FAO. 2019. *ABS Elements: Elements to facilitate domestic implementation of access and benefit - sharing for different subsectors of genetic resources for food and agriculture - with explanatory notes*. FAO, Rome. 84 pp Licence: CC BY - NC - SA 3.0 IGO. (also available at http://www.fao.org/3/ca5088en/ca5088en.pdf).

Lewis - Lettington, R. J., Muller, M. R., Young, T. R., Nnadozie, K. A., Halewood, M. & Medaglia, J. C. 2006. *Methodology for developing policies and laws for access to genetic resources and benefit sharing*. Rome, International Plant Genetic Resources Institute. 35 pp.

National Marine Fisheries Service - West Coast Region (NMFS). 2011. Central Valley Recovery Domain. 5 - year review: summary and evaluation of Sacramento River winter - run Chinook salmon ESU. Long Beach, California, USA. NMFS (also available https://repository.library.noaa.gov/view/noaa/15458).

Pullin, R. S. V., Bartley, D. M. & Kooiman, J., eds. 1999. *Towards policies for conservation and sustainable use of AqGR*. ICLARM Conference Proceedings, 59. Manila.

第8章

国家辖区内水生遗传资源研究、教育、培训和推广：协调、网络和信息

目的： 本章的目的是审查国家研究、教育、培训和推广，协作和网络安排以及信息系统的现状和充分性，以支持用于粮食和农业的养殖水生物种及其野生近缘种的水生遗传资源（AqGR）的保护、可持续利用和开发，特别是：

- 描述养殖水生物种及其野生近缘种水生遗传资源保护、可持续利用和开发的研究、培训、推广和教育的现状、未来计划、差距、需求和优先事项；
- 描述现有或计划中的国家网络，以保护、可持续利用和开发养殖水生物种及其野生近缘种的水生遗传资源；
- 描述现有或计划中的信息系统，以保护、可持续利用和开发养殖水生物种及其野生近缘种的水生遗传资源。

关键信息：

- 几乎所有国家都报告称，至少有一个研究机构负责保护、可持续利用和开发水生遗传资源，其中大多数国家指出，水生遗传资源的研究属于国家研究项目。
- “水生遗传资源基础知识”是最常被报告的研究领域，在加强研究相关能力方面，“水生遗传资源表征及监测”和“水生遗传资源遗传改良”排名最高。
- 90%的国家报告至少有一个培训和教育中心负责保护、可持续利用和开发水生遗传资源。
- 据报告，全球一级培训的主要领域是“遗传资源管理”“水生遗传资源保护”和“水生遗传资源表征和监测”。
- 各国报告了大量的部门间协作机制，但各国也报告需要建设能力以加强部门间协作，特别是需要提高机构的技术能力，提高认识和加强信息分享。
- 大多数国家，特别是主要生产国，列出了大量的国家网络和信息系统，表明可以利用这些网络和系统来分享关于水生遗传资源的信息。这些网络和系统的最重要目标是改善水生遗传资源的信息交流，提高水生遗传资源表征和监测的能力。
- 国家信息系统通常集中于物种层面的水生遗传资源。据报告，这些系统的主要用户是学术界和政府资源管理者。

8.1 引言

适当的能力、知识和技能是更好地表征、可持续利用、开发和保护对粮食和农业至关重要的水生遗传资源，从而支持生计和国民经济的关键要求。相关知识和技能，包括国家、次区域和区域各级的知识和技能将有助于确保为子孙后代可持续管理这些资源。

水产养殖的应用科学研究及其发布和推广是该行业长期可持续发展的关键，目的是提高全球水产养殖的价值、竞争力和可持续性。研究应通过涉及一系列学科的综合研究，包括遗传学、生理学、健康、营养、环境和食品科学，改善和增加水产养殖的产量。此外，教育、培训和能力建设是水产养殖业可持续发展的交叉主题。可以在世界各地开发、推广和应用知识创造的培训和推广材料、指南和具体方法；正在进行的研究与所有国家相关，无论其发展水平或当前水产养殖生产水平如何。

本章旨在审查有关水生遗传资源的教育和培训情况，并报告可提高水生遗传资源利用和保护知识的行动。国别报告还确定了具体的需求、差距、限制和制约因素，各国和发展伙伴应解决这些问题，以确定有关改进水产养殖的教育、研究和培训的适当和可行的切入点。

8.2 水生遗传资源研究

在问卷中，关于各国目前的国家研究方案是否达到养殖水生物种及其野生近缘种水生遗传资源的保护、可持续利用和开发要求的问题，在92个作出回应的国家中，有80%的国家报告称水生遗传资源被纳入了国家研究方案（图8-1）。

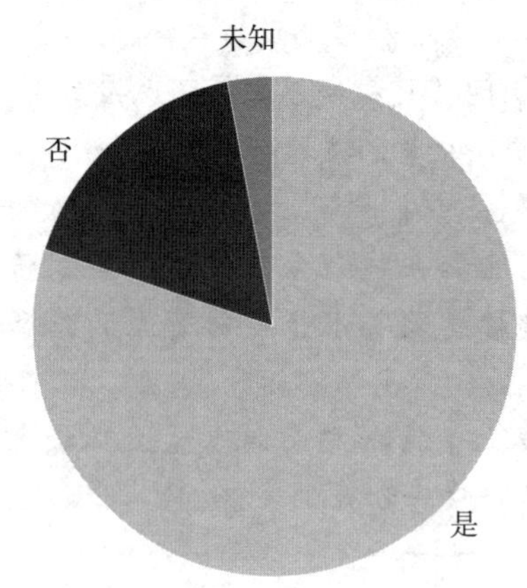

图8-1 将水生遗传资源的保护、可持续利用和开发纳入国家研究方案的回应国比例

资料来源：为《世界粮食和农业水生遗传资源状况》编写的国别报告：对问题37（$n=90$）的回应。

大多数国家（>80%）报告了支持水生遗传资源管理的国家研究方案，区域之间（表 8-1）或国家经济类别之间（表 8-2）没有明显差异。基于经济类别的国家分析没有显示出实质性差异（表 8-2）。

问卷还要求被调查国家提供关于现有或计划中的水生遗传资源研究方案的补充信息。许多国家加入了关于其现有或计划的方案和行动的详细信息，这些方案和行动通常由学术界和研究机构与政府密切合作实施。国家研究方案涵盖的主题的报告实例包括：保护和可持续利用水生遗传资源（德国联邦食品、农业和消费者保护部，2010；Dekker 和 Beaulaton，2016；Wennerström、Jansson 和 Laikre，2017）；谱系起源分析；养殖和野生水生遗传资源的遗传结构（Horváth 等，2013）；遗传改良（Ali 等，2017；Mwanja 等，2016）；产业发展（Stévant、Rebours 和 Chapman，2017）。

表 8-1 支持保护、可持续利用和开发养殖水生物种及其野生近缘种水生遗传资源的国家研究方案的报告水平，按区域划分

区域	是	否	未知
非洲	19	7	1
亚洲	18	1	1
欧洲	13	2	1
拉丁美洲和加勒比地区	13	5	0
北美洲	2	0	0
大洋洲	7	0	0
合计	72	15	3

资料来源：为《世界粮食和农业水生遗传资源状况》编写的国别报告：对问题 37（$n=90$）的回应。

注：是=有支持研究方案的国家数量；否=没有支持研究方案的国家数量。

表 8-2 支持养殖水生物种及其野生近缘种的水生遗传资源的保护、可持续利用和开发的国家研究方案的报告水平，按经济类别划分

经济类别	是	否	未知
发达国家	20	2	2
其他发展中国家	36	7	0
最不发达国家	16	6	1

资料来源：为《世界粮食和农业水生遗传资源状况》编写的国别报告：对问题 37（$n=90$）的回应。

注：是=有支持研究方案的国家数量；否=没有支持研究方案的国家数量。

发达国家注意到，私营部门在研究中的参与确定在增加，主要应用于潜在可养殖物种的表征、水生遗传资源的育种和经济评估，而公共机构则更侧重于提供生态系统服务的水生遗传资源保护和表征（数据未显示）。最不发达国家和其他发展中国家报告称，私营部门普遍缺乏参与水生遗传资源的研究。最常报告的模式是政府、学术界和研究机构根据来自外部来源（包括外国捐助者）的短期项目资金开展研究活动。

资金是研究和传播研究成果的关键限制因素之一。虽然研究是负责任管理水生遗传资源的关键一步，但利益相关方应将其资金视为至关重要的要素（Anetekhai 等，2004）。

8.2.1 研究中心

要求各国列出各自的国家辖区内各类主要研究中心（机构、组织、公司和其他实体），这些研究中心从事与养殖水生物种及其野生近缘种水生遗传资源的保护、可持续利用和开发相关的现场或实验室研究。在 92 个国家中，总共有 89 个国家（97%）确认了此类机构的存在。

这 89 个国家在国家层面共确定了 483 个研究中心（每个国家约 5.4 个机构）。墨西哥是报告涵盖水生遗传资源的研究中心最多的国家，其次是中国和菲律宾（表 8-3）。国家中研究中心数量最多的两个地区是北美和亚洲（表 8-4）。

表 8-3 报告有 10 个及以上水生遗传资源研究中心的国家

国家	研究中心数量
墨西哥	32
中国	23
菲律宾	21
印度	20
伊朗伊斯兰共和国	15
阿根廷	12
尼日利亚	11
澳大利亚	10
孟加拉国	10
罗马尼亚	10
赞比亚	10

资料来源：为《世界粮食和农业水生遗传资源状况》编写的国别报告：对问题 38（$n=89$）的回应。

表8-4　从事水生遗传资源保护、可持续利用和开发的研究中心的分布情况，按区域划分

区域	研究中心数量	国家报告数量	每个国家平均研究中心数量
非洲	101	25	4.0
亚洲	141	20	7.0
欧洲	86	17	5.0
拉丁美洲和加勒比地区	109	18	6.0
北美洲	17	2	8.5
大洋洲	29	7	4.1
合计	483	89	5.4

资料来源：为《世界粮食和农业水生遗传资源状况》编写的国别报告：对问题38（$n=89$）的回应。

“其他发展中国家”是每个国家研究中心数量最多的经济类别，而“最不发达国家”的数量最少（表8-5）。

表8-5　从事水生遗传资源保护、可持续利用和开发的研究中心的分布情况，按经济类别划分

经济类别	研究中心数量	国家报告数量	每个国家平均研究中心数量
发达国家	124	25	5.0
其他发展中国家	277	43	6.4
最不发达国家	82	21	3.9
合计	483	89	5.4

资料来源：为《世界粮食和农业水生遗传资源状况》编写的国别报告：对问题38（$n=89$）的回应。

8.2.2　主要研究领域

在各国报告的483个研究中心所列的主要研究领域中（表8-6），“水生遗传资源基础知识”是所有地区最常报告的重点（79%的机构）（未显示区域数据）。研究中心对其他研究领域的覆盖较少，“水生遗传资源的经济评估”是覆盖最少的研究领域。

在国家经济类别之间的优先研究领域排名中观察到一些微小的差异（表8-7），例如，发达国家的“水生遗传资源保护”排名相对较高。值得注意的是，尽管采用遗传改良的速度缓慢，但各机构对所有经济类别的“水生遗传资源遗传改良”重视程度相对较低，这被认为是水产养殖发展的重要优先事项（见第2章）。遗传改良仍然受到长期资金的必要性的严重制约，例如，在特定物种最初的5到10代选择中，这是至关重要的，特别是当该物种具有较长的世代间隔时（Olesen等，2015）。

表8-8按地理区域和经济类别汇总了从事水生遗传资源研究各个方面的研究中心的分布情况。

表8-6　水生遗传资源研究中心开展的主要研究领域

研究领域	致力于每个研究领域的中心数量（总数=483）	百分比（%）
水生遗传资源基础知识	381	79
水生遗传资源保护	295	61
水生遗传资源表征和监测	292	60
水生遗传资源信息交流	267	55
水生遗传资源管理	236	49
水生遗传资源遗传改良	226	47
水生遗传资源获取和分发	193	40
水生遗传资源经济评估	158	33

资料来源：为《世界粮食和农业水生遗传资源状况》编写的国别报告：对问题38（n=89）的回应。

表8-7　报告的研究中心主要研究领域的信息汇总，包括提及次数、每个国家的平均值和排名，按经济类别划分

研究领域	发达国家		其他发展中国家		最不发达国家	
	回应数量①	每个国家的平均值（排名）	回应数量	每个国家的平均值（排名）	回应数量	每个国家的平均值（排名）
水生遗传资源基础知识	103	4.3（=1）	211	5.1（1）	67	4.1（1）
水生遗传资源保护	90	4.3（=1）	153	4.1（4）	52	3.7（3）
水生遗传资源表征和监测	94	3.5（3）	154	4.5（=2）	44	3.4（4）
水生遗传资源信息交流	79	3.3（5）	140	4.5（=2）	54	3.9（2）
水生遗传资源管理	73	3.4（4）	115	3.5（6）	42	2.8（5）
水生遗传资源遗传改良	53	2.8（=7）	134	3.8（5）	36	2.6（6）
水生遗传资源获取和分发	56	2.8（=7）	107	3.3（7）	33	2.1（8）
水生遗传资源经济评估	51	3.1（6）	82	2.9（8）	25	2.5（7）

资料来源：为《世界粮食和农业水生遗传资源状况》编写的国别报告：对问题38（n=89）的回应。

注：1=非常重要，10=不重要。

①基于每个国家在每个研究领域报告活动的机构数量。

表 8-8　专门从事遗传资源管理的研究中心分布情况，按区域和经济类别划分

区域	研究中心数量	国家报告数量	每个国家平均研究中心数量
非洲	47	17	2.8
亚洲	68	17	4.0
欧洲	51	16	3.2
拉丁美洲和加勒比地区	38	13	2.9
北美洲	13	2	6.5
大洋洲	19	6	3.2
合计	236	71	n/a
经济类别	研究中心数量	国家报告数量	每个国家平均研究中心数量
发达国家	79	23	3.4
其他发展中国家	115	33	3.5
最不发达国家	42	15	2.8
合计	236	71	n/a

资料来源：为《世界粮食和农业水生遗传资源状况》编写的国别报告：对问题 38（n=89）的回应。

8.2.3　研究能力需求

各国报告了需要加强能力建设的主要方面，以便改进国家研究，支持养殖水生物种及其野生近缘种水生遗传资源的保护、可持续利用和开发。

如表 8-9 所示，各国对能力进行了评估，从非常重要（1）到根本不重要（10）。

在全球层面，排名最高的能力是“提高表征和监测水生遗传资源能力”和“提高水生遗传资源遗传改良能力”（表 8-9）。排名最低的能力需求是“改善水生遗传资源的获取和分发”和“改善水生基因资源的信息交流”。

在区域层面，“提高水生遗传资源遗传改良能力”和“提高水生遗传资源表征和监测能力”往往是排名最高的研究能力需求（表 8-10）。

表 8-9　全球层面水生遗传资源研究能力需求排名

能力需求	平均排名
提高表征和监测水生遗传资源能力	1.9
提高水生遗传资源遗传改良能力	2.0
提高水生遗传资源基础知识能力	2.1

（续）

能力需求	平均排名
提高保护水生遗传资源的能力	2.4
提高水生遗传资源管理能力	2.4
提高水生遗传资源经济评估能力	3.1
改善水生遗传资源的信息交流	3.4
改善水生遗传资源的获取和分发	3.5

资料来源：为《世界粮食和农业水生遗传资源状况》编写的国别报告：对问题 39（n=90）的回应。

注：1=非常重要，10=不重要。

表 8-10　区域层面水生遗传资源研究能力需求排名

区域	排名最高的研究能力需求	排名第二的研究能力需求
非洲	提高水生遗传资源遗传改良能力	提高表征和监测水生遗传资源能力
亚洲	提高水生遗传资源基础知识能力	提高表征和监测水生遗传资源能力
欧洲	提高水生遗传资源遗传改良能力	提高表征和监测水生遗传资源能力
拉丁美洲和加勒比地区	提高水生遗传资源基础知识能力	提高表征和监测水生遗传资源能力
北美洲	提高表征和监测水生遗传资源能力	提高水生遗传资源管理能力
大洋洲	提高表征和监测水生遗传资源能力	提高水生遗传资源遗传改良能力

资料来源：为《世界粮食和农业水生遗传资源状况》编写的国别报告：对问题 39（n=90）的回应。

8.3　水生遗传资源的教育、培训和推广

8.3.1　机构、工作领域和课程类型

各国报告了教育、培训和推广涵盖养殖物种及其野生近缘种水生遗传资源的保护、可持续利用和开发的程度，列出了所涉及的主要机构和这些机构提供的课程类型。

共有 83 个国家（占回应国家总数的 90%）表示，有特定机构参与了水生遗传资源的教育、培训和推广。83 个国家共确定了 398 个培训机构，平均每个国家约有 4.8 个培训中心。

表 8-11 提供了关于水生遗传资源的报告信息的区域细分，包括每个国家培训中心的平均数量。每个国家在水生遗传资源上拥有更多教育和培训中心的地区是亚洲，其次是欧洲。

表 8-12 汇总了按经济类别划分的关于水生遗传资源中心的报告信息，包

括每个国家培训中心的平均数量。三个经济类别之间没有显著差异。

表 8 - 11　水生遗传资源培训中心总数和平均数（每个国家），**按区域划分**

区域	机构数量	国家数量	每个国家培训中心的平均数量
非洲	120	26	4.6
亚洲	109	16	6.8
欧洲	80	16	5.0
拉丁美洲和加勒比地区	67	16	4.2
北美洲	9	2	4.5
大洋洲	13	7	1.9
合计	398	83	4.8

资料来源：为《世界粮食和农业水生遗传资源状况》编写的国别报告：对问题 40（$n=83$）的回应。

表 8 - 12　水生遗传资源培训中心总数和平均数（每个国家），**按经济类别划分**

经济类别	机构数量	国家数量	平均数
发达国家	103	22	4.7
其他发展中国家	185	39	4.7
最不发达国家	110	22	5.0
合计	398	83	4.8

资料来源：为《世界粮食和农业水生遗传资源状况》编写的国别报告：对问题 40（$n=83$）的回应。

表 8 - 13 列出了报告涵盖水生遗传资源的 10 个或更多培训中心的国家，其中德国报告的机构最多。其中只有 3 个国家（孟加拉国、印度和墨西哥）也被列入报告研究设施数量最多的国家名单。数据表明，培训中心或研究设施的数量不一定与该国的水产养殖生产水平必然相关或特别相关。一些次要生产国报告称，培训机构数量相对较多。

各国报告了这些培训中心提供的教育水平和主题领域或学科。“水生遗传资源管理”“水生遗传资源保护”和“水生遗传资源表征和监测”课程相对较多，可用的课程最少的是“水生遗传资源经济评估”（表 8 - 14）。这一趋势与上述研究重点相似（表 8 - 6 和表 8 - 7）。“水生遗传资源遗传改良”的报告课程总数也低于前三个主题领域。这与第 2 章中提供的信息一致，该章将定量遗传学家的短缺确定为成功实施遗传改良方案的一个重要制约因素。

表 8-13 报告有 10 个及以上培训中心的国家水生遗传资源培训中心总数

国家	机构数量	国家	机构数量
德国	22	墨西哥	13
孟加拉国	18	塞内加尔	12
印度	18	贝宁	11
马达加斯加	14	尼日尔	11
土耳其	14	泰国	10

资料来源：为《世界粮食和农业水生遗传资源状况》编写的国别报告：对问题 40（$n=83$）的回应。

表 8-14 涵盖与水生遗传资源相关的不同关键主题领域的课程数量，按学术/技术水平分列

专题领域	大学教育	研究生教育	职业培训	进修函授	课程总数
水生遗传资源管理	173	168	175	110	221
水生遗传资源保护	175	180	188	111	219
水生遗传资源表征和监测	163	200	158	81	215
水生遗传资源遗传改良	150	170	146	89	193
水生遗传资源经济评估	104	108	107	52	151
每个国家的平均课程数量	3.6	3.2	3.2	2.7	

资料来源：为《世界粮食和农业水生遗传资源状况》编写的国别报告：对问题 40（$n=83$）的回应。

注：数字代表每个主题领域的机构课程。许多机构在多个学术/技术水平提供主题领域的课程。

8.4 水生遗传资源的协调和网络

通过在国家和区域范围内的协调、协作和合作，可以大大促进在国家和国际范围内负责任地管理水生遗传资源。这些级别的网络可以促进第 7 章中确定的水生遗传资源关键利益相关方之间的信息交流与合作。

国家协调的一个很好的例子是印度农业研究委员会（ICAR），[①] 这是印度农业与农民福利部农业研究和教育司下属的一个自治组织。ICAR 被认为是世界上最大的国家农业系统之一，其广泛的任务包括与水生遗传资源相关的问

① www.nbfgr.res.in/en（2018 年 12 月 14 日引用）。

题。网络依赖于广泛的农业研究和教育机构系统，包括ICAR国家鱼类遗传资源局（ICAR－NBFGR）。ICAR－NBFGR成立于1983年，特别侧重于水生遗传资源，包括国家鱼类遗传资源的收集、分类和编目等活动，保存鱼类遗传物质以保护濒危鱼类物种，以及评估本地和外来鱼类物种。它在针对不同利益相关方（包括研究人员、养鱼户、国家渔业部门官员和学生）的国家能力发展方案中发挥着积极作用。除其他外，它在以下方面发挥了重要作用：开发了若干关于水生遗传资源的信息系统，对商业上重要的水生遗传资源进行了分子表征，为国家渔业部门和农民生产优质苗种，并为30种鱼类制定了精子冷冻保存协议。

在国际层面，一些长期建立的网络有力地促进了国家能力和各国在水产养殖发展方面的合作。亚太水产养殖中心网（NACA）和中东欧水产养殖中心网（NACEE）[①] 是有效的区域水产养殖网络。这两个网络都支持其成员国在水产养殖发展的不同方面进行能力建设。例如，NACA有7个主要的主题工作领域，其中包括"遗传学和生物多样性"以及"培训和教育"[②]。这些主题包括关于水产养殖发展中区域优先主题的定期培训活动，例如，鱼种管理、海洋鳍鱼苗种生产和可持续水产养殖发展管理。

以下各小节重点介绍了国别报告针对问卷的一部分所作调查的结果，该部分要求提供关于水生遗传资源网络和协调的国家机制的信息，并确定进一步的能力建设需求。

8.4.1　网络机制

各国报告了各自边界内的机制，这些机制负责与利用相同水资源的其他部门（例如，农业、林业、矿业、旅游业、废物管理和水资源管理）协调水产养殖、基于养殖的渔业和捕捞渔业子行业，并对养殖水生物种的野生近缘种的水生遗传资源产生影响。这类机制的例子包括2个部委在管理孟加拉国孙德尔本斯的水资源方面的合作，以及4个机构在加纳发展水产养殖设施方面的合作。

67个国家共确定了199种不同的部门间协调机制（表8－15）。70%的回应国家（共92个国家）表示，存在负责水产养殖和渔业评估机构与其他部门之间协调的机制。没有报告存在任何跨部门协调机制的国家有亚美尼亚、伯利兹、布隆迪、佛得角、加拿大、乍得、中国、刚果民主共和国、捷克、芬兰、格鲁吉亚、洪都拉斯、伊拉克、哈萨克斯坦、肯尼亚、基里巴斯、拉脱维亚、波兰、萨摩亚、苏丹、多哥、汤加、瓦努阿图、越南和赞比亚。

---

① www.nacee.eu/en（2018年12月14日引用）。

② https：//enaca.org（2018年12月14日引用）。

表 8-15　67 个回应国详细列出的与水生遗传资源有关的协调机制总数

国家	机制数量	国家	机制数量
阿尔及利亚	2	老挝人民民主共和国	2
阿根廷	6	马达加斯加	12
澳大利亚	1	马拉维	2
孟加拉国	6	马来西亚	5
比利时	6	墨西哥	6
贝宁	5	摩洛哥	2
不丹	1	莫桑比克	1
巴西	2	荷兰王国	5
保加利亚	5	尼加拉瓜	1
布基纳法索	1	尼日尔	1
柬埔寨	1	尼日利亚	4
喀麦隆	2	挪威	7
智利	1	帕劳	1
哥伦比亚	4	巴拿马	4
哥斯达黎加	1	巴拉圭	1
克罗地亚	1	秘鲁	2
古巴	1	菲律宾	20
塞浦路斯	2	韩国	1
丹麦	1	罗马尼亚	1
吉布提	1	塞内加尔	3
多米尼加共和国	2	塞拉利昂	2
厄瓜多尔	2	斯洛文尼亚	1
埃及	1	南非	1
萨尔瓦多	2	斯里兰卡	6
爱沙尼亚	1	瑞典	5
斐济	2	泰国	7
德国	5	突尼斯	1
加纳	1	土耳其	1
危地马拉	1	乌干达	5
匈牙利	1	乌克兰	1
印度	2	坦桑尼亚联合共和国	1
印度尼西亚	3	美利坚合众国	2
伊朗伊斯兰共和国	3	委内瑞拉玻利瓦尔共和国	6
日本	3	合计	199

资料来源：为《世界粮食和农业水生遗传资源状况》编写的国别报告：对问题 41（$n=67$）的回应。

每个国家的部门间协调机制平均数量最高的区域是亚洲和欧洲。跨部门机制水平最低的区域是大洋洲和北美洲（表 8-16）。

其他发展中国家和最不发达国家是每个国家部门间协调机制数量最多的经济类别（表 8－17）。

表 8－16　水生遗传资源部门间协调机制的数量以及每个区域每个国家的平均机制数量，按区域划分

区域	机制数量	国家数量	平均数
非洲	48	19	2.5
亚洲	63	15	4.2
欧洲	40	13	3.1
拉丁美洲和加勒比地区	42	16	2.6
北美洲	2	1	2.0
大洋洲	4	3	1.3
合计	199	67	3.0

资料来源：为《世界粮食和农业水生遗传资源状况》编写的国别报告：对问题 41（n=67）的回应。

表 8－17　水生遗传资源部门间协调机制的数量和平均数量，按经济类别划分

经济类别	机制数量	国家数量	平均数
发达国家	47	17	2.8
其他发展中国家	108	35	3.1
最不发达国家	44	15	2.9
合计	199	67	3.0

资料来源：为《世界粮食和农业水生遗传资源状况》编写的国别报告：对问题 41（n=67）的回应。

8.4.2　协调和网络的能力需求

要求各国对加强能力的三个方面的重要性进行排名，以便加强部门间合作，支持水生遗传资源的保护、可持续利用和开发。三种不同能力中的每一种都按国家排序，从 1（非常重要）到 10（不重要）。各国认为“提高机构认识”是最重要的（即总体重要性排名得分较低），其次是“提高机构技术能力”和“加强机构间信息共享”（表 8－18）。

表 8－18　支持水生遗传资源的保护、可持续利用和开发的部门间协调能力建设需求的平均总体重要性

有待改进的能力	平均排名
加强机构间信息共享	2.2
提高机构认识	1.7
提高机构技术能力	2.1

资料来源：为《世界粮食和农业水生遗传资源状况》编写的国别报告：对问题 42（n=91）的回应。
注：1=非常重要，10=不重要。

这三项能力建设活动的重要性等级大致相同。然而，在6个区域中的5个地区，“提高机构认识”最为重要（图8-2）。在欠发达国家，“提高机构认识”的排名相对高于发达国家（图8-3）。

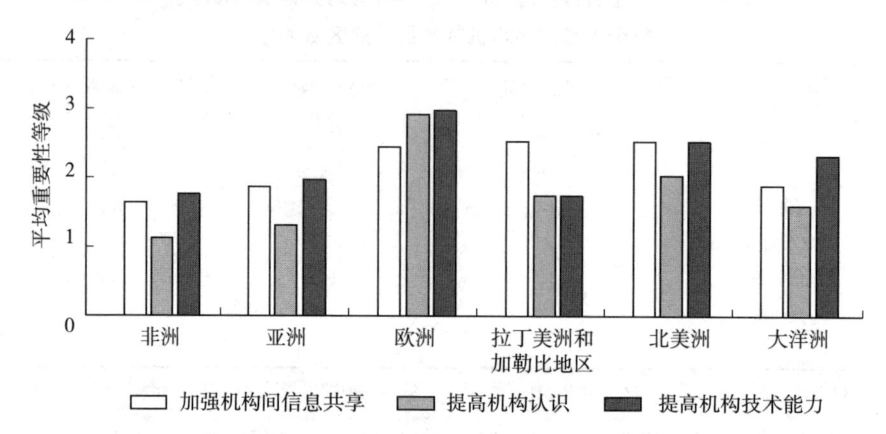

图8-2　支持水生遗传资源保护、可持续利用和开发的部门间协调能力建设需求的重要性，按区域划分

资料来源：为《世界粮食和农业水生遗传资源状况》编写的国别报告：对问题42（n=91）的回应。

注：1=非常重要，10=不重要。通过问卷中使用的排名系统导出数据的图表反映了问题的相对重要性。

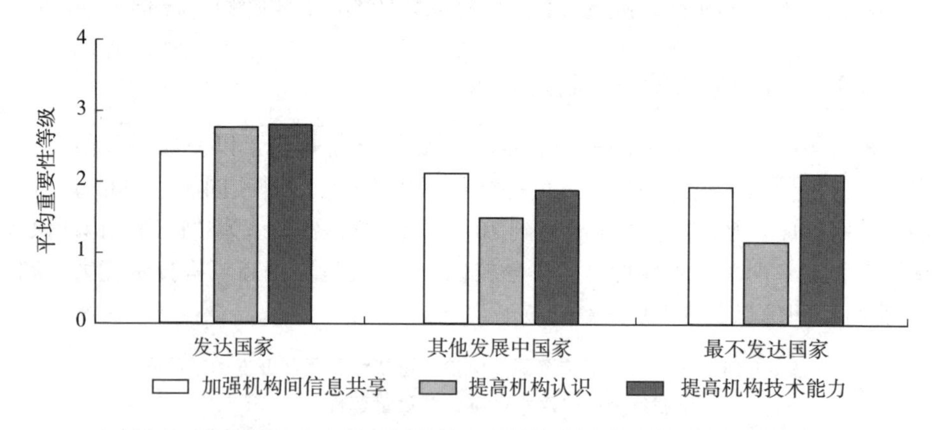

图8-3　支持水生遗传资源保护、可持续利用和开发的部门间协调能力建设需求的重要性，按经济类别划分

资料来源：为《世界粮食和农业水生遗传资源状况》编写的国别报告：对问题42（n=91）的回应。

注：1=非常重要，10=不重要。通过问卷中使用的排名系统导出数据的图表反映了问题的相对重要性。

8.4.3　国家水生遗传资源网络

各国报告了各自国家支持保护、可持续利用和开发水生遗传资源的国家网络以及本国所属的所有国际网络的数量。

67 个国家拥有与水生遗传资源保护、可持续利用和开发相关的国家网络。这 67 个国家共确定了 253 个国家网络，平均值为每个国家 3.8 个网络。秘鲁是拥有最多国家网络的国家，而有几个国家只列出了一个国家网络（表 8 - 19）。

表 8 - 19　与水生遗传资源有关的国家网络数量

国家	网络数量	国家	网络数量	国家	网络数量
秘鲁	25	伊朗伊斯兰共和国	4	越南	2
德国	11	斯洛文尼亚	4	赞比亚	2
孟加拉国	10	阿根廷	3	阿尔及利亚	1
中国	10	保加利亚	3	伯利兹	1
菲律宾	10	多米尼加共和国	3	贝宁	1
柬埔寨	9	匈牙利	3	布隆迪	1
乌干达	8	挪威	3	乍得	1
加拿大	7	帕劳	3	哥伦比亚	1
罗马尼亚	7	韩国	3	哥斯达黎加	1
萨尔瓦多	6	突尼斯	3	捷克	1
加纳	6	土耳其	3	埃及	1
印度	6	比利时	2	斐济	1
墨西哥	6	巴西	2	莫桑比克	1
尼日利亚	6	佛得角	2	尼日尔	1
塞内加尔	6	古巴	2	巴拿马	1
克罗地亚	5	刚果民主共和国	2	巴拉圭	1
马拉维	5	危地马拉	2	波兰	1
马来西亚	5	日本	2	多哥	1
荷兰王国	5	马达加斯加	2	乌克兰	1
瑞典	5	塞拉利昂	2	坦桑尼亚联合共和国	2
澳大利亚	4	斯里兰卡	2	美利坚合众国	1
喀麦隆	4	苏丹	2		
印度尼西亚	4	泰国	2		

资料来源：为《世界粮食和农业水生遗传资源状况》编写的国别报告：对问题 43（n=67）的回应。

各国提供了上述跨部门机制的若干实例（第 8.4.1 节）的信息，通过这些机制，渔业和水产养殖部门与其他部门进行协调，而这些部门的管理可能会对水生遗传资源产生影响。其中一些机制是作为具体国家策略的一部分实施的，例如，通过不同部委的协调，以实现对自然资源的联合管理。在其他情况下，协调和网络机制是作为国际（通常是区域）策略的一部分实施的，例如，《海洋战略框架指令》，以提高欧洲联盟海洋环境保护的有效性。亚洲是国家网络数量最多的地区，也是每个国家网络最多的地区（表 8－20）。

表 8－20　与水生遗传资源有关的国家网络总数和平均数（每个国家），**按区域划分**

区域	网络数量	国家数量	平均数
非洲	60	22	2.7
亚洲	72	14	5.1
欧洲	51	13	3.9
拉丁美洲和加勒比地区	54	13	4.2
北美洲	8	2	4.0
大洋洲	8	3	2.7
合计	253	67	3.8

资料来源：为《世界粮食和农业水生遗传资源状况》编写的国别报告：对问题 43（$n=67$）的回应。

与水生遗传资源相关的国家网络数量最多的经济类别是其他发展中国家，其次是发达国家和最不发达国家（表 8－21）。各国报告了水生遗传资源国家网络的各种目标（表 8－22）。在全球一级，大多数国家网络的主要目标是“改善水生遗传资源信息交流”。大多数国家都有各种目标的网络。

然而，按区域和经济发展水平进行的分析显示，不同目标的网络数量存在差异（图 8－4 和图 8－5）。亚洲国家的平均网络数量最高，大洋洲的网络数量最低（表 8－20）。最不发达国家的网络数量较少（表 8－21）。与次要生产国相比，主要生产国在特定目标上拥有更多的网络（图 8－6）。

表 8－21　与水生遗传资源相关的国家网络总数和平均数（每个国家），**按经济类别划分**

经济类别	网络数量	国家数量	平均数
发达国家	65	17	3.8
其他发展中国家	132	33	4.0
最不发达国家	56	17	3.3
合计	253	67	3.8

资料来源：为《世界粮食和农业水生遗传资源状况》编写的国别报告：对问题 43（$n=67$）的回应。

表 8-22　实现每个特定网络目标的网络总数和平均数（每个国家）

网络目标	网络数量	每个国家平均网络数
提高水生遗传资源表征和监测能力	157	3.6
提高水生遗传资源保护能力	181	3.5
改善水生遗传资源的信息交流	188	3.5
完善水生遗传资源的基础知识	175	3.4
提高水生遗传资源经济评估能力	119	3.0
改善水生遗传资源获取和分发	115	2.9
提高水生遗传资源遗传改良能力	112	2.8

资料来源：为《世界粮食和农业水生遗传资源状况》编写的国别报告：对问题 43（n=67）的回应。

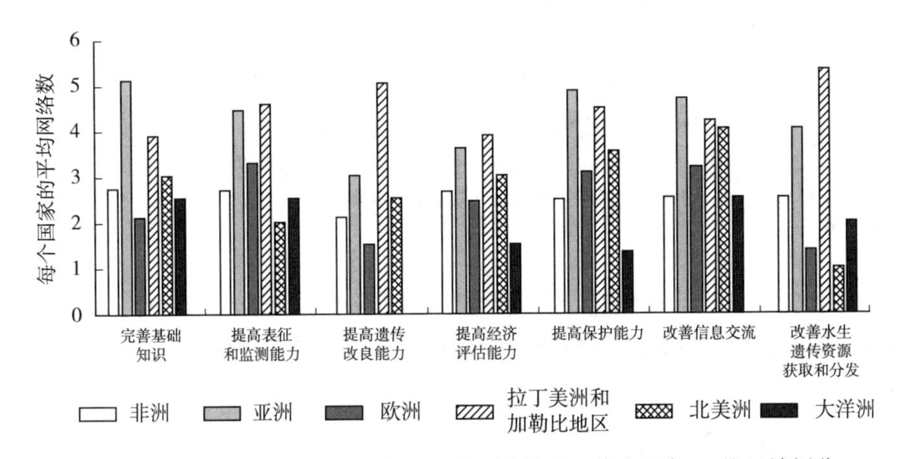

图 8-4　实现每个特定网络目标的网络平均数量（每个国家），按区域划分

资料来源：为《世界粮食和农业水生遗传资源状况》编写的国别报告：对问题 45（n=67）的回应。

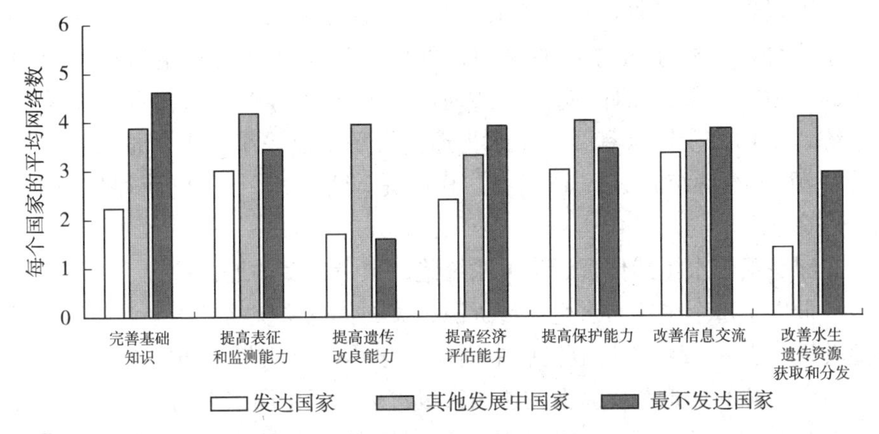

图 8-5　实现每个特定网络目标的网络平均数量（每个国家），按经济类别划分

资料来源：为《世界粮食和农业水生遗传资源状况》编写的国别报告：对问题 43（n=67）的回应。

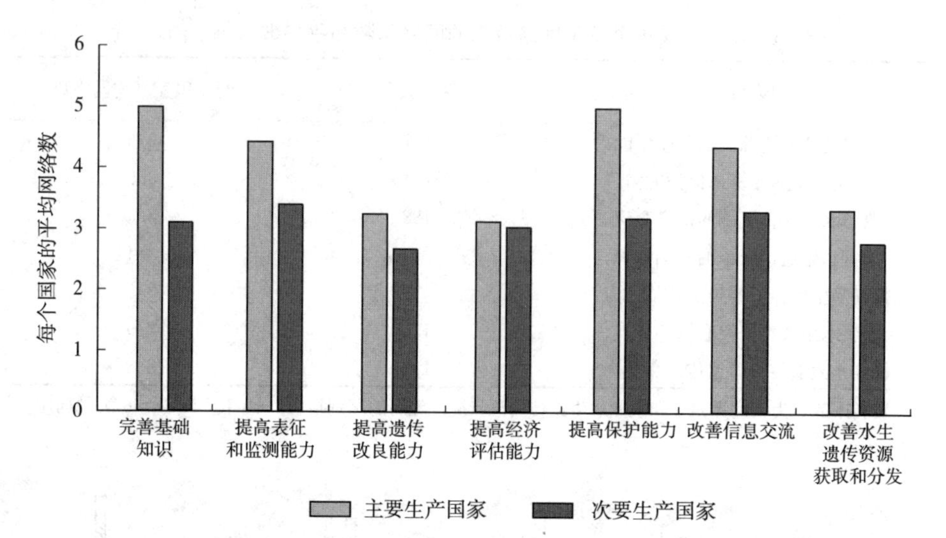

图 8－6　实现每个特定联网目标的网络平均数量（每个国家），按水产养殖生产水平划分

资料来源：为《世界粮食和农业水生遗传资源状况》编写的国别报告：对问题 43（$n=67$）的回应。

“提高水生遗传资源遗传改良能力”是网络中引用最少的目标。这与调查结果一致，即这也是水生遗传资源研究和教育的主要专题中需要加强能力的领域之一。

8.5　水生遗传资源信息系统

各国报告了与接收、管理和交流有关的信息系统，这些信息系统关联养殖水生物种及其野生近缘种的保护、可持续利用和开发水生遗传资源的信息。64 个国家（70％的回应国）共列出了 171 个与水生遗传资源相关的信息系统，平均每个国家有 2.6 个水生遗传资源信息系统。墨西哥报告的水生遗传资源信息系统最多（18 个），其次是印度（9 个）和菲律宾（9 个）（表 8－23）。

非洲是报告水生遗传资源信息系统绝对数量最多的地区；拉丁美洲和加勒比地区报告了每个国家与水生遗传资源相关的信息系统的平均数量最高，亚洲紧随其后（表 8－24）。其他发展中国家报告称，平均每个国家有 3.0 个关于水生遗传资源的信息系统，而发达国家报告称，每个国家平均有 2.3 个信息系统（表 8－25）。主要生产国报告的水生遗传资源信息系统平均数比次要生产国多（表 8－26）。

表 8-23　水生遗传资源信息系统数量，按报告国分列

国家	信息系统数量	国家	信息系统数量
阿尔及利亚	4	日本	3
阿根廷	2	马达加斯加	7
孟加拉国	2	马拉维	5
比利时	1	马来西亚	4
贝宁	4	墨西哥	18
不丹	2	摩洛哥	7
巴西	1	莫桑比克	1
保加利亚	1	荷兰王国	6
佛得角	1	尼日尔	1
柬埔寨	1	尼日利亚	6
喀麦隆	1	挪威	4
智利	1	帕劳	1
中国	1	巴拿马	1
哥伦比亚	5	菲律宾	9
哥斯达黎加	2	波兰	2
克罗地亚	3	韩国	1
古巴	2	罗马尼亚	3
塞浦路斯	1	萨摩亚	1
捷克	2	塞内加尔	2
刚果民主共和国	1	塞拉利昂	1
丹麦	2	斯洛文尼亚	1
多米尼加共和国	2	南非	1
埃及	1	斯里兰卡	3
萨尔瓦多	1	瑞典	1
芬兰	2	泰国	3
德国	5	突尼斯	2
加纳	1	乌干达	3
危地马拉	1	乌克兰	1
洪都拉斯	1	坦桑尼亚联合共和国	1
匈牙利	2	美利坚合众国	1
印度	9	越南	1
伊朗伊斯兰共和国	3	赞比亚	2
		合计	171

资料来源：为《世界粮食和农业水生遗传资源状况》编写的国别报告：对问题 44（$n=64$）的回应。

表 8-24　水生遗传资源信息系统总数和平均数（每个国家），按区域划分

区域	信息系统数量	国家数量	平均数
非洲	52	20	2.6
亚洲	43	14	3.1
欧洲	36	15	2.4
拉丁美洲和加勒比地区	37	12	3.1
北美	1	1	1.0
大洋洲	2	2	1.0
合计	171	64	

资料来源：为《世界粮食和农业水生遗传资源状况》编写的国别报告：对问题 44（$n=64$）的回应。

表 8-25　水生遗传资源信息系统总数和平均数（每个国家），按经济类别划分

经济类别	信息系统数量	国家数量	平均数
发达国家	41	18	2.3
其他发展中国家	97	32	3.0
最不发达国家	33	14	2.4
合计	171	64	

资料来源：为《世界粮食和农业水生遗传资源状况》编写的国别报告：对问题 44（$n=64$）的回应。

表 8-26　水生遗传资源信息系统总数和平均数（每个国家），按生产水平划分

生产水平	信息系统数量	国家数量	平均数
主要生产国	32	10	3.2
次要生产国	139	54	2.6
合计	171	64	

资料来源：为《世界粮食和农业水生遗传资源状况》编写的国别报告：对问题 44（$n=64$）的回应。

8.5.1　信息系统的主要用户

各国报告了在国家层面可用的水生遗传资源信息系统的主要用户基础和使用程度。表 8-27 显示了各国确定的主要用户以及上述 171 个信息系统的使用范围。

回应国确定的信息系统的主要用户是“大学和学术界”和“政府资源管理者”。据报告，利益相关方群体对这些信息系统的使用有限，他们是消费者、政客、捐助者和营销人员。据报告，水产养殖生产商（鱼类孵化场人员、养鱼户）、捕捞渔业渔民、水生保护区管理者和政府间组织对信息系统的使用处于中等水平（表 8－27）。

表 8－27　水生遗传资源信息系统的主要用户和这些利益相关方使用的信息系统总数

主要用户	信息系统数量
政府资源管理者	134
大学和学术界	134
非政府组织	107
渔业和水产养殖协会	104
政策制定者	99
养鱼户	98
政府间组织	91
捕捞渔业渔民	84
水生保护区管理者	84
鱼类孵化场人员	79
营销人员	64
捐助者	62
政客	52
消费者	50

资料来源：为《世界粮食和农业水生遗传资源状况》编写的国别报告：对问题 44（$n=64$）的回应。

8.5.2　水生遗传资源信息系统中存储的信息类型

如图 8－7 所示，各国评估了存储在国家信息系统中的水生遗传资源信息类型。

国家层面现有的大多数信息系统侧重于物种名称、分布和生产数据，很少有信息系统包含关于 DNA 序列、基因和基因型及品系和种群的信息（图 8－7 和表 8－28）。无论国家如何分组，都可以观察到这种模式。除生产数据外，主要生产国平均拥有更多关于特定类别信息的信息系统（图 8－8）。

平均而言，主要生产国报告的关于以下类别的信息比次要生产国更多：DNA 序列、基因和基因型、品系和种群、物种名称、分布和濒危程度。

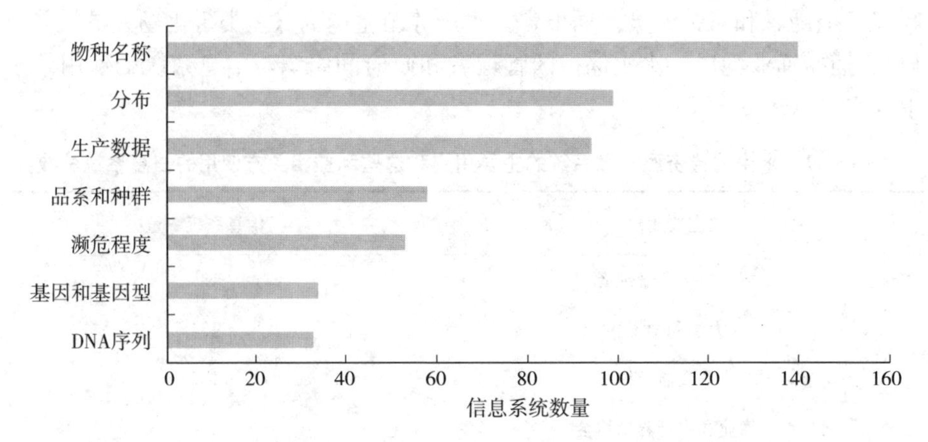

图 8-7　所有报告的水生遗传资源信息系统中存储的信息类型

资料来源：为《世界粮食和农业水生遗传资源状况》编写的国别报告：对问题 44（n=64）的回应。

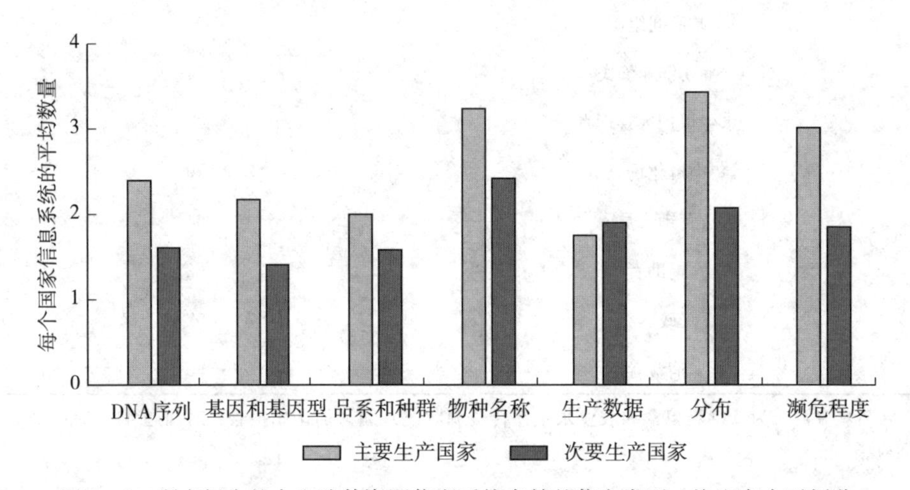

图 8-8　所有报告的水生遗传资源信息系统存储的信息类型，按生产水平划分

资料来源：为《世界粮食和农业水生遗传资源状况》编写的国别报告：对问题 44（n=64）的回应。

表 8-28　所有报告的水生遗传资源信息系统存储的信息类型，按经济类别划分

经济类别	DNA 序列	基因和基因型	品系和种群	物种名称	生产数据	分布	濒危程度
发达国家	7	10	19	36	25	30	12
其他发展中国家	22	20	21	76	50	55	32
最不发达国家	4	4	18	28	19	14	9
合计	33	34	58	140	94	99	53

资料来源：为《世界粮食和农业水生遗传资源状况》编写的国别报告：对问题 44（n=64）的回应。

参考文献

Ali, F. S, Nazmi, H. M., Abdelaty, B. S, El - Far, A. M & Goda, A. M. 2017. Genetic improvement of farmed Nile tilapia (*Oreochromis niloticus*) through selective breeding in Egypt. *International Journal of Fisheries and Aquatic Studies*, 5 (6): 395 - 401.

Anetekhai, M. A., Akin - Oriola, G. A., Aderinola, O. J. & Akintola, S. L. 2004. Steps ahead for aquaculture development in sub - Saharan Africa - the case of Nigeria. *Aquaculture*, 239: 237 - 248.

BMELV. 2010. *Aquatic genetic resources*. German National Technical Programme on the Conservation and Sustainable Use of Aquatic Genetic Resources.

Dekker, W. &Beaulaton, L. 2016. Climbing back up what slippery slope? Dynamics of the European eel stock and its management in historical perspective. *ICES Journal of Marine Science*, 73 (1): 5 - 13. doi: 10. 109 3/icesjms/fsv132.

Horváth, Á., Hoitsy, G., Kovács, B., KánainéSipos, D., Õsz, Á., Bogataj, K. & Urbányi, B. 2013. The effect of domestication on a brown trout (*Salmo trutta m. fario*) broodstock in Hungary. *Aquaculture International*, 22: 5 - 11.

Mwanja, TM, Kityo, G, Achieng, P, Kasozi, J. M., Sserwada, M & Namulawa, V. 2016. Growth performance evaluation of four wild strains and one current farmed strain of Nile tilapia in Uganda, *International Journal of Fisheries and Aquatic Studies*, 4: 594 - 598.

Olesen, I., Bentsen, H. B., Phillips, M. & Ponzoni, R. W. 2015. Can the global adoption of genetically improved farmed fish increase beyond 10%, and how? *Journal of Marine Science and Engineering*, 3: 240 - 266. http: //dx. doi. org/10. 339 0/jmse3 020 240.

Stévant, P., Rebours, C. & Chapman, A. 2017. Seaweed aquaculture in Norway: recentindustrial developments and future perspectives. *Aquaculture International*. doi 10. 1007/s10499 - 017 - 0120 - 7.

Wennerström, L., Jansson, E. & Laikre, L. 2017. Baltic Sea genetic biodiversity: current knowledge relating to conservation management. *Aquatic Conservation: Marine and Freshwater Ecosystems*, 27: 1069 - 1090. doi: 10. 1002/aqc. 2771.

第9章

养殖水生物种及其野生近缘种水生遗传资源国际合作

目的：本章的目的是根据国别报告中提供的信息，审查各国参与养殖水生物种及其野生近缘种水生遗传资源国际合作的机制和文书。具体目标是：

- 确定各国目前在水生遗传资源的双边、次区域、区域和全球合作中的参与情况；
- 确定关于水生遗传资源的任何其他形式的国际合作；
- 审查现有国际合作对水生遗传资源的益处；
- 确定水生遗传资源未来国际合作的需求和优先事项。

关键信息：

- 各国通过广泛的机制和文书就水生遗传资源开展合作。
- 报告了大量与保护、可持续利用和开发水生遗传资源合作相关的国际协定（共有近 170 项特别协定）。
- 《生物多样性公约》（CBD）和《濒危野生动植物种国际贸易公约》（CITES）是最常被引用的协定，其次是《名古屋议定书》《卡塔赫纳议定书》和《拉姆萨尔公约》。
- 据报告，国际协定对水生遗传资源的保护、可持续利用和开发的影响大多是正面到强正面的。
- 各国报告称，他们在保护、可持续利用和开发水生遗传资源方面的合作需求没有得到充分满足，突出表明需要建立更有效的国际网络。
- 区域和国际合作可以成为成功保护、可持续利用和开发水生遗传资源的关键驱动因素。

9.1　引言

在构成国别报告基础的调查问卷的相关部分中，要求各国列出其国家成员资格或协议缔约国地位，以及与其他形式的协议、公约、条约，国际组织、国际网络和国际方案的附属关系。在另一个问题中，要求各国对合作的各种需求或理由的重要性以及满足这些需求的程度进行排序。最后，要求各国描述最有益处的合作、扩大合作的必要性以及它们在各自区域发挥的关键作用。

国别报告显示，各国通过各种机制和文书参与有关养殖水生物种及其野生近缘种的水生遗传资源的国际合作。本章列出了一些国家报告的与水生遗传资源的利用、保护和管理有关的关键国际文书。

9.2 公约

9.2.1 《生物多样性公约》

《生物多样性公约》(CBD)是一项保护生物多样性的国际条约，于1993年12月生效（生物多样性公约组织，1992)。《生物多样性公约》涵盖生物多样性组成部分的可持续利用，以及公平分享利用遗传资源所带来的惠益。截至2018年12月，《生物多样性公约》共有196个缔约方，代表了各国之间近乎普遍的参与①。《生物多样性公约》旨在寻求解决生物多样性和生态系统服务所面临的全球威胁，包括气候变化影响的办法。它促进利益相关方的积极参与，包括妇女、青年、原住民、当地社区和企业界。通过促进科学传播、开发适当的工具和最佳做法，以及开发一些先进的保护生物多样性技术、流程和激励措施来应对威胁。

《生物多样性公约》有重要的补充协议，包括《卡塔赫纳生物安全议定书》和《名古屋获取与利益共享议定书》。《卡塔赫纳议定书》于2003年9月生效，截至2018年12月已获171个缔约方批准，旨在保护生物多样性，使其免受现代生物技术产生的改性活生物体带来的潜在风险②。《名古屋议定书》于2014年10月生效，截至2018年12月，已获得114个缔约方的批准③。其目的是以公平和公正的方式促进分享利用遗传资源所产生的惠益，包括通过适当获取遗传资源和适当转让相关技术，从而促进生物多样性的保护和可持续利用。

养殖的水生遗传资源及其野生近缘种被纳入《生物多样性公约》及其议定书的范围，并已成为《生物多样公约》缔约方会议制定的一些专题工作方案（例如，“内陆水域生物多样性”和“海洋和沿海生物多样性”）的目标。

9.2.2 《濒危野生动植物种国际贸易公约》

《濒危野生动植物种国际贸易公约》(CITES)④ 是各国政府之间的一项国际协议，旨在确保野生动植物样本的国际贸易不会威胁到它们的生存。《濒危野生动植物种国际贸易公约》于1973年开放供签署，并于1975年7月1日生效，截至2019年7月已获得183个缔约方的批准。

CITES涵盖的物种列于3个不同的附录中：

---

① www.cbd.int/information/parties.shtml（2018年12月6日引用）。

② http://bch.cbd.int/protocol（2018年12月6日引用）。

③ www.cbd.int/abs/nagoya—protocol/signatories/default.shtml（2018年12月6日引用）。

④ https://www.cites.org/sites/default/files/eng/disc/CITES-Convention-EN.pdf

- 附录Ⅰ包括濒临灭绝的物种［例如，短吻鲟（*Acipenser brevirostrum*）］，只有在特殊情况下，在特别严格的监管下，才允许这些物种的样本交易。
- 附录Ⅱ包括不一定面临灭绝威胁的物种，但如果不执行严格的贸易法规，这些物种可能会灭绝（例如，所有其他鲟鱼物种）。本附录还包括所谓的相似物种，即那些因其外观与受管制物种相似，为促进更有效的管制而受到管制的物种。
- 附录Ⅲ包含了那些至少由一个《濒危野生动植物种国际贸易公约》缔约国提出要求进行贸易监管的物种。《濒危野生动植物种国际贸易公约》对水生物种国际贸易的监管可能有助于减轻野生近缘种的捕捞压力，并支持保护水生遗传资源。

9.2.3 《拉姆萨尔公约》

《关于特别是作为水禽栖息地的国际重要湿地公约》也称《拉姆萨尔公约》，是一项政府间条约，为保护和合理利用湿地及其资源提供了国家行动和国际合作的框架。截至 2018 年 12 月，它有 170 个缔约方，全球有 2 299 个拉姆萨尔湿地，指定湿地的总面积为 225 517 367 公顷（拉姆萨尔，2018）①。

《拉姆萨尔公约》在促进以湿地为基础的自然环境支持人类活动（包括水产养殖）中发挥着关键性作用，这些人类活动有助于粮食安全和减贫。从这个意义上讲，《拉姆萨尔公约》扩展了湿地的定义，涵盖了自然和人工湿地，后者包括鱼塘、稻田、水库和盐田（拉姆萨尔，2014）。

2006 年 11 月，《拉姆萨尔公约》缔约方通过了一项决议，以解决可持续利用内陆和沿海资源进行捕捞渔业和水产养殖的具体问题②。因此，如第 4 章所述，《拉姆萨尔公约》对水生遗传资源的就地保护作出了重要贡献。

为了进一步促进对栖息地和资源的科学管理，《拉姆萨尔公约》还建议缔约方将《负责任渔业行为守则》（CCRF）作为规范海洋和淡水渔业及水产养殖的指导文件（拉姆萨尔，2007）。

9.2.4 《联合国气候变化框架公约》

《联合国气候变化框架公约》（UNFCCC）有 197 个缔约方，是 1997 年《京都议定书》的母条约。《京都议定书》已获得 192 个《联合国气候变化框架公约》缔约方的批准（联合国气候变化框架公约组织，2018）。这两项条约的

---

① https：//www. ramsar. org/country - profiles.（2018 年 12 月 9 日引用）。

② http：//archive. ramsar. org/cda/en/ramsar - documents - resol - resolution - ix - 4 - the/main/ramsar/1 - 31 - 107%5E23518 _ 4000 _ 0 _（2018 年 12 月 6 日引用）。

最终目标是将大气中的温室气体浓度稳定在防止人类对气候系统造成危险干扰的水平。在《联合国气候变化框架公约》范围内，185 个缔约方（截至 2019 年 7 月）进一步批准了《巴黎协定》，该《协定》进一步涉及减少温室气体排放，并设定了限制全球气温上升的目标①。《联合国气候变化框架公约》没有直接提及生物多样性或遗传资源，但如第 3 章所述，气候变化显然是水生遗传资源变化的驱动因素，因此，该框架对水生遗传资源未来的保护、可持续利用和开发具有重大影响。

9.2.5 《联合国海洋法公约》

1982 年 12 月 10 日的《联合国海洋法公约》（UNCLOS）是 1973—1982 年举行的第三次联合国海洋法律会议（UNCLOSIII）产生的国家间协定。《联合国海洋法公约》界定了各国在使用世界海洋方面的权利和责任，为商业、环境和海洋自然资源管理制定了准则。《联合国海洋法公约》② 于 1994 年生效，截至 2018 年 12 月，已有 168 个缔约国签署③。

该公约提出的最具革命性的观点之一是专属经济区（EEZ），它对海洋中的水生遗传资源的管理和养护产生了重要影响。在专属经济区内，沿海国家有一定的责任和义务，例如，追求鱼类资源的可持续利用。对于每种鱼类，每个沿海国家都必须确定其专属经济区内的总允许捕捞量，并估计其捕捞能力。如果捕捞量超过允许捕捞量，沿海国必须保证邻国和内陆国家能够获得剩余的捕捞量。同时，入渔方式应符合沿海国国家法律规定的保护措施④。

9.2.6 《巴塞罗那公约》

1995 年通过了《保护地中海海洋环境和沿海地区巴塞罗那公约》，以取代 1975 年的《地中海行动计划》。该公约旨在保护地中海海洋和沿海环境，促进设立区域和国家计划，以实现可持续发展。截至 2018 年 12 月，《巴塞罗那公约》有 22 个缔约国⑤。《巴塞罗那公约》的主要目标包括可持续管理自然海洋和沿海资源、评

① https：//unfccc. int/process - and - meetings/the - paris - agreement/what - is - the - paris - agreement.

② https：//treaties. un. org/doc/Publication/MTDSG/Volume% 20II/ Chapter% 20XXI/XXI - 6. en. pdf.

③ www. un. org/Depts/los/reference _ files/chronological _ lists _ of _ ratifications. htm（2018 年 3 月 8 日引用）。

④ www. un. org/depts/los/convention _ agreements/convention _ historical _ perspective. htm（2018 年 12 月 9 日引用）。

⑤ http：//ec. europa. eu/environment/marine/international - cooperation/regional - sea - conventions/barcelona - convention/ index _ en. htm（2018 年 12 月 7 日引用）。

估和控制海洋污染、保护自然和文化遗产，以及地中海沿岸国家之间的合作。

9.2.7 《保护野生动物迁徙物种公约》

《保护野生动物迁徙物种公约》（CMS）[①] 是联合国环境规划署主持下的一项环境条约。它创立于 1979 年，旨在为保护和可持续利用迁徙物种及其栖息地提供一个全球平台，为协调迁徙动物通过的国家（称为迁徙国家）采取的保护措施提供法律框架。截至 2018 年 12 月 1 日，《保护野生动物迁徙物种公约》共有 127 个缔约国[②]。

这项国际协定的重要性与以下事实有关：它是唯一一项侧重于保护迁徙物种及其栖息地和迁徙路线的全球公约。《保护野生动物迁徙物种公约》涵盖的迁徙物种包括水生物种，例如，许多不同的鲟鱼物种。

本协定所针对的物种属于以下两个附录之一：

- 附录Ⅰ包括那些面临灭绝威胁的迁徙物种。《保护野生动物迁徙物种公约》缔约国努力不仅严格保护这些动物，保护或恢复它们生活的地方，减少迁徙障碍，并且控制可能危及它们的其他因素。除了为每一个加入该《公约》的国家规定义务外，《保护野生动物迁徙物种公约》还促进了许多此类物种的分布国之间协调一致的行动。
- 附录Ⅱ涵盖了需要或将从国际合作中受益的迁徙物种。《保护野生动物迁徙物种公约》鼓励其分布国缔结全球或区域协定。

9.3 其他相关协定

9.3.1 联合国粮食及农业组织《负责任渔业行为守则》

1991 年，粮农组织渔业委员会（COFI）呼吁制定新的概念，以实现负责任和可持续的渔业和水产养殖。继国际渔业的重大发展之后，例如，在墨西哥坎昆举行的负责任捕捞问题国际会议（1992）、在巴西里约热内卢举行的联合国环境与发展会议（1992）以及在美国纽约举行的联合国跨界鱼类种群和高度洄游鱼类种群会议（1995），粮农组织理事机构建议建立一个符合这些文件的全球《负责任渔业行为守则》（CCRF）。粮农组织的 CCRF 以非强制性的方式为负责任的做法确立了原则和国际行为标准，以确保在适当尊重生态系统和生物多样性的情况下有效地保护、管理和开发水生生物资源。1995 年 10 月 31 日，粮农组织会议一致通过了 CCRF，现在它是粮农组织渔业及水产养殖业司

---

① https：//www. cms. int/sites/default/files/instrument/CMS - text. en _ . PDF.

② https：//www. cms. int/sites/default/files/instrument/CMS - text. en _ . PDF.

工作的基石。尽管CCRF是非强制性的，但粮农组织各成员都致力于尽可能地实施CCRF。CCRF的某些部分基于国际法的相关规则，包括《海洋法公约》中所反映的规则。CCRF还包含可能或已经通过各方之间的其他强制性法律文书赋予约束力的条款（Bartley、Marttin和Halwart，2005）。

除上述公约和CCRF外，各国还报告了其他国际、双边、三边和多边协定。这些协定的目标从极为具体的（例如，一些双边协定）到更为广泛的（例如，西北大西洋渔业组织、东北大西洋渔业委员会和东南大西洋渔业组织等）区域渔业管理组织。这些组织在决定水生遗传资源的未来方面发挥着作用，特别是对具有跨界种群的野生近缘种。

9.4 国际协定及其对水生遗传资源和利益相关方的影响

本节讨论了国际协定对水产养殖物种及其野生近缘种的水生遗传资源的影响，以及对利益相关方的影响。各国被要求总结他们签署的最重要的国际协定，这些协定涵盖或影响养殖物种及其野生近缘种的水生遗传资源。还要求各国评估这些协定对水生遗传资源和利益相关方的影响，例如：

- 建立和管理共享或联网的水生保护区；
- 跨界或共享水体中的水产养殖和基于养殖的渔业；
- 共享水生遗传物质和相关信息；
- 捕捞权、季节和配额；
- 共享水体和水道的保护和可持续利用；
- 水生生物检疫程序以及水生疾病的控制和通报程序。

9.4.1 参加与水生遗传资源相关的国际论坛

报告国列出了其参与的1～24项水生遗传资源相关的协定（表9-1）。总计515份回应，涉及174份独特的国际协定。

这些协定的层次和范围各不相同，从关于某些水生分类群的双边或次区域协定，到涵盖包括鱼类在内的所有遗传资源的全面公约、议定书和条约。

表9-2列出了各国报告的最重要的国际协定。《生物多样性公约》和《濒危野生物种国际贸易公约》最常被引用，其次是《名古屋议定书》《卡塔赫纳议定书》《拉姆萨尔公约》《联合国海洋法公约》《负责任渔业行为守则》和《联合国气候变化框架公约》。不到10%的报告国引用了《巴塞罗那公约》和《保护野生动物迁徙物种公约》。

所有国家总共报告了515项协定。应当指出，许多国家报告了相同的协定（例如，60个国家报告了《生物多样性公约》）。

78%的国家仅报告了一项与水生遗传资源相关的国际协定，这可能表明，尽管水产养殖生产在全球范围内日益重要，但对这些协定的相关性的认识水平尚低。

表 9-1　与水生遗传资源有关的已报告的国际、区域、双边或次区域协定的数量，按报告国分列

国家	国际协定数量	国家	国际协定数量	国家	国际协定数量
阿尔及利亚	8	萨尔瓦多	8	巴拿马	16
阿根廷	8	爱沙尼亚	1	巴拉圭	1
亚美尼亚	5	斐济	1	秘鲁	8
澳大利亚	11	芬兰	11	菲律宾	12
孟加拉国	8	格鲁吉亚	4	韩国	3
比利时	3	德国	20	罗马尼亚	17
伯利兹	1	加纳	2	萨摩亚	2
贝宁	6	危地马拉	3	塞内加尔	4
不丹	4	洪都拉斯	6	塞拉利昂	4
巴西	8	匈牙利	3	南非	2
保加利亚	5	印度	5	斯里兰卡	4
布基纳法索	7	印度尼西亚	6	苏丹	6
布隆迪	1	伊朗伊斯兰共和国	8	瑞典	13
佛得角	8	日本	3	泰国	4
柬埔寨	5	基里巴斯	2	多哥	6
喀麦隆	3	老挝人民民主共和国	2	汤加	2
加拿大	2	马达加斯加	5	突尼斯	13
乍得	7	马拉维	6	土耳其	9
哥伦比亚	10	马来西亚	6	乌干达	11
刚果民主共和国	5	墨西哥	7	乌克兰	3
哥斯达黎加	8	摩洛哥	8	坦桑尼亚联合共和国	6
克罗地亚	9	莫桑比克	3	美利坚合众国	11
古巴	6	荷兰王国	5	瓦努阿图	2
捷克	4	尼加拉瓜	4	委内瑞拉玻利瓦尔共和国	3
吉布提	1	尼日尔	3	越南	5
多米尼加共和国	11	尼日利亚	10	赞比亚	11
厄瓜多尔	8	挪威	24		
埃及	1	帕劳	7		

资料来源：为《世界粮食和农业水生遗传资源状况》编写的国别报告：对问题 46（n=82）的回应。

表 9-2 涉及水生遗传资源利用、养护和管理的十大重要国际协定，按区域划分

国际协定	亚洲	非洲	欧洲	拉丁美洲和加勒比地区	北美洲	大洋洲	国家总数
生物多样性公约	12	17	12	13	1	5	60
濒危野生动植物种国际贸易公约	15	18	10	12		5	60
名古屋议定书	10	10	11	13		2	46
卡塔赫纳议定书	11	9	7	12		1	40
拉姆萨尔湿地公约	8	13	4	9		1	35
联合国海洋法公约	7	7	8	2		1	25
负责任渔业行为守则	5	8	4	2		2	21
联合国气候变化框架公约	2	9	1	3			15
巴塞罗那公约	1	4	1				6
保护野生动物迁徙物种公约		4	2				6

资料来源：为《世界粮食和农业水生遗传资源状况》编写的国别报告：对问题 46（n=82）的回应。
注：数字是指每个区域引用协议的国家数量。

表 9-3 各国报告的国际协定数量，按区域划分

区域	报告国际协定数量	报告国家总数	每个国家平均协定数
非洲	147	26	5.7
亚洲	93	17	5.6
欧洲	119	13	9.1
拉丁美洲和加勒比地区	116	17	6.8
北美洲	13	2	6.5
大洋洲	27	7	3.9

资料来源：为《世界粮食和农业水生遗传资源状况》编写的国别报告：对问题 46（n=82）的回应。
注：报告的国际协定数量是国家回应的数量，而不是仅有的协定数量。

表 9-4 各国报告的国际协定数量，按经济类别划分

经济类别	报告国际协定数量	报告国家总数	每个国家平均协定数
发达国家	157	20	7.9
其他发展中国家	243	39	6.2
最不发达国家	115	23	5.0

资料来源：为《世界粮食和农业水生遗传资源状况》编写的国别报告：对问题 46（n=82）的回应。
注：报告的国际协定数量是国家回应的数量，而不是仅有的协定数量。

每个区域报告的国际协定数量（即提及此类协定的回应总数，而非仅有的协定数量）从北美洲的 13 项到非洲的 147 项不等（表 9－3），按经济类别从最不发达国家的 115 项到其他发展中国家的 243 项不等（表 9－4）。次要生产国和主要生产国报告的国际协定数量分别为 448 项和 67 项（表 9－5）。

在各国报告的 515 项协定中，469 项报告了对水生遗传资源的影响（这是指国家回应的数量，而不是仅有的协定数量）。在绝大多数情况下（399 例），协定的影响被报告为正面或非常正面；67 例报告该协定没有影响；在 3 种情况下，协定的影响被报告为负面（表 9－6）。

表 9－5　各国报告的国际协定数量，按水产养殖生产水平划分

生产水平	报告国际协定数量	报告国家总数	每个国家平均协定数
主要生产国	67	9	7.4
次要生产国	448	73	6.1

资料来源：为《世界粮食和农业水生遗传资源状况》编写的国别报告：对问题 46（$n=82$）的回应。
注：报告的国际协定数量是国家回应的数量，而不是仅有的协定数量。

表 9－6　国际协定对水生遗传资源的影响，以各国对每一影响类别的回应数量表示

对水生遗传资源的影响	报告的国际协定数量	国家（具有影响的协定数量）
强正面	87	阿根廷（1）；贝宁（6）；布基纳法索（5）；柬埔寨（2）；哥斯达黎加（7）；古巴（1）；捷克（1）；吉布提（1）；多米尼加共和国（2）；危地马拉（3）；印度（1）；日本（3）；老挝人民民主共和国（1）；马拉维（1）；马来西亚（3）；墨西哥（7）；尼加拉瓜（1）；尼日尔（1）；巴拉圭（1）；秘鲁（6）；菲律宾（12）；韩国（1）；塞内加尔（1）；塞拉利昂（2）；瑞典（2）；多哥（1）；突尼斯（3）；土耳其（1）；乌干达（5）；坦桑尼亚联合共和国（4）；越南（1）
正面	312	阿尔及利亚（6）；阿根廷（7）；澳大利亚（3）；孟加拉国（7）；比利时（3）；保加利亚（3）；布基纳法索（2）；布隆迪（1）；佛得角（1）；柬埔寨（3）；喀麦隆（1）；加拿大（2）；乍得（7）；哥伦比亚（10）；刚果民主共和国（5）；哥斯达黎加（1）；克罗地亚（4）；古巴（5）；捷克（2）；多米尼加共和国（8）；厄瓜多尔（8）；埃及（1）；萨尔瓦多（8）；芬兰（9）；德国（18）；加纳（2）；洪都拉斯（6）；印度（4）；印度尼西亚（6）；伊朗伊斯兰共和国（6）；基里巴斯（2）；老挝人民民主共和国（1）；马达加斯加（3）；马拉维（5）；马来西亚（3）；摩洛哥（8）；莫桑比克（3）；荷兰王国（5）；尼加拉瓜（2）；尼日尔（2）；尼日利亚（5）；挪威（22）；帕劳（7）；巴拿马（15）；秘鲁（2）；韩国（2）；罗马尼亚（6）；萨摩亚（2）；塞内加尔（3）；塞拉利昂（2）；南非（2）；斯里兰卡（4）；苏丹（6）；瑞典（1）；泰国（4）；多哥（3）；汤加（2）；突尼斯（8）；乌干达（6）；乌克兰（3）；坦桑尼亚联合共和国（2）；美利坚合众国（7）；瓦努阿图（2）；越南（4）；赞比亚（9）

（续）

对水生遗传资源的影响	报告的国际协定数量	国家（具有影响的协定数量）
无影响	67	亚美尼亚（1）；澳大利亚（8）；不丹（4）；巴西（8）；保加利亚（2）；克罗地亚（1）；捷克（1）；多米尼加共和国（1）；爱沙尼亚（1）；斐济（1）；芬兰（2）；格鲁吉亚（4）；德国（2）；匈牙利（3）；伊朗伊斯兰共和国（1）；马达加斯加（1）；尼加拉瓜（1）；挪威（2）；罗马尼亚（11）；多哥（2）；突尼斯（2）；美利坚合众国（4）；委内瑞拉玻利瓦尔共和国（2）；赞比亚（2）
负面	3	孟加拉国（1）；喀麦隆（2）

资料来源：为《世界粮食和农业水生遗传资源状况》编写的国别报告：对问题46（$n=82$）的回应。
注：报告的国际协定数量是国家回应的数量，而不是仅有的协定数量。

在总共515项协定中，有465项报告了国际协定对利益相关方的影响（这是指国家回应的数量，而不是仅有的协定数量）。

结果与对水生遗传资源的影响类似。据报告，在387个案例中，该协定被报告具有正面的或非常正面的影响；在66个案例中，该协定被报告无影响；在12个案例中，该协定被报告具有负面影响（表9-7）。

表9-7　国际协定对利益相关方的影响，以各国对每一影响类别的回应数量表示

对利益相关方的影响	报告的协定数量	国家（具有影响的协定数量）
强正面	62	阿根廷（1）；贝宁（6）；布基纳法索（4）；哥斯达黎加（7）；古巴（1）；捷克（1）；吉布提（1）；多米尼加共和国（2）；危地马拉（3）；日本（3）；马来西亚（3）；墨西哥（7）；尼加拉瓜（1）；巴拉圭（1）；秘鲁（6）；塞拉利昂（2）；突尼斯（3）；土耳其（1）；乌干达（4）；乌克兰（1）；坦桑尼亚联合共和国（4）
正面	325	阿尔及利亚（6）；阿根廷（7）；澳大利亚（3）；孟加拉国（7）；比利时（1）；巴西（6）；保加利亚（3）；布基纳法索（3）；布隆迪（1）；喀麦隆（2）；加拿大（2）；乍得（7）；哥伦比亚（10）；刚果民主共和国（5）；哥斯达黎加（1）；古巴（5）；捷克（2）；多米尼加共和国（8）；厄瓜多尔（8）；埃及（1）；萨尔瓦多（8）；芬兰（8）；德国（17）；加纳（1）；洪都拉斯（6）；印度（5）；印度尼西亚（6）；伊朗伊斯兰共和国（5）；基里巴斯（2）；老挝人民民主共和国（2）；马达加斯加（3）；马拉维（6）；马来西亚（3）；摩洛哥（8）；莫桑比克（3）；荷兰王国（4）；尼加拉瓜（2）；尼日尔（3）；尼日利亚（5）；挪威（21）；帕劳（6）；巴拿马（15）；秘鲁（2）；菲律宾（12）；韩国（3）；罗马尼亚（6）；萨摩亚（2）；塞内加尔（4）；塞拉利昂（2）；南非（2）；斯里兰卡（4）；苏丹（6）；瑞典（3）；泰国（4）；多哥（4）；汤加（2）；突尼斯（8）；乌干达（7）；乌克兰（2）；坦桑尼亚联合共和国（2）；美利坚合众国（7）；瓦努阿图（2）；越南（5）；赞比亚（9）

（续）

对利益相关方的影响	报告的协定数量	国家（具有影响的协定数量）
无影响	66	亚美尼亚（2）；澳大利亚（8）；不丹（4）；巴西（2）；保加利亚（1）；柬埔寨（3）；克罗地亚（3）；捷克（1）；多米尼加共和国（1）；爱沙尼亚（1）；斐济（1）；芬兰（2）；格鲁吉亚（4）；德国（1）；加纳（1）；匈牙利（3）；伊朗伊斯兰共和国（2）；马达加斯加（1）；尼加拉瓜（1）；挪威（2）；罗马尼亚（11）；多哥（2）；突尼斯（2）；美利坚合众国（4）；委内瑞拉玻利瓦尔共和国（2）；赞比亚（1）
负面	12	孟加拉国（1）；比利时（2）；柬埔寨（2）；喀麦隆（1）；芬兰（1）；德国（2）；荷兰王国（1）；挪威（1）；赞比亚（1）

资料来源：为《世界粮食和农业水生遗传资源状况》编写的国别报告：对问题 46（n=82）的回应。

按区域进行的分析证实，在所有区域，国际协定对水生遗传资源的影响在很大程度上被认为是正面的或非常正面的。欧洲，其次是拉丁美洲和加勒比地区、亚洲，然后是非洲，是报告国际协定“无影响”案例最多的地区（表 9 - 8）。

表 9 - 8　国际协定对水生遗传资源的影响，按区域划分

区域	对水生遗传资源的影响			
	强正面	正面	无影响	负面
非洲	30	93	7	2
亚洲	25	44	10	1
欧洲	3	76	25	0
拉丁美洲和加勒比地区	29	72	12	0
北美洲	0	9	4	0
大洋洲	0	18	9	0
合计	87	312	67	3

资料来源：为《世界粮食和农业水生遗传资源状况》编写的国别报告：对问题 46（n=82）的回应。
注：数字是指报告了影响性质的每个区域各国报告的协定数量。

9.4.2　国际合作——需求评估：按区域、次区域和经济类别概述

要求各国优先考虑在保护、可持续利用和开发水生遗传资源方面开展国际合作的预先确定的需求清单，并说明达到这些需求的程度。所有这些需求都被认为是相当重要的，但以下领域的优先程度稍高：改进信息技术和数据库管理；完善水生遗传资源基础知识；提高表征和监测能力；提高遗传改良能力和提高保护能力。

据报告，最常见的未得到满足或仅得到部分满足的需求是：改善水生遗传资源信息交流；提高水生遗传资源保护能力；提高水生遗传资源经济评估能力（表 9-9）。除信息技术和数据库管理外，未满足或仅部分满足评估需求的程度相当高（均等于或高于 74%）。这突出表明需要加强合作。建立国际合作可以成为各国的宝贵工具，以克服各国能力限制去解决一个或多个被认为具有优先重要性领域的需求。插文 27 描述了在支持各国和能力建设方面取得成功的国际网络。

表 9-9　在水生遗传资源管理的各个领域开展国际合作的重要性，以及这些需求没有得到满足或只是部分得到满足的程度

评估的合作需求*	平均重要性等级	满足或部分满足需求的程度**
改进信息技术和数据库管理	2	61
完善水生遗传资源基础知识	2	79
提高水生遗传资源表征和监测能力	2	76
提高水生遗传资源遗传改良能力	2	74
提高水生遗传资源的经济评估能力	3	80
提高水生遗传资源保护能力	2	82
改善水生遗传资源信息交流	3	84
改善水生遗传资源获取和分发	3	74

资料来源：为《世界粮食和农业水生遗传资源状况》编写的国别报告：对问题 47（n=90）的回应。
注：1=非常重要，10=不重要。
*来自国别报告调查问卷中预定义的列表。
**按报告“未达到”或“仅在一定程度上达到”的国家百分比计算。

对国别报告中的信息进行了区域层面的分析，以确定回应者给予更高优先级的 5 项评估需求（表 9-10）。全球有大量国家在满足这些重要需求的程度上回答“没有”，这表明需要建立一个网络，或许可以按照水产养殖中的遗传学国际网络的思路来建立（见插文 27）。

表 9-10　国别报告回应概览，说明国际合作的 5 个最优先需求得到满足的程度，按区域划分

评估国际合作的需求	回应	非洲	亚洲	欧洲	拉丁美洲和加勒比地区	北美洲	大洋洲	全球
改进信息技术和数据库管理	很大程度	3	5	3	5	1	0	17
	一定程度	10	8	8	9	1	7	43
	完全没有	9	4	3	2	0	0	18
	未知	3	0	2	2	0		7
	合计	25	17	16	18	2	7	85

（续）

评估国际合作的需求	回应	非洲	亚洲	欧洲	拉丁美洲和加勒比地区	北美洲	大洋洲	全球
完善水生遗传资源基础知识	很大程度	4	3	4	3	1	0	15
	一定程度	15	12	8	15	1	7	58
	完全没有	4	3	2	0	0	0	9
	未知	2	0	1	0	0	0	3
	合计	25	18	15	18	2	7	85
提高水生遗传资源的表征和监测能力	很大程度	3	6	1	1	1	1	13
	一定程度	13	6	9	15	1	5	49
	完全没有	7	4	2	1	0	1	15
	未知	2	1	3	1	0	0	7
	合计	25	17	15	18	2	7	84
提高水生遗传资源遗传改良能力	很大程度	4	4	1	3	0	1	13
	一定程度	10	8	8	12	2	3	43
	完全没有	7	4	3	2	0	0	16
	未知	3	0	3	1	0	0	7
	合计	24	16	15	18	2	4	79
提高水生遗传资源保护能力	很大程度	2	4	2	1	1	0	10
	一定程度	19	10	10	12	1	7	59
	完全没有	3	2	1	2	0	0	8
	未知	0	1	3	1	0	0	5
	合计	24	17	16	16	2	7	82

资料来源：为《世界粮食和农业水生遗传资源状况》编写的国别报告：对问题 47（n=90）的回应。

注：数字是指每个区域的国家数量，以确定满足每项需求的程度。

插文 27　国际水产养殖遗传学网络

不像几千年来在陆地农业中实践的那样，水产养殖还不具备利用水产物种驯化和遗传改良带来生产收益和盈利的能力。

然而，驯化和遗传改良需要财政资源、基础设施和人力资源，以便从精心设计的选择性育种方案中获得重大和长期收益，监测结果，并确保向农民传播遗传改良收益。遗传改良确实需要资源和能力，各国在开发、利用和保护水生遗传资源方面也往往有类似的需求和机会。因此，一个具有相似兴趣和需求的团体网络可以帮助促进水生遗传资源的改良、利用和保护。

正如本书其他地方所强调的，世界鱼类中心的遗传改良养殖罗非鱼（GIFT）方案在几个国家取得了巨大成功。人们希望更广泛地推广 GIFT 遗传材料的使用，以及通过选择性育种获得持续遗传改良的技术。因此，世界鱼类中心于 1993 年建立了国际水产养殖遗传学网络（INGA），以促进成员机构之间关于遗传改良的技术和信息交流，组织数量遗传学和选育理论的培训课程，并提出负责任地交流遗传材料的方法。1999 年，INGA 拥有亚洲、太平洋和非洲 13 个国家（孟加拉国、中国、科特迪瓦、埃及、斐济、加纳、印度、印度尼西亚、马拉维、马来西亚、菲律宾、泰国和越南）和 12 个先进科学机构的成员（Gupta 和 Acosta，2001）。

国际水产养殖遗传学网络成员致力于负责任地利用水生遗传资源，并就水生遗传资源的开发、转移和利用制定了共同的政策和操作规范，例如：

- 制定“马尼拉决议”，该决议强调需要协调一致的区域和国际努力，通过合作促进鱼类遗传育种发展。
- 国际水产养殖遗传学网络的非洲成员帮助制定了《内罗毕宣言：保护水生生物多样性和将遗传改良和外来物种用于非洲水产养殖》（Gupta，2002）。
- 国际水产养殖遗传学网络成员同意遵循通过材料转让协议（MTA）交流水生遗传资源的标准程序。

国际水产养殖遗传学网络不仅为信息交流和制定共同政策提供了一个论坛，还组织了一系列数量遗传学的国际培训课程。自那时以来，所发展的能力使参与者能够为罗非鱼以及其他各种鱼类建立国家水产养殖育种方案，例如，露斯塔野鲮、鲤（*Cyprinus carpio*）、银高体鲃（*Barbonymus gonionotus*）和河鲇（Gupta 和 Acosta，2001）。

粮农组织是国际水产养殖遗传学网络的观察员，帮助起草了《内罗毕宣言》，并非常赞赏该网络成员和世界鱼类中心作为协调员所做的工作。INGA 提供了一个论坛，粮农组织可以很容易地让来自不同国家的水生遗传资源专家参与其中。

然而，国际水产养殖遗传学网络已不复存在——这个事实令人惊讶！因为该网络已经取得了明显的成功，其通过更好的遗传资源管理，包括选择性育种，以及遗传改良养殖罗非鱼计划的成功范例，为提高水产养殖产量提供了巨大机遇。

虽然所有原因都没有得到深究，但其关闭的主要原因似乎是缺乏持续的长期融资机制（M. V. Gupta，个人通讯，2018 年 3 月 26 日）。由于网络是由项目资助的，所以项目结束时网络就结束了。

在南部非洲，或许在其他地方，人们对类似国际水产养殖遗传学网络的网络重新产生了兴趣。M. V. Gupta，INGA 前协调员、世界粮食奖和苏纳克和平奖获得者，2018 年 3 月 26 日在给粮农组织水产养殖分委会的个人信函中建议，未来类似国际水产养殖遗传学网络的网络应遵循以下 3 点：

- 网络活动应纳入协调组织核心资金的一部分。将视需要为该网络的具体活动提供项目或额外捐助资金。
- 应该有一个稳定的领导层及一个在水产养殖和遗传学方面具有强大和稳定能力的协调机构。
- 认识到遗传改良是一项长期努力，网络成员应将遗传项目确定为其机构的核心项目。

鉴于水生遗传资源的潜力、许多国家的共同利益、本书产生的信息以及帮助编写本书的国家联络点，考虑创建一个新的水生遗传资源网络可能是合适的。

9.5　国际合作的成功范例

本章最后一节介绍了国际合作的一些成功例子。关于罗非鱼的合作开发和国际传播的讨论见插文 28。

匈牙利的“鲤鱼 HAKI 活基因库”提供了一个关于鲤（*Cyprinus carpio*）遗传资源国际合作的很好例子（见插文 29）。

在地中海渔业总委员会黑海问题工作组的活动范围内，土耳其特拉布宗中央渔业研究所设立了一个水产养殖示范中心单元。除其他目标外，该中心打算加强所有黑海国家之间的知识共享和能力建设，以促进负责任水产养殖方面的合作。在这一框架内，计划开展的活动包括基于本地种群的大菱鲆（*Scophthalmus maximus*）再放养培训，以提高种群数量，有助于保护遗传资源，并与沿海渔业合作，保护生态环境。

第 5 章所述的多瑙河鲟鱼保护的合作方法为国际合作以及就地和迁地保护的结合提供了一个很好的例子。同样，莱茵河沿岸国家在重新引入迁徙物种和将大西洋鲑（*Salmo salar*）成功返回流域方面的区域合作，表明了有针对性的国际合作具有重要作用（见插文 30）。

作为编写《世界粮食和农业水生遗传资源状况》的一部分，粮农组织要求与水生遗传资源相关的国际组织提供反馈意见（插文 31）。其中一个或多个组织在区域合作中优先考虑的主要问题包括：①遗传改良能力建设，特别是本地物种；②提升关于水生遗传资源的信息质量；③就地保护；④开发关于当地的各种水产养殖品系的知识；⑤水产养殖遗传物质生物安全交换机制的能力建设；⑥政策制定。

插文 28 两条罗非鱼的情况

罗非鱼是全球最普遍的水产养殖物种之一，据报告，全球140多个国家的罗非鱼产量超过500万吨。罗非鱼是一个由3个属组成的物种复合体——口孵罗非鱼属（*Oreochromis*）、帚齿罗非鱼属（*Sarotherodon*）和罗非鱼属（*Tilapia* spp.）（Trewavas，1983），其中，口孵罗非鱼属（*Oreochromis*）主导水产养殖生产。主要有两种：尼罗罗非鱼（*O. niloticus*）和莫桑比克罗非鱼（*O. mossambicus*）。该插文突出了这些物种在世界各地分布的对比历史，以及这段历史可能对这两个物种的养殖潜力产生的影响。这一案例表明了水产养殖遗传资源有效管理（包括选择性育种）的价值。

莫桑比克罗非鱼（*Oreochromis mossambicus*）

第一个实现水产养殖潜力的物种是原产于非洲东南部的莫桑比克罗非鱼。该物种在其自然范围之外的第一个记录是20世纪30年代在印度尼西亚发现的5个个体。他们后代的后代被转移到东南亚其他国家（Agustin，1999）。世界鱼类数据库（Froese和Pauly，2018）目前记录了该物种向93个国家的引入。在许多引入的国家，该鱼被用于水产养殖，也形成了野生种群。对亚洲和大洋洲一些野生种群的遗传分析（Agustin，1999）显示，与参考本地种群相比，遗传变异水平较低，因为野生种群遇到一个或多个显著的遗传障碍。因此，该物种在其自然范围之外的全球种群中的很大一部分可能来自印度尼西亚的这一小创始种群，这种可能性非常大。目前，莫桑比克罗非鱼在其自然范围以外的地方很少被养殖（据报告，只有14个非本土国家的小规模生产）。与尼罗罗非鱼相比，莫桑比克罗非鱼被广泛认为是一种低等养殖物种，它表现出较慢的生长速度、早熟的繁殖和发育迟缓的趋势。这些特性很可能是由遗传瓶颈效应导致的近亲繁殖抑制的结果。目前，尽管在莫桑比克罗非鱼传入的国家，残留的野生种群还很常见，但其在全球水产养殖中已基本被尼罗罗非鱼取代。

尼罗罗非鱼（*Oreochromis niloticus*）

Pullin和Capili（1988）报告称，尼罗罗非鱼的最初分布比莫桑比克罗非鱼更广，有多个来源种群。在过去20年中，遗传改良养殖罗非鱼（GIFT）项目在尼罗罗非鱼的分布中发挥了重要的积极作用。GIFT项目是一项旨在提高养殖尼罗罗非鱼遗传性能的国际合作项目，于1988—1998年实施

(Gjedrem，2012)。该项目展示了通过系统和协作方法收集、开发和分发水产养殖种质资源可以实现的目标。在这个项目中，从当地和引进的品系中收集了创始种群，然后根据记录其表现的数据，使用它们创建混合合成品系。随后的多代商业性状遗传选择显著提高了养殖性能。GIFT 罗非鱼和 GIFT 衍生品系已通过公共和私营部门引入许多国家。在许多情况下，该品系的选择性育种在接受国继续进行。这种系统方法不仅避免了近亲繁殖或遗传管理不善的负面影响，而且由于保持了高水平的遗传变异和重要性状的遗传选择，在许多水产养殖品系中产生了优异的性能。

虽然由于莫桑比克罗非鱼的遗传瓶颈可能导致的近亲繁殖可能损害了该物种的全球水产养殖潜力，但 GIFT 罗非鱼的发展和广泛引进无疑对尼罗罗非鱼的全球优先发展和扩大养殖产生了重大影响。据报告，目前有 87 个国家养殖尼罗罗非鱼，通过国别报告显示，有 7 个国家记录了 GIFT 罗非鱼的产量，但 GIFT 衍生品系很可能会影响更多国家的产量。

➲ 插文 29　鲤鱼基因库的区域合作

位于匈牙利索尔沃什渔业和水产养殖研究所（HAKI）的“鲤鱼 HAKI 活体基因库”是通过密切的国际合作建立的（见插文 22）。[①] 外国鲤鱼品种主要来自中欧和东欧，但也有的来自东南亚，包括泰国和越南（Bakos 和 Gorda，2001）。采集完成后，它成为该地区和全球鲤（*Cyprinus carpio*）的支撑遗传资源。世界各地都对基因库中保存的高质量遗传材料提出了要求，HAKI 能够在法规（迁移和生物安全）和财政资源允许的情况下满足这些要求。通常，这些迁移是在研究和开发项目的支持下进行的，包括向印度（Basavaraju、Penman 和 Mair，2003）和越南（Phuong 等，2002）的引入。在中欧和东欧发生深刻的社会经济变革后，大多数建立良好的鲤鱼遗传方案和基因库都崩溃了。因此，目前对优质鲤鱼品种的需求正在增长。欧洲鲤鱼项目（http：//eurocarp. haki. hu/index. php）由 HAKI 领导，专注于使用一系列分子方法开发抗病和抗应激鲤鱼，是利用 HAKI 基因库中鲤鱼遗传多样性的跨国研究合作（由欧洲联盟支持）的一个例子。欧洲鲤鱼项目的产出是一份中欧和东欧鲤鱼现有遗传资源清单，一份双语（英语和俄语）品系目录，确定了欧洲 7 个主要鲤鱼生产国，有 60 个本国品系和 25 个引进品系（Bogeruk，2008）。

此外，还实施了一些利用 HAKI 基因库的适当资源进行种群资源补充方案，例如，在匈牙利蒂萨河发生污染事件之后，以及在前南斯拉夫战争导致当地品系损失之后。

总之，很明显，最初使用国家资金开发的 HAKI 鲤鱼基因库在本地区和全球鲤鱼遗传资源管理中发挥了重要作用。

①此插文中的信息由 Z. Jeney（个人通讯，2018）提供。

插文 30　莱茵河的迁徙物种——区域合作的成功范例

19 世纪末，莱茵河仍有成千上万的大西洋鲑（*Salmo salar*），每年都会向上游迁徙到它们的产卵地。历史数据表明，1885 年鲑鱼捕获量接近 25 万条。在这一峰值之后，捕获量下降，直到 20 世纪 50 年代鲑鱼种群完全灭绝。这种灭绝与迁徙障碍的形成密切相关，但也有其他促成因素，包括水质恶化和剩余种群的过度开发。

1987 年，保护莱茵河国际委员会（ICPR）成员国启动了一项雄心勃勃的莱茵河生态恢复计划，同意大西洋鲑等洄游鱼类再次在莱茵河及其支流上定居。为了实现这一目标，已采取措施改善水质和河流的连续性，并在莱茵河流域的几个地区启动了放养方案。

保护莱茵河国际委员会总部位于德国科布伦茨，负责协调生态恢复方案，并涉及莱茵河流域的所有国家。《莱茵河保护公约》是在保护莱茵河国际委员会内保护莱茵河国际合作的法律基础（保护莱茵河国际委员会，1999）。1999 年 4 月 12 日，与莱茵河接壤的法国、德国、卢森堡、荷兰王国和瑞士政府以及欧共体的代表签署了该协定。因此，这些国家正式确认，他们将通过加强合作，继续保护莱茵河及其河岸和洪泛区的特色生态价值。

保护莱茵河国际委员会的一个议题是生态河流恢复，自 1987 年推出“鲑鱼 2000”计划以来，大西洋鲑已成为关键物种，今天，“莱茵河洄游鱼类总体规划”（保护莱茵河国际委员会，2009）的实施证明了如何在合理的时间内以合理的成本将自给自足、稳定的洄游鱼类种群重新引入莱茵河流域。2007 年 10 月 18 日，莱茵河部长级会议确认打算逐步恢复莱茵河至瑞士巴塞尔的河流连续性。大西洋鲑是其他长距离洄游鱼类的代表，例如，褐鳟（*Salmo trutta*）、海七鳃鳗（*Petromyzon marinus*）、西鲱（*Alosa alosa*）和欧洲鳗鲡（*Anguilla anguilla*）。旨在重新引入鲑鱼和褐鳟的措施可能会对许多其他动植物物种的分布范围以及莱茵河的整个生态产生积极影响。

自1990年以来，流域内已记录到8 000多条成年鲑鱼，莱茵河越来越多的可进入支流也定期记录到鲑鱼的自然繁殖。大西洋鲑成功返回莱茵河表明，有可能重新引入区域性灭绝的洄游鱼类物种，有针对性的国际合作发挥了关键作用。[①]

①此插文中的信息由C. Fieseler（个人通讯，2018）提供。

插文31　国际合作的关键问题——国际组织的反馈

在本书内容初步起草后，粮农组织要求与水生遗传资源合作的国际组织[②]提供反馈意见。部分反馈意见涵盖了一个或多个此类组织在区域合作中围绕水生遗传资源优先考虑的问题，其中包括：

- 品种改良的能力建设，特别是本土物种改良的能力建设（包括研究和开发、学位后培训和进修），以确保优质的亲本和种苗，并尽量减少可能威胁生物多样性和生产的杂交或不良遗传管理。这包括小型养殖场方案和社区方案。在这方面，选择性育种已被证明是一种有效和成功的方法，可以在控制近亲繁殖和保持遗传多样性的同时，长期遗传改良若干物种的水生遗传资源。因此，它应成为能力建设方案的中心任务。
- 通过分子表征技术（包括基因图谱），以及基于性价比较高的养殖型遗传状况监测技术和可验证亲本来源及纯度鉴定的简单技术的能力建设，改善关于水生遗传资源的信息。
- 通过指定特定基因库、基因图谱和建立保护区进行就地保护，这些保护区应进行良好的划界和监测。
- 当地开发的各种水产养殖品系的知识开发。
- 水产养殖遗传物质生物安全交流机制的能力建设，包括支持水产养殖亲本交流网络，该网络类似于陆生驯养动物的成功且经济上自给自足的网络。
- 制定有效保护、管理和开发水生遗传资源的政策。

尽管上述问题直接影响到水生遗传资源，但区域合作也处理了间接影响水生遗传资源的问题，例如：水产养殖的跨界问题、基于社区的水产养殖管理、促进区域和国际合作、收集和汇编水产养殖相关数据、传播关于可持续水产养殖和食品安全的科学信息，以及了解水产养殖中的性别和创业问题。

①受访者包括亚太水产养殖中心网、世界鱼类中心、太平洋共同体、维多利亚湖渔业组织、湄公河委员会和东南亚渔业发展中心。

参考文献

Agustin, L. Q. 1999. *Effects of population bottlenecks of levels of genetic diversity and patterns of differentiation in feral populations of Oreochromis mossambicus*. Queensland University of Technology. (PhD dissertation).

Bakos, J. & Gorda, S. 2001. *Genetic resources of common carp at the Fish Culture Research Institute, Szarvas, Hungary*. FAO Fisheries Technical Paper No. 417. Rome, FAO. 106 pp. (also available at www. fao. org/docrep/005/Y2406E/Y2406E00. HTM).

Bartley, D. M., Marttin, F. J. B. & Halwart, M. 2005. *FAO mechanisms for the control and responsible use of alien species in fisheries*. *In* D. M. Bartley, R. C. Bhujel, S. Funge-Smith, P. G. Olin & M. J. Phillips, comps., eds. *International mechanisms for the control and responsible use of alien species in aquatic ecosystems*. Report of an Ad Hoc Expert Consultation. Xishuangbanna, People's Republic of China, 27 - 30 August 2003. Rome, FAO. 2005. 195 pp. (also available at www. fao. org/docrep/009/a0113e/A0113E02. htm#ch2. 1. 1).

Basavaraju, Y., Penman, D. J. & Mair, G. C. 2003. Stock evaluation and development of a breeding program for common carp (*Cyprinus carpio*) in Karnataka, India: progress of a research project. NAGA. *WorldFish Center Quarterly*, 26 (2): 30 - 32.

Bogeruk, A. K., ed. 2008. *Catalogue of carp breeds of the countries of Central and Eastern Europe*. Ministry of Agriculture of the Russian Federation, Moscow.

Federal Centre of Fish Genetics and Selection. 354 pp. In English and in Russian.

Convention on Biodiversity (CBD). 1992. The *Convention on Biological Diversity*. Nairobi, UNEP. Nairobi. (also available at https: //www. cbd. int/doc/ legal/cbd-en. pdf).

Froese, R. &Pauly, D., eds. 2018. *FishBase*. World Wide Web electronic publication. [Cited February 2018]. (also available at www. fishbase. org).

Gjedrem, T. 2012. Genetic improvement for the development of efficient global aquaculture: a personal opinion review. *Aquaculture*, 344 - 349: 12 - 22.

Gupta, M. V. 2002. Genetic enhancement and conservation of aquatic biodiversity in Africa. Naga. *WorldFish Center Quarterly*, 25 (3/4): July - December 2002.

Gupta, M. V. & Acosta, B. O. 2001. Networking in aquaculture genetics research, pp. 1 -

5. In M. V. Gupta & B. O. Acosta. , eds. *Fish genetics research in member countries and institutions of the International Network on Genetics in Aquaculture*. ICLARM Conference Proceedings No. 64. 179 pp.

International Commission for the Protection ofthe Rhine (IPCR). 1999. *Convention on the protection of the Rhine*. IPCR. Bern, Switzerland. 15 pp. (also available athttps: //www. iksr. org/fileadmin/ user _ upload/DKDM/Dokumente/Rechtliche _ Basis/EN/ legal _ En _ 1999. pdf).

IPCR. 2009. *Master plan migratory fish Rhine*. IPCR. Koblenz, Germany. Report No. 179. 32pp. (also available at https: //www. iksr. org/fileadmin/user _ upload/DKDM/Dokumente/Fachberichte/EN/rp _ En _ 0179. pdf).

Phuong, N. T, Long, D. N. , Varadi, L. , Jeney, Z. & Pekar, F. 2002. Farmer - managed trials and extension of rural aquaculture in the Mekong Delta, Vietnam. *In* P. Edwards, D. Little & H. Demaine, eds. , pp. 275 - 284. *Rural Aquaculture*. Wallingford, UK, CABI.

Pullin, R. S. V. & Capili, J. B. 1988. Genetic improvement of tilapias: problems and prospects. *In* R. S. V. Pullin, T. Bhukaswan, K. Tonguthai & J. L. , Maclean, eds. *The Second International Symposium on Tilapia in Aquaculture*. ICLARM Conference Proceedings 15, pp. 259 - 266. Department of Fisheries, Bangkok, Thailand, and ICLARM, Manila.

Ramsar. 2007. *Fish for tomorrow? World Wetlands Day* 2007. [Cited 8 December 2018]. (also available athttps: //www. ramsar. org/sites/default/files/ documents/library/wwd 2007 _ leaflet _ e. pdf).

Ramsar. 2014. *Wetlands & agriculture: partners for growth. World Wetlands Day* 2014. [Cited 8 December 2018]. (also available at https: //www. ramsar. org/sites/default/files/wwd14 _ leaflet _ en. pdf).

Ramsar. 2018. *The list of Wetlands of International Importance*. Ramsar (Iran). The Secretariat of the Convention on Wetlands of international importance. pp. 57. [Cited 27 February 2018]. (also available at www. ramsar. org/sites/default/files/ documents/library/sitelist. pdf).

Trewavas, E. 1983. *Tilapiine fishes of the genera* Sarotherodon, Oreochromis *and* Danakilia. British Museum (Natural History): No. 878. London.

United Nations Framework Convention on Climate Change (UNFCC). 2018. *Status of ratification of the Kyoto Protocol*. In UNFCCC [online]. [Cited 8 March 2018]. (also available at http: //unfccc. int/kyoto _ protocol/status _ of _ ratification/items/2613. php).

第10章
主要发现、需求和挑战

本章简要概述了《世界粮食和农业水生遗传资源状况》审查的主要结果，并确定了应解决的主要挑战和需求，以促进制定未来行动方案，加强水生遗传资源的保护、可持续利用和开发。

第一节总结了水生遗传资源的一些关键特征和特性，包括识别水生遗传资源与植物和动物遗传资源相关的一些独特特征。第二节概述了对水生遗传资源现状进行审查所产生的一些主要需求和挑战。除其他外，应重点考虑当前和未来影响水产养殖业的驱动因素、表征和监测这些资源的重要性、开发这些资源以支持水产养殖业的发展以及可持续利用和保护。所有这些问题的一个共同点是，必须着重提升治理、政策制定、机构和私营部门运营等相关能力。最后一节确定了本书可以作为未来行动的催化剂发挥的作用，以加强水生遗传资源的保护、可持续利用和开发。

10.1　水生遗传资源的主要特征和独特性状

虽然野生水生遗传资源（AqGR）的捕捞和收获有着悠久的历史，但水生遗传资源的养殖是一种新现象，尤其是与几千年来的牲畜和农作物种植、养殖相比。近几十年来，水产养殖经历了非常迅速的扩张，主要集中在发展中国家，在如何利用水生遗传资源方面仍在不断发展。预计水产养殖的扩张将会继续，尽管增长速度有所放缓。鉴于捕捞渔业产量增长停滞，预计水产食品需求的增长只能通过水产养殖来满足。

目前，我们开发了大量多样化的水生遗传资源，捕捞了 1 800 多种鱼类，养殖了 550 多种鱼类。然而，在水产养殖中，与数量众多的牲畜繁育种和作物变种相比，已开发出的独特养殖型相对较少，因此，我们驯化的水生遗传资源并不特别适合我们的生产系统，也不特别适合市场需求。现存的一些养殖型，尤其是某些品系，其性状很差。

此外，在许多情况下，养殖型没有明显区别于其他养殖型的稳定性状，因为不像大多数牲畜繁育种都有明确区分的方式，这常常导致农民的信息混乱。造成这种混乱的原因是，描述水生遗传资源的术语缺乏标准化，而且在物种级别以下，水生遗传资源的可靠和可用信息普遍缺乏。

为了应对日益增长的食用鱼需求，养殖业正在不断探索可养殖物种的多样性，并开发新物种的养殖系统。大量食用鱼的生产集中于少数全球重要物种，包括价值较高的食物链上游物种，例如，大西洋鲑（*Salmo salar*）。然而，许多最重要的物种是那些在食物链中处于低水平的物种，例如，鲤科鱼和罗非鱼，它们在开放和半集约的系统中大量生产。许多主要水产养殖物种主要产于非本地区域，因此，水生遗传资源的交流较为普遍。

由于水产养殖处于相对初级阶段，我们的许多重要生产物种尚未驯化或仍处于驯化的早期阶段，因此严重依赖野生型。所以，大多数养殖的水生遗传资源相对于其野生近缘种保持着高水平的遗传变异。这些高水平的遗传变异与许多牲畜繁育种和植物变种的情况形成鲜明对比，后者由于遗传瓶颈和多代驯化过程中的遗传漂变而失去了与野生祖先相关的遗传变异。

遗传改良是现代农业的一个极其重要的组成部分，对陆地农业的生产和粮食安全做出了非常重要的贡献。然而，国别报告中的回应表明，养殖水生遗传资源的遗传改良对水产养殖生产的影响相对较小，在许多国家，野生型仍然是许多物种的主要养殖型。各种各样的技术可以应用于水生遗传资源的遗传改良，特别是与可用于牲畜育种的技术相比。选择性育种被认为是改进人工养殖的水生遗传资源的核心遗传技术，但据报告，只有四分之一的案例（一个案例是特定国家对特定人工养殖物种的报告）出现了这种情况，没有显示这些育种方案的规模或质量。大西洋鲑可能是唯一一种普遍采用选择性育种的养殖物种。这类方案对水产养殖生产效率和效益成本比的潜在影响是众所周知的。然而，精心设计的选择性育种方案的应用率很低（估计略高于全球产量的10%），而且进展缓慢。在这样的育种方案中，记录了家系，有效地管理了近交，并收集了高质量的表型数据。虽然这种育种方案能够产生巨大的遗传增益，但这种方案也被认为是成功应用大多数现代分子遗传学进展（例如，基因组选择）的重要先决条件。

与牲畜和大多数植物遗传资源不同，养殖的水生遗传资源与其野生近缘种之间存在着强烈的联系和相互作用。许多养殖的水生遗传资源直接或间接来自野生物种。此外，也有水产养殖影响野生近缘种水生遗传资源的情况发生，这往往是通过栖息地破坏、入侵物种、水产养殖逃逸和因再放养或增殖带来的故意引入而导致的。

野生近缘种的捕捞管理不善，例如，全球近三分之一的海洋渔业种群被认为处于过度捕捞状态，这威胁到这些野生近缘种和依赖它们的任何养殖型的可持续性。栖息地退化或丧失、水资源竞争、污染和气候变化进一步损害了野生近缘种的生存能力。

水产养殖和野生捕捞渔业的有效管理被认为是保护水生遗传资源的重要组成部分。尽管水生遗传资源保护并不总是此类举措的明确目标，空间管理，包括水生保护区（海洋和内陆），也在野生近缘种的就地保护中发挥着越来越大的作用。虽然就地保护被认为是保护水生遗传资源的一个重要组成部分，但各国也报告了水生遗传资源的一些迁地保护方案。此类方案可在保护方面发挥重要作用，特别是在缺乏就地保护或物种濒危的情况下。有许多利益相关方对水生遗传资源的保护、可持续利用和开发感兴趣，但需要明确这些利益相关方的角色和优先事项。水生遗传资源通常在公共水域资源中，包括跨界资源；部分原因是，与其他行业普遍存在的制度不同，育种者的权利、获取与利益共享制度发展不足，为这些资源的管理带来了机遇和挑战。许多国家报告称，在水生遗传资源的表征和开发方面需要进行能力建设，需要支持制定或完善水生遗传资源的具体政策，以支持水生遗传资源的有效保护、可持续利用和开发。

10.2　需求和挑战

本节介绍了审查本书每一章中提出的关键信息所产生的主要需求和挑战。这些需求和挑战中的一些是来自多个章节的关键信息的共同点，因此在这里根据一些策略优先领域进行了重组合并呈现。确定的具体需求和挑战以粗体突出显示。

10.2.1　对行业变化和环境驱动因素的响应

不断变化的市场和利基市场的需求，在某些情况下受到捕捞渔业的野生近缘种市场供应，以及在新的或不断变化的环境中养殖鱼类的愿望的制约，正在推动对水产养殖新物种范围不断扩大的探索。然而，新物种和相关生产系统的开发受到限制，这可能是耗时和资源密集型的。来自畜牧业和种植业的证据表明，未来的生产可能由少数物种通过育种和遗传改良适应不同的系统和市场来驱动。目前尚不清楚养殖水生遗传资源的未来是否会遵循类似的路径，在少数物种中稳定生产。鉴于可用于水产养殖发展的资源有限，**各国需要在发展新物种的水产养殖（包括完善现有的养殖系统）和发展现有养殖物种的养殖型方面找到适当的投资平衡。**

虽然水生遗传资源的主要用途是食品，但对水生遗传资源用于非食品用途的需求正在增长，例如，生物控制、用作动物饲料成分、生产生物活性物质（例如，营养食品），以及用作观赏物种。由于这通常利用不同于食用物种的物种，这些物种的养殖和交流可能受到不同于食用鱼的政策和法规的管理。**重要的是，除了食用鱼之外，还应监测非食品用途（例如，观赏物种）的水生遗传资源利用和交流情况，并确定相关风险和需求。**

随着人口的增长，水生环境面临着越来越大的压力，包括不断变化的土地和水资源用途，这可能会对水生遗传资源产生重大影响。**重要的是，加强对土地和水资源用途变化如何影响水生遗传资源的理解，确定这些资源面临风险的地方，并促进其保护。**

尽管有些变化是正面的，许多国家认为气候变化是水生遗传资源主要负面变化的重要驱动因素。气候变化将对养殖的水生遗传资源及其野生近缘种产生直接和间接影响，并可能在赤道/热带地区产生不成比例的影响。尽管认识到气候变化对水生遗传资源的潜在影响，但各国并未将适应气候变化作为水生遗传资源保护的目标。**重要的是，监测和预测环境变化对水生遗传资源的当前和未来影响，并作出相应的反应，例如，通过保护受威胁的资源和开发适应气候变化的水产养殖养殖型。**

10.2.2 水生遗传资源的表征、调查和监测

对水生遗传资源进行强有力的表征、编目和监测将有助于更好地了解水生遗传资源的状况，并采取必要的行动，帮助制定正确的治理和保护框架，以确保其可持续利用。

《世界粮食和农业水生遗传资源状况》报告进程强调，需要更加标准化地使用术语和命名法来表征和描述水生遗传资源。如果没有这一点，就很难充分了解和沟通这些资源的状况。本书确定并使用了统一和标准化的术语（见第1章）。**有必要促进水生遗传资源术语、命名法和描述的全球标准化使用。**

报告还强调了许多国家报告系统的差异，国家联络点报告的物种养殖没有记录在向粮农组织报告的国家生产数据中，反之亦然。**因此，有必要改进和协调报告程序，并扩大现有的基于物种的信息系统，以涵盖未报告的水生遗传资源，包括水生植物、观赏物种和微生物。**

水产养殖和捕捞渔业的现有报告系统都侧重于物种一级。鉴于水产养殖中使用的养殖型的表征缺乏既定标准，**因此，有必要开发、推广和商业化/制度化国家、区域和全球信息系统，以采集、核验和报告低于物种级别（即养殖型和种群）的水生遗传资源。**

10.2.3 水产养殖水生遗传资源开发

有多种遗传技术可以应用于水产养殖水生遗传资源的改良，每种技术都有其自身的特性、优点和缺点，以及相关的利益和风险。技术的特性通常不太清楚，特别是对于新一代分子技术。**提高对遗传技术的特性、作用和风险的认识和理解，并将其应用于水生遗传资源，包括传统的选择性育种和新一代分子技术，将有助于确保将有限的资源用于有效和可持续的遗传增益。**与此相关的是，需要促进遗传改良技术以及这些方法的相关资源的吸收和合理应用，以显著扩大遗传改良对水产养殖生产的全球影响。在许多情况下，**重点应放在制定管理良好的长期选育方案的核心技术上，**鉴于这种方法已被证明适用于许多水生物种，其他技术可为其增值。**为了启动此类长期育种方案，通常需要制定公**

共和公私伙伴关系筹资倡议。选择性育种通常侧重于改善商业上重要的性状，但也可用于开发适应不同生产环境的品系、对本地水生遗传资源具有可接受风险水平的品系，以及对气候变化的特定影响具有韧性的品系。

这里的一个重要考虑因素是实施精心设计的长期选择性育种方案的能力，包括表型性状的准确表征和测量，以及良好的数据管理和分析系统的设计。选择的有效应用需要训练有素的定量遗传学家的参与。数量遗传学方面的特定人力资源能力通常不足。因此，**需要在实施精心设计的育种方案所需的数量分析技能方面进行适当的培训和能力建设。**

10.2.4　水生遗传资源的可持续利用和保护

考虑到非本地物种的重要性及其对水产养殖生产的主要贡献，水生遗传资源的交流是常见的，通常没有记录或记录不足。这些引进往往会导致外来入侵物种的建立。为了改善这一问题，**需要调整现有的关于引进和使用水生遗传资源的政策，以有效解决水产养殖中使用非本地物种（包括低于物种级别的水生遗传资源）所带来的风险。**此类政策应以风险评估为基础，并包括对引进和实施监测系统的控制，以了解非本地物种的影响，并减少其对养殖和野生近缘种水生遗传资源的负面影响。此类政策应考虑加强生物安全，控制水产养殖逃逸，监管开放水域的负责任放养，同时考虑到遗传多样性和对野生近缘种的影响。

鉴于许多野生近缘种水生遗传资源对野生捕捞渔业和水产养殖的重要性，**有必要确定和集中保护及管理风险最大的野生近缘种水生遗传资源，**以确保它们得到可持续管理，并在必要时实施适当的保护措施。这包括加强、扩大和多样化就地和迁地保护方案，维持或改善野生近缘种的栖息地和环境，包括改进管理，以减少捕捞渔业对野生近缘种的影响。这种广泛的可持续利用和保护方法是全世界资源管理者正在采用的渔业生态系统方法的一个关键方面。

根据《生物多样性公约》的优先事项，**应促进就地保护，将其作为保护濒危野生动物水生遗传资源的主要手段。**由于栖息地退化和丧失是野生近缘种数量下降的主要原因，**应将栖息地保护作为就地保护的一个组成部分。**同样重要的是，**确定对水产养殖发展和野生捕捞渔业至关重要的受威胁野生近缘种水生遗传资源，并将其优先用于就地保护。**管理良好的渔业被认为是就地保护的重要贡献者，**需要考虑渔业管理并将其纳入保护行动。**同时，**在制定渔业管理计划时，应积极考虑保护水生遗传资源，特别是针对受威胁物种。**

渔业的空间管理，包括海洋和淡水水生保护区，可以在保护野生近缘种水生遗传资源方面发挥重要作用。因此，**在开展关键水生遗传资源的就地保护时，应考虑空间管理和水生保护区。**此外，**在规划和现有保护区的建立及有效**

管理中，应明确考虑水生遗传资源的保护，包括低于物种级别的保护。

如有必要，水生遗传资源的迁地保护可以是就地保护的重要补充或替代（在野生近缘种种群无法有效保护的情况下）。因此，**重要的是确定优先受威胁和重要的水生遗传资源作为有效的迁地保护的候选者。**正如本书中所认识到的，**水产养殖在保护水生遗传资源中的作用需要考虑并纳入保护工作，同时认识到将保护目标纳入商业系统的挑战。**对遗传变异的管理，例如，通过在代际转换中保持最小有效种群规模和控制故意或意外选择，对于有效实施迁地保护至关重要。如果迁地保护是重要或必要的，**则需要制定活体和离体迁地保护的指南和最佳实践，**例如，如何最有效地管理此类方案中的遗传变异。离体种质保存对某些水生遗传资源是有效的，特别是微生物、鱼类精子和软体动物的一些早期生活史阶段。然而，由于超低温保存卵子和胚胎的困难，其他水生遗传资源（例如，鳍鱼）的更广泛应用受到限制。在离体迁地保护可能在保护水生遗传资源中发挥重要作用的情况下，**通过开发卵子和胚胎体外迁地保存技术，**可以提高其有效性。

农场就地保护是牲畜和植物遗传资源保护中的一个很好理解的概念，适用于在农场、周围或环境中保护的驯养和栽培物种，这些物种具有独特的特性。就水生遗传资源而言，很少有独特的品系被认为在农场中发展了自己的特性。因此，目前，农场就地保护的概念在水生遗传资源中的应用有限。**有必要澄清对水生遗传资源就地保护的理解和术语，并确定其未来可能发挥的作用。**

各国应研究如何设计有效的保护方案，将保护区形式的就地保护与迁地保护有效结合起来，以支持渔业和水产养殖，并保护水生遗传资源。由于管理良好的捕捞渔业和水产养殖的保护效益是显而易见的，因此应在渔业/水产养殖业和保护部门更广泛地推广这些效益，而且行业和保护派系之间的合作可能会带来双赢的局面。

10.2.5 政策、机构、能力建设与合作

国家政策是管理获取、保护和有效利用水生遗传资源的关键工具。报告强调，虽然国家政策确实存在，但政府对水生遗传资源的关注相对不足，尤其是低于物种级别的关注。因此，**迫切需要促进政策和善治的制定、监测和执行，充分考虑影响水生遗传资源的保护、可持续利用和开发的问题。对良好政策与实务的审查将为这项工作提供良好的基础。**此类审查应包括风险-收益分析以及具体的国家需求和目标，以加强水生遗传资源的利用。鉴于非本地物种在水产养殖中发挥的重要作用，**国家政策审查应侧重于管理非本地水生遗传资源的立法，包括基于适当风险评估的负责任使用和交流。**

报告特别强调，水生遗传资源的获取与利益共享系统开发和记录不足，并

认识到水生遗传资源特有的特点往往需要开发水生遗传资源专用的获取与利益共享（ABS）系统。因此，**重要的是促进制定针对水生遗传资源特性的获取与利益共享的国家和区域政策，并促进水生遗传资源的安全和可持续交流。**很少有水生遗传资源系统能够有效保护开发水生遗传资源的人的知识产权，因此，在制定获取与利益共享协议时需要考虑保护知识产权的措施。

政策的制定应考虑到**在政府不同部门协调与水生遗传资源相关的政策的价值**。有必要将水生遗传资源纳入国家政策，除其他因素外，特别应解决政策上的差距，包括**水生遗传资源的跨界管理、水生遗传资源（包括非食品用途）的进出口、水产养殖的长期发展策略、遗传改良育种方案、遗传操纵、种群增殖、养护、气候变化和财政补贴的作用。**

鉴于信息相对匮乏，而且对影响水生遗传资源的各种问题缺乏全面了解，因此，从消费者到决策者，不仅在物种层面，而且在养殖型和基因组层面，**改善利益相关方之间关于水生遗传资源问题的沟通并提高其意识非常重要。**例如，许多粮农组织成员都知晓并签署了国际协定和文书，这些协定和文书能够而且确实在保护、可持续利用和开发水生遗传资源方面发挥作用。**重要的是提高认识并促进这些协定和文书可以发挥的作用，以提高其有效利用率，产生积极影响。**

监管机构和政策制定者需要了解水生遗传资源利益相关方的不同角色和利益，他们还需要了解如何在保护、可持续利用和开发水生遗传资源的过程中，让这些利益相关方，包括当地社区和妇女（她们都有关键的具体角色）合作参与。

根据制定促进保护、可持续利用和开发的政策的需要，**需要建设支持决策者的能力。**本书还强调了**在研究和发展以及教育和培训方面能力建设的必要性。**这种能力建设的优先事项应放在与水生遗传资源的特性和遗传改良相关的技术上，但也可能包括建设对水生遗传资源进行经济评估的能力。除了建设这些领域的单独能力外，本书还指出，**需要提高各机构的技术能力，提高它们对水生遗传资源问题的认识，以促进更有效的水生遗传资源跨部门协作。**

过去，区域和全球网络促进了关于保护、可持续利用和开发水生遗传资源的交流，但这些专门针对水生遗传资源网络的寿命并不长。有机会进行的有效合作，包括加强国际框架、水生遗传资源的合作开发以及适当的资源交流。**应通过促进和发展关于水生遗传资源的可持续区域和全球网络或在现有网络内加强水生遗传资源的各个方面，**以支持在水生遗传资源保护、可持续利用和开发方面的合作与协调，探索加强水生遗传资源合作的机会。

10.3 未来发展方向

水生遗传资源是未充分利用的资源，在提高粮食安全和改善生计方面具有巨大潜力，但必须对其进行可持续管理、保护和开发。《世界粮食和农业水生遗传资源状况》提供了世界水生遗传资源现状的独特快照，并确定了一些预期的未来趋势。由于在编制过程中采取了全球性和互动式的方法，本书捕捉到了粮农组织许多成员的观点，而这一进程本身无疑提高了对水生遗传资源重要性的认识。

本书揭示了世界淡水和半咸水水域以及海洋环境中发现的水生遗传资源的巨大多样性，以及渔民和养鱼户广泛利用它来改善生计、增加粮食供应和提供营养安全的价值。本书还强调了一些需要改进的领域，例如，术语标准化和开发水生遗传资源信息系统，以有效地描述和监测水生遗传资源的利用情况，特别是在低于物种的水平上，以及需要加快水产养殖中的遗传改良。本书确定了地方、区域和国际各级与水生遗传资源相关的政策和机构设置的重要性。

人口的增长以及对鱼类和鱼类产品需求的增加，给养殖物种及其野生近缘种的栖息地带来了更大的压力。水生遗传资源是必要的资源，需要更充分地开发，以实现水产养殖和捕捞渔业的潜力，以负责任的方式为这一不断增长的人口提供食物和生计。需要采取紧急行动，提高对水生遗传资源价值的认识，并制定或改进解决水生遗传资源问题的跨部门政策和管理计划，特别是对物种以下水平的水生遗传资源。无论是哪一级水平都需要进行能力建设。

本书重申了水产养殖和渔业之间以及养殖的水生遗传资源与其野生近缘种之间的密切联系，并指出一些野生近缘种资源正在受到威胁。栖息地的丧失和退化，可能包括本地和非本地逃逸养殖鱼类造成的退化，是野生近缘种种群数量下降的一个主要因素。政策和行动不仅需要保护水生遗传资源，还需要保护支持它们的水生栖息地，并促进对本地尤其非本地水生遗传资源负责任的交流和利用。

希望本书能成为未来行动的催化剂。它所包含的信息为确定行动的策略优先事项、建立实施这些行动的机制，以及确定有效实施所需的资源和机构能力提供了坚实的基础。

图书在版编目（CIP）数据

世界粮食和农业水生遗传资源状况 / 联合国粮食及农业组织编著；刘雅丹等译．—北京：中国农业出版社，2023.12
（FAO 中文出版计划项目丛书）
ISBN 978-7-109-32016-1

Ⅰ.①世… Ⅱ.①联… ②刘… Ⅲ.①水生生物—种质资源—遗传—概况—世界 Ⅳ.①Q173

中国国家版本馆 CIP 数据核字（2024）第 112288 号

著作权合同登记号：图字 01－2023－3977 号

世界粮食和农业水生遗传资源状况
SHIJIE LIANGSHI HE NONGYE SHUISHENG YICHUAN ZIYUAN ZHUANGKUANG

中国农业出版社出版
地址：北京市朝阳区麦子店街 18 号楼
邮编：100125
责任编辑：郑　君
版式设计：王　晨　　责任校对：吴丽婷
印刷：北京通州皇家印刷厂
版次：2023 年 12 月第 1 版
印次：2023 年 12 月北京第 1 次印刷
发行：新华书店北京发行所
开本：700mm×1000mm　1/16
印张：19.75
字数：376 千字
定价：98.00 元
